住房和城乡建设部"十四五"规划教材
高等学校智慧建筑与建造专业系列教材

U0664076

Design Principles of Ultra Low Energy Buildings

低能耗建筑设计原理

司大雄　崔国游　陈先志　主编

中国建筑工业出版社

图书在版编目（CIP）数据

超低能耗建筑设计原理 = Design Principles of
Ultra Low Energy Buildings / 司大雄，崔国游，陈先
志主编 . —北京：中国建筑工业出版社，2021.3 （2022.8重印）
住房和城乡建设部"十四五"规划教材　高等学校智
慧建筑与建造专业系列教材
ISBN 978-7-112-25635-8

Ⅰ. ①超… Ⅱ. ①司…②崔…③陈… Ⅲ. ①节能－
建筑设计－高等学校－教材　Ⅳ. ① TU201.5

中国版本图书馆 CIP 数据核字 (2020) 第 234533 号

为了更好地支持相应课程的教学，我们向采用本书作为教材
的教师提供课件，有需要者可与出版社联系。
建工书院：http://edu.cabplink.com
邮箱：jckj@cabp.com.cn　　　电话：(010) 58337285

责任编辑：陈　桦
文字编辑：柏铭泽
责任校对：赵　菲

住房和城乡建设部"十四五"规划教材
高等学校智慧建筑与建造专业系列教材
超低能耗建筑设计原理
Design Principles of Ultra Low Energy Buildings
司大雄　崔国游　陈先志　主编
*
中国建筑工业出版社出版、发行（北京海淀三里河路 9 号）

各地新华书店、建筑书店经销
北京雅盈中佳图文设计公司制版
天津翔远印刷有限公司印刷
*
开本：787 毫米 ×1092 毫米　1/16　印张：14¾　字数：334 千字
2021 年 7 月第一版　2022 年 8 月第二次印刷
定价：**56.00** 元（赠教师课件）
ISBN 978-7-112-25635-8
　　　（36681）

丛书编写委员会

（按重要程度排序）

主　编：

司大雄　　　　　　　　　　　合肥学院

崔国游　陈先志　　　　　　　河南五方合创建筑设计有限公司

副主编：

贠清华　晁岳鹏　宣保强　　　河南五方合创建筑设计有限公司

主　审：

徐智勇　　　　　　　　　　　中国被动式建筑联盟荣誉秘书长

审　稿：

彭梦月　　　　　　　　　　　住房和城乡建设部科技与产业化发展中心

陈守恭　　　　　　　　　　　德国被动房研究所 PHI 代表

张昭瑞　　　　　　　　　　　建科环能科技有限公司

参　编：

张时聪　　　　　　　　　　　中国建筑科学研究院有限公司

牛彦磊　　　　　　　　　　　山东城市建设职业学院

张锋超　　　　　　　　　　　上海城建职业学院

郝东领　　　　　　　　　　　河南科饶恩门窗有限公司

边可仁　　　　　　　　　　　哈尔滨森鹰窗业股份有限公司

郭占庚　　　　　　　　　　　森德（中国）暖通设备有限公司

黄　林　　　　　　　　　　　上海伯岚环境科技有限公司

杜晓红　　　　　　　　　　　上海申得欧有限公司

黄永申　　　　　　　　　　　利坚美（北京）科技发展有限公司

杨广林　　　　　　　　　　　威达（扬州）建筑材料有限公司

孔德锋　　　　　　　　　　　青岛宏海幕墙有限公司

李彦兵　　　　　　　　　　　洛阳兰迪玻璃机器股份有限公司

王名泉　　　　　　　　　　　浙江普瑞泰环境设备有限公司

周胜伟　　　　　　　　　　　河北筑恒科技有限公司

张德华　　　　　　　　　　　龙焱能源科技（杭州）有限公司

李　斌　李莹莹　张　晶　吕　栋　　河南五方合创建筑设计有限公司

寇庆民　徐长玉　曹恒锁　刘士波

王小军　杨　明　赵超杰　张效萍

何晓亮　杨栽堉　余静鲲

王春喜　楚景初　王凤歌　　　郑州市建筑节能与装配式建筑发展中心

陈家骐　丁　蕾　　　　　　　合肥学院

柯　德　李君妮　　　　　　　合肥市瓦木被动房咨询有限公司

前　言

超低能耗建筑在国内的第一栋工程实践是上海世博会的德国汉堡馆，采用德国"被动房"（Passive House）技术体系。之后，由于中德建筑节能合作项目对德国"被动房"这一建筑节能技术体系的推广，"被动房"一词在建筑节能领域得到了一定传播。考虑到我国幅员辽阔，气候区广泛，以及建筑类型和人员使用习惯，我国应建立适合我国国情且更低能耗的技术名词、指标和技术体系。2016 年，住房和城乡建设部曾经组织专家讨论一个符合中国人理解方式的名词，考虑到兼顾既有名词的延续，也考虑面向未来建立中国体系，最后商定使用"被动式超低能耗建筑"这一名称作为过渡，并在未来逐步使用"超低能耗建筑""近零能耗建筑"代替"被动式超低能耗建筑"，作为中国的技术体系进行推广。由于国内目前政策、标准以及政府发文中广泛使用被动房、被动式超低能耗建筑等其他名称，部分内容为尊重参考资料和不引起阅读歧义仍保留被动房或被动式超低能耗建筑的表述。尽管名称不同，这些建筑采用的技术都是相同的，希望读者在阅读时不要产生困惑。

综合考虑，我国下一阶段建筑节能相关定义的提出，既要和我国 1986—2016 年的建筑节能 30%、50%、65% 的三步走进行合理衔接，又要和我国 2025 年、2035 年、2050 年等中长期建筑能效提升目标有效关联；既要和主要国际组织和发达国家的名词保持基本一致，为今后从并跑走向领跑奠定基础，也要形成我国自有体系，以便指导行业发展。《近零能耗建筑技术标准》GB/T 51350—2019 中，以 2016 年现行的节能设计标准为基准，分别提出"超低能耗建筑""近零能耗建筑"和"零能耗建筑"，即有逻辑层次，又便于理解，也和国际接轨。超低能耗建筑节能水平略低于近零能耗建筑，是近零能耗建筑的初级表现形式；零能耗建筑能够达到能源产需平衡，是近零能耗建筑的高级表现形式。长远看，随着可再生能源利用和分布式能源应用逐步推广，建筑物本体和附近的可再生能源系统的产能与蓄能系统结合，会逐步推动超低能耗建筑、近零能耗建筑迈向零能耗建筑。

本书所涉及的内容侧重建筑本体的节能，少量涉及能源供给端和可再生能源部分，故采用超低能耗建筑设计原理这一名称。本书所采用的技术普遍适用于超低能耗建筑、近零能耗建筑和零能耗建筑。本书所采用的技术同时也适用于如主动房、净零能耗等其他节能建筑。

本书在编写时主要考虑以下几点：

一、通用性

虽然目前国内开设此门课的高校并不多，考虑到未来可能会陆续有更多的高校开设此门课程，本书在编写时按照 48 学时进行编写，可适用于专业必修或者选修课程的学时。该课程面向建筑学、土木工程、环境工程、建筑环境与能源应用工程、建筑电气与智能化、给排水科学与工程等建筑相关专业。同时该教材也可供超低能耗建筑相关从业者自学，以及社会培训使用。

二、专业性

《超低能耗建筑设计原理》是为从事超低能耗建筑设计、咨询、施工等相关工作的读者提供必须要掌握的基础知识。基于此要求，在该教材编写时着重讲述超低能耗建筑设计师必备的基本概念、基本知识、经验公式以及相关的建议、规范和施工方法。本书没有太多数学和物理细节，更偏向于技术的实用价值。

三、时效性

由于超低能耗建筑技术尚属于新型建筑技术，本书在编写的时候考虑到了建筑学、建筑环境与能源应用工程、给排水科学与工程、建筑电气与智能化等各个专业方向的相关技术知识，并着重强调技术知识与超低能耗建筑设计的关系。在针对技术应用时，也包含了一些虽未全面推广，但是已在行业进行推广并已获得较高评价的创新性技术。

本书的撰稿人及承担的工作分别是：

合肥学院的司大雄编写第 1，2，5 章，陈家骐编写第 3 章，前 6 章例题及图表制作由柯德和李君妮完成。

山东城市建设职业学院的牛彦磊和合肥学院的丁蕾共同编写第 4 章。

中国建筑科学研究院的张时聪编写第 6 章。

河南五方合创建筑设计有限公司的晁岳鹏编写第 7 章，宣保强编写第 8 章，张晶和李莹莹编写第 9 章，李斌编写第 10 章，负清华编写第 11 章。

对于在审阅中所提出的意见，除由主编、各编者认真思考并参照修改书稿外、谨向主审人及审稿人表示衷心的谢意。同时对于在本书编写过程中提供图片和技术资料的厂家和行业内公司表示感谢。对于本书的错漏和不妥之处，恳切希望得到各方面的及时批评和指正。本教材在编写过程中，选用了部分精彩图片，仍有个别图片未能联系上原作者，涉及版权请与作者本人及出版社联系，以备修正。

司大雄

2020 年 5 月

目　录

1　超低能耗建筑定义 ………………………………………………… 001
　1.1　超低能耗建筑定义 …………………………………………… 001
　1.2　超低能耗建筑能源需求标准及相关技术参数 ……………… 003
　1.3　超低能耗建筑技术措施 ……………………………………… 015
　1.4　经济性 ………………………………………………………… 022
　课后习题 …………………………………………………………… 023

2　围护结构热湿传递 ………………………………………………… 024
　2.1　围护结构热传递 ……………………………………………… 024
　2.2　传湿 …………………………………………………………… 032
　2.3　围护结构对建筑能源需求的影响 …………………………… 041
　2.4　常见保温材料及施工 ………………………………………… 046
　课后习题 …………………………………………………………… 054

3　建筑气密性 ………………………………………………………… 055
　3.1　气密性概述 …………………………………………………… 055
　3.2　气密性材料及施工 …………………………………………… 060
　课后习题 …………………………………………………………… 064

4　建筑热桥 …………………………………………………………… 065
　4.1　热桥概述 ……………………………………………………… 065
　4.2　热桥对能源需求的影响 ……………………………………… 075
　4.3　断热桥材料及施工 …………………………………………… 077
　课后习题 …………………………………………………………… 078

5　窗户的热平衡 ……………………………………………………… 079
　5.1　窗户的结构 …………………………………………………… 079
　5.2　窗户U值 ……………………………………………………… 083
　5.3　窗户对能源需求的影响 ……………………………………… 088
　5.4　窗户的优化 …………………………………………………… 094

5.5 超低能耗建筑门窗及施工 ⋯⋯⋯⋯⋯⋯⋯⋯⋯⋯⋯⋯⋯⋯⋯⋯⋯⋯⋯⋯⋯⋯⋯⋯ 097

课后习题 ⋯⋯⋯⋯⋯⋯⋯⋯⋯⋯⋯⋯⋯⋯⋯⋯⋯⋯⋯⋯⋯⋯⋯⋯⋯⋯⋯⋯⋯⋯⋯⋯⋯ 105

6 热回收新风系统 ⋯⋯⋯⋯⋯⋯⋯⋯⋯⋯⋯⋯⋯⋯⋯⋯⋯⋯⋯⋯⋯⋯⋯⋯⋯⋯⋯ 106
6.1 超低能耗建筑通风设计 ⋯⋯⋯⋯⋯⋯⋯⋯⋯⋯⋯⋯⋯⋯⋯⋯⋯⋯⋯⋯⋯⋯⋯⋯ 106
6.2 通风管道的处理 ⋯⋯⋯⋯⋯⋯⋯⋯⋯⋯⋯⋯⋯⋯⋯⋯⋯⋯⋯⋯⋯⋯⋯⋯⋯⋯⋯ 112
6.3 热回收新风对能源需求的影响 ⋯⋯⋯⋯⋯⋯⋯⋯⋯⋯⋯⋯⋯⋯⋯⋯⋯⋯⋯⋯ 114
6.4 新风系统热回收部件及施工 ⋯⋯⋯⋯⋯⋯⋯⋯⋯⋯⋯⋯⋯⋯⋯⋯⋯⋯⋯⋯⋯ 115

课后习题 ⋯⋯⋯⋯⋯⋯⋯⋯⋯⋯⋯⋯⋯⋯⋯⋯⋯⋯⋯⋯⋯⋯⋯⋯⋯⋯⋯⋯⋯⋯⋯⋯⋯ 118

7 超低能耗建筑的空调系统 ⋯⋯⋯⋯⋯⋯⋯⋯⋯⋯⋯⋯⋯⋯⋯⋯⋯⋯⋯⋯⋯ 119
7.1 概述 ⋯⋯⋯⋯⋯⋯⋯⋯⋯⋯⋯⋯⋯⋯⋯⋯⋯⋯⋯⋯⋯⋯⋯⋯⋯⋯⋯⋯⋯⋯⋯⋯⋯ 119
7.2 湿空气的物理性质及处理过程 ⋯⋯⋯⋯⋯⋯⋯⋯⋯⋯⋯⋯⋯⋯⋯⋯⋯⋯⋯⋯ 119
7.3 空调系统的分类 ⋯⋯⋯⋯⋯⋯⋯⋯⋯⋯⋯⋯⋯⋯⋯⋯⋯⋯⋯⋯⋯⋯⋯⋯⋯⋯⋯ 124
7.4 空调系统冷热源 ⋯⋯⋯⋯⋯⋯⋯⋯⋯⋯⋯⋯⋯⋯⋯⋯⋯⋯⋯⋯⋯⋯⋯⋯⋯⋯⋯ 126
7.5 常用空调末端的类型 ⋯⋯⋯⋯⋯⋯⋯⋯⋯⋯⋯⋯⋯⋯⋯⋯⋯⋯⋯⋯⋯⋯⋯⋯ 129
7.6 超低能耗建筑空调系统的气候适应性 ⋯⋯⋯⋯⋯⋯⋯⋯⋯⋯⋯⋯⋯⋯⋯⋯ 130
7.7 超低能耗建筑的冷热需求及一次能源消耗量 ⋯⋯⋯⋯⋯⋯⋯⋯⋯⋯⋯⋯ 132
7.8 超低能耗建筑空调方案 ⋯⋯⋯⋯⋯⋯⋯⋯⋯⋯⋯⋯⋯⋯⋯⋯⋯⋯⋯⋯⋯⋯⋯ 135
7.9 超低能耗建筑空调系统的控制和监测 ⋯⋯⋯⋯⋯⋯⋯⋯⋯⋯⋯⋯⋯⋯⋯⋯ 139
7.10 超低能耗建筑空调系统的运行 ⋯⋯⋯⋯⋯⋯⋯⋯⋯⋯⋯⋯⋯⋯⋯⋯⋯⋯⋯ 140

课后习题 ⋯⋯⋯⋯⋯⋯⋯⋯⋯⋯⋯⋯⋯⋯⋯⋯⋯⋯⋯⋯⋯⋯⋯⋯⋯⋯⋯⋯⋯⋯⋯⋯⋯ 141

8 热水供应系统 ⋯⋯⋯⋯⋯⋯⋯⋯⋯⋯⋯⋯⋯⋯⋯⋯⋯⋯⋯⋯⋯⋯⋯⋯⋯⋯⋯⋯ 143
8.1 热水供应系统的分类、组成和供水方式 ⋯⋯⋯⋯⋯⋯⋯⋯⋯⋯⋯⋯⋯⋯⋯ 143
8.2 热水供应系统的热源、加热设备和贮热设备 ⋯⋯⋯⋯⋯⋯⋯⋯⋯⋯⋯⋯ 147
8.3 热水供应系统的管材、附件 ⋯⋯⋯⋯⋯⋯⋯⋯⋯⋯⋯⋯⋯⋯⋯⋯⋯⋯⋯⋯⋯ 149
8.4 热水管道敷设、保温 ⋯⋯⋯⋯⋯⋯⋯⋯⋯⋯⋯⋯⋯⋯⋯⋯⋯⋯⋯⋯⋯⋯⋯⋯ 151
8.5 热水供应系统的计算 ⋯⋯⋯⋯⋯⋯⋯⋯⋯⋯⋯⋯⋯⋯⋯⋯⋯⋯⋯⋯⋯⋯⋯⋯ 152
8.6 热水系统节能要点 ⋯⋯⋯⋯⋯⋯⋯⋯⋯⋯⋯⋯⋯⋯⋯⋯⋯⋯⋯⋯⋯⋯⋯⋯⋯ 157

课后习题 ⋯⋯⋯⋯⋯⋯⋯⋯⋯⋯⋯⋯⋯⋯⋯⋯⋯⋯⋯⋯⋯⋯⋯⋯⋯⋯⋯⋯⋯⋯⋯⋯⋯ 157

9 可再生能源的利用 ⋯⋯⋯⋯⋯⋯⋯⋯⋯⋯⋯⋯⋯⋯⋯⋯⋯⋯⋯⋯⋯⋯⋯⋯⋯ 159
9.1 可再生能源的概述 ⋯⋯⋯⋯⋯⋯⋯⋯⋯⋯⋯⋯⋯⋯⋯⋯⋯⋯⋯⋯⋯⋯⋯⋯⋯ 159
9.2 光伏发电 ⋯⋯⋯⋯⋯⋯⋯⋯⋯⋯⋯⋯⋯⋯⋯⋯⋯⋯⋯⋯⋯⋯⋯⋯⋯⋯⋯⋯⋯⋯ 165
9.3 光热 ⋯⋯⋯⋯⋯⋯⋯⋯⋯⋯⋯⋯⋯⋯⋯⋯⋯⋯⋯⋯⋯⋯⋯⋯⋯⋯⋯⋯⋯⋯⋯⋯⋯ 173
9.4 热泵 ⋯⋯⋯⋯⋯⋯⋯⋯⋯⋯⋯⋯⋯⋯⋯⋯⋯⋯⋯⋯⋯⋯⋯⋯⋯⋯⋯⋯⋯⋯⋯⋯⋯ 178

课后习题 ⋯⋯⋯⋯⋯⋯⋯⋯⋯⋯⋯⋯⋯⋯⋯⋯⋯⋯⋯⋯⋯⋯⋯⋯⋯⋯⋯⋯⋯⋯⋯⋯⋯ 183

10　被动房(超低能耗建筑)软件介绍 ··· 185

　　10.1　Design PH介绍 ··· 185

　　10.2　PHPP软件介绍 ··· 185

11　实例分析 ··· 198

　　11.1　项目整体概况 ··· 198

　　11.2　五方科技馆单体 ··· 207

参考文献 ··· 224

1 超低能耗建筑定义

从 1972 年中东石油危机开始，各国加强了对节能技术的研究。在建筑节能领域，世界上许多国家开始了建筑保温、遮阳、可再生能源应用的研究和实践，建设了一批试验性的低能耗建筑和太阳能建筑。1988 年德国人沃尔夫冈·菲斯特（Wolfgang Feist）和其导师瑞典教授——（Bo Adamson）在总结前人经验的基础上，形成了被动房的理论和技术方案，并于 1991 年在德国的达姆施塔特（Darmstadt）建成了第一座"被动房"建筑（Passive House Darmstadt Kranichstein），1996 年沃尔夫冈·菲斯特成立被动房研究所（PHI），并于 1998 年提出了被动房标准，2015 年又对标准进行了修订，增加了对可再生能源的考量。截至 2019 年 6 月，全球已有 4917 栋建筑获得了被动房研究所的被动房认证，其中 46 栋在中国。欧盟指定的能源指令中，把被动房作为基础，即将被动房加可再生能源作为系统地解决建筑能源问题的方案。

我国对超低能耗建筑高度重视，不仅制定了国家和地方标准，而且出台了鼓励政策。在推广政策中采用了各种表述形式，为了统一名称，国内将逐步采用超低能耗建筑代替被动房、被动式超低能耗、被动式建筑等专业名称。由于参考的资料以及标准名称中采用各种表述，文中在出现以上建筑形式的表述，都可理解为超低能耗建筑。国内尚未明确、统一的定义。此章节参考德国被动房的定义和标准对超低能耗建筑进行定义。

1.1 超低能耗建筑定义

根据德国被动房研究所对被动房（超低能耗建筑）的定义，翻译如下：

"被动房（超低能耗建筑）是一种只靠**新风提供冷热**（新风量由 DIN 1946 标准对空气质量的要求得出），就可以实现建筑**热舒适标准**（ISO 7730）的建筑。除新风外，不需要其他的循环风。"

具体地说，超低能耗建筑是通过良好的保温和透明围护结构，被动利用太阳能和自由得热，依靠高效热回收新风系统，在保证合理舒适性的条件下，最大程度减少供暖和制冷能源需求的可持续建筑。标黑色的部分是整个定义中最重要的部分，主要含义为在满足舒适性的条件下，仅靠新风就可以提供建筑全部冷热负荷的建筑就是超低能耗建筑。实际运用中采用量化指标判断是否满足被动房标准，其中某些指标即由这个定义的量化而衍生的。

1.1.1 热舒适标准

热舒适标准就是我们常说的舒适度，最重要的舒适度指标是温湿度，除此之外还有表面温度以及气流速度。温湿度是计算建筑能耗的最重要的边界条件，根据温度可以计算冬季和夏季的供暖需求和制冷需求（不含除湿）有多大，根据湿度可以计算夏季的除湿能源需求有多少。

对于超低能耗建筑设计，默认冬季室内设计温度为20℃，这是计算能源需求时所设定的室内温度。实际使用过程中，我们可以根据自身对温度的需要设定任何温度，夏季，计算设定的室内温度为25℃（国内标准中，夏季设计温度为26℃），相对湿度60%，即12g/kg的含湿量。此数值可用于计算能源需求，实际房间温湿度可以根据用户自身的要求调整。特别强调冬季在计算能源需求时未考虑湿度这个概念，主要因为建筑加湿相比除湿要容易很多，在建筑正常使用的时候会有很多湿源，并不需要特意单独考虑这一块的能源需求，如果觉得建筑比较干燥，可以通过降低新风量或者洒水等方式来提高室内湿度，也可以单独配加湿器。冬季湿度不带入能源需求的计算中。这一块一般不计算到建筑的能源需求中。

超低能耗建筑的舒适性要求除了温湿度，还有以下几点：

1）房间空气温度和围护结构内表面温度差不大于3.5℃，即

$$|\theta_{房间温度} - \theta_{表面温度}| \leqslant 3.5℃$$

室内表面温度除了指墙体的表面温度还指窗户的表面温度，超低能耗建筑墙体和屋顶的表面温度与房间的温度差很容易满足这个要求，一般要求墙体和屋顶表面温度和室内温度差要不大于1℃，窗户满足

$$|\theta_{房间温度} - \theta_{表面温度}| \leqslant 3.5℃$$

房间和室内表面的温度差将会对门窗和墙体保温提出怎样的设计要求，在"围护结构热传递"章节会有更详细的解释和计算。

2）气流速度不宜过高

严格来说，气流速度并非单独的热舒适性指标，在表面温差以及建筑气密性满足要求的情况下，这一指标也可以满足。此处的气流速度并非指新风风速或者空调风速，而是指在自然温差的条件下产生的气流速度（图1-1）。

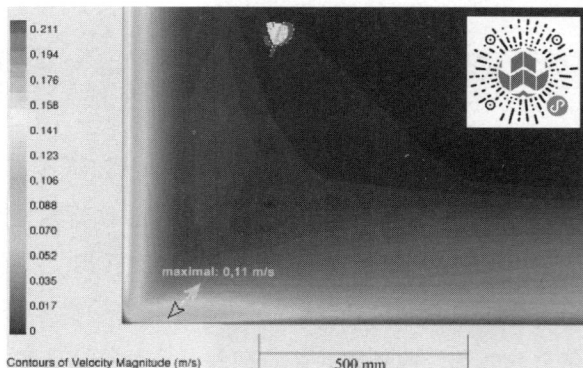

图1-1 被动窗附近气流速度CFD模拟

（图片来源：https://passipedia.de/grundlagen/bauphysikalische_grundlagen/thermische_behaglichkeit/lokale_thermische_behaglichkeit）

1.1.2 新风承担的负荷量大小

在了解完舒适度标准之后，接下来依照此室内温湿度的条件来计算室内的热平衡。从超低能耗建筑的定义可以看出，判断一个建筑是否可以达到超低能耗建筑的要求，主要取决于新风提供的负荷是否可以满足建筑的冷热平衡，即冬季维持在 20℃，夏季维持在 25℃。被动房（超低能耗建筑）定义在提出时主要针对德国的气候条件，其气候条件与中国的寒冷气候区相似，夏季的制冷和除湿能源需求较低，所以着重考虑冬季供暖。后期在标准制定时考虑了各种气候类型。

现在将"新风提供建筑的全部冷热负荷"这句话量化。

1）冬季时

假设有一个 90m² 的建筑，按照 30m²/ 人的居住密度计算，该建筑可居住 3 人，按照 DIN 1946 对新风量的要求为 30m³/（人·h），此建筑共需要提供 90m³/h 的风量。室内温度 20℃，新风能提供的最高温度约为 50℃。

根据以上信息可计算，新风一共可以提供：

$90 \times 0.33 \times （50-20）=900W$ 的负荷，式中，0.33 是空气的比热容。该负荷除以建筑面积 90m² 得 10W/m²，在计算此数据时未考虑任何气候条件，故该值适合于任何气候类似的建筑，只要建筑的负荷低于 10W/m²，新风即可提供建筑的全部热负荷，此供暖负荷值也是超低能耗建筑的一个重要能源需求标准值。根据此负荷值，结合德国和中欧的气候条件，建筑的供暖需求约为 15kW·h/（m²·a），此供暖需求值也是超低能耗建筑能源需求标准值之一。不同的气候区，两个数值并非一一对应，在判断超低能耗建筑是否满足标准时，满足其中一个要求即可。

2）夏季时

夏季，由于新风供冷的温差远低于冬季的 30K，故其制冷负荷低于 10W/m²，一般为 3~4W/m²。在德国或者中欧的气候条件下，一般夏季不需要空调就可以满足要求。但对于其他气候条件，该数值远不够满足建筑全部的制冷负荷。被动房（超低能耗建筑）标准在考虑全球的气候条件的情况下，对夏季能源需求有了较大的修正，在第 1.2 节"超低能耗建筑能源需求标准及相关技术参数"中将进行更为详细的介绍。

1.2 超低能耗建筑能源需求标准及相关技术参数

被动房（本节采用德国标准，故用被动房代指超低能耗建筑）以"舒适性高、建筑能源需求低"而著称。特别对于新建建筑，德国"被动房"标准提供了卓越的经济性。根据可再生一次能源（PER）需求和产量，被动房可以分为三个等级：普通级（Classic）、优级（Plus）和高级（Premium），被动房标准见表 1-1。

被动房标准 表1-1

			标准①			替代标准②
供暖						
供暖需求	kW·h/（m²·a）	≤	15			—
热负荷③	W/m²	≤	—			10
制冷						
制冷＋除湿需求	kW·h/（m²·a）	≤	15+除湿需求④			可变极限值⑤
冷负荷⑥	W/m²	≤	—			10
气密性						
压力测试 – 换气次数 n_{50}	1/h	≤	0.6			
可再生一次能源（PER）⑦			普通级	优级	特级	
PER 需求⑧	kW·h/（m²·a）	≤	60	45	30	相对标准给出值有 ±15kW·h/（m²·a）的偏差
可再生能源产量（相对于建筑占地面积）⑨	kW·h/（m²·a）	≥	—	60	120	通过调整产量来平衡上一栏中的偏差

表格来源：（德）贝特霍尔德·考夫曼，（德）沃尔夫冈·费斯特．德国被动房设计和施工指南[M]．徐智勇，译．北京：中国建筑工业出版社，2015：123.

注：①标准或替代标准适用于全世界所有气候区。所有极限值的参照面积为现行 PHPP 手册中的能源有效面积（EBF）（例外：可再生能源产量针对建筑占地面积；气密性针对净空间体积）。

②对于供暖、制冷和可再生一次能源（PER），相应满足上下 2 个标准值或者 2 个替代标准值。

③ PHPP 计算以静态热负荷为主，不考虑温度下降后的加热负荷。

④除湿需求取决于气候所需的换气次数以及室内热湿负荷（在 PHPP 中计算所得）。

⑤可变的制冷和除湿需求极限值，取决于气候数据，所需的换气次数以及室内热湿负荷（在 PHPP 中计算所得）。

⑥ PHPP 计算以静态冷负荷为主。当内部热源高于 2.1W/m² 时，极限值增加实际内部热源和 2.1W/m² 的差值。

⑦对于 PER 需求和可再生能源产量的要求是 2015 年新引入的。在过渡期，对于"被动房 Classic"可替代其这里的两项要求仍可沿用，原来对于非可再生一次能源（PE）$Q \leqslant 120$kW·h/（m²·a）的认证要求。在 PHPP "验证"表里可以选择所需的证明方法。对于 PE 证明，如果被动房研究所没有准许使用其他的国家层面的数值的话，采用的是 PHPP 中的一次能源系数组 1 的数据（在 PER 表中选择）。

⑧包含了供暖、制冷、除湿、热水、照明、设备辅助用电和电气设备用能。极限值适用于住宅建筑以及典型的教育和办公建筑。如果由于建筑用途出现非常高的用电需求，则可以在与被动房研究所沟通后提高用电指标，但必须出示所有大型用电设备高效用电的证明。但是在建筑物启用前已经存在的属于用户产权的用电设备除外，如果证明这些用电设备以改善用电效率为目的的更新改造在生命周期内是不经济的话，可以不进行修改。

⑨与建筑在空间上没有联系的可再生能源生产设备也允许计入（生物质能利用、垃圾焚烧热电厂和地热除外）。只允许计入建筑产权人或（长期）用户（一手）所有的新装设备（即建筑物开工建设前尚未投产的设备）。

以上标准由被动房研究所（PHI）于 2015 年 4 月 15 日颁布。

1.2.1 基本技术参数

从以上标准可以看出被动房标准由七个参数组成，分为四大部分：供暖、制冷、气密性和可再生一次能源。标准有两种评价指标，即基本评价指标和替代评价指标，满足任何一个即可。对于供暖来说，当供暖需求不大于 15kW·h/（m²·a），或者供暖负荷不大于 10W/m² 时均可判定为达到标准，这和新风提供全部冷热负荷的定义相吻合。对于制冷，需要根据气候条件进行相应的修正，此部分参数变化较大，无法用固定的数值来定义，PHPP（被动房能源需求计算软件）在输入气候参数之后还会根据建筑的室内得热不同进行修正。此部分在气候修正中进行相应的描述。气密性指标为 $n_{50} \leqslant 0.6h^{-1}$，此要求对任何建筑都相同，其中对于建筑净体积大于 5 000m³ 的建筑，还需要满足 $q_{50} \leqslant 0.6m^3/(h \cdot m^2)$ 的要求。一次能源部分由一次能源（PE 值）和可再生一次能源（PER 值）两种判定方式组成，满足其中任何一种均可以判定此部分满足要求。

在建筑施工过程中严格把控气密性相关操作，在建筑供暖制冷过程中考虑采用高效能设备，气密性和一次能源部分比较容易实现。在被动房设计过程中，最重要的是如何实现供暖和制冷两部分的参数满足标准要求。这也是能否做成被动房的关键。这四个参数满足要求的前提就是建筑的能源需求要尽可能低。供暖负荷的热平衡公式如下：

$$P_H = P_T + P_V - P_S - P_I \tag{1-1}$$

式中　　P_H——供暖负荷；

P_T——围护结构热损失；

P_V——通风热损失；

P_S——太阳得热；

P_I——内部得热。

根据热平衡公式可以看出，若是希望 P_H 值降低，就需要降低 P_T 和 P_V 的值，同时提高 P_S 和 P_I 的值。从这个朴素的公式中可以看出，为了实现被动房，我们需要做出哪些努力。

1）P_T 的降低

P_T 是围护结构的传热损失，热量通过屋顶、外墙、地面及门窗传递到室外。为了降低此部分的热量损失，需要采用更厚的保温和 U 值更低的窗户，同时在保温和门窗施工时要尽可能地降低建筑的热桥影响。具体的保温的厚度和窗户的 U 值由 PHPP 计算所得，并非由限值决定。

2）P_V 的降低

P_V 是通风的传热损失，由新风置换和渗透两部分组成。建筑必须要有足够的新风供应，如果新风量供应不足，导致室内二氧化碳浓度过高，会导致大脑缺氧，产生疲劳或窒息。国内建筑一般采用开窗通风来实现新风供应，此种通风形式会造成无控制的过多或过少的热量转移，这也是为什么冬季或者夏季我们开空调的时候会关闭门窗，反而可能导致新风量供应不足。为了降低此部分能源需求损失，可采用带热回收的新风机。使用该系统，在提供室内新风的同时，还可以对排出去的污空气实现热量回收。

除了新风置换的热损失外，还有渗透带来的热损失。渗透就是我们常说的漏风。这部分渗透的热损失需要通过提高建筑的气密性来降低。

3）P_S 的提高

P_S 是建筑的太阳得热，太阳得热指太阳通过玻璃辐射到室内的热量。玻璃相比其他构件更为特殊，首先它是热损失构件，其次它也是得热构件。所以对于玻璃的要求就是尽可能地降低玻璃的热损失，同时提高玻璃的得热性能，即 g 值。通常情况下，这两个性能是有关联的，比如若是希望降低热损失，需要采用三玻充氩气的 Low-E 玻璃，但是由于玻璃层数较多和 Low-E 膜的使用，玻璃的 g 值相比普通单玻又降低了很多，所以需要寻找一个平衡。这个平衡在寒冷的区域就是单块玻璃的得热量要大于热损失量，或者这两者的差（得热 — 热损失）要尽可能大。除了对玻璃性能的要求，对于玻璃占比也有要求，在寒冷地区，窗户的玻璃占比越大、窗框占比越小越好。

4）P_{I} 的提高

一般来说，对于一个确定的建筑，P_{I} 一般是固定值，不通过此参数来调整建筑的热平衡。

从以上分析可以看出，为了降低建筑的热负荷，我们需要通过良好的**保温**和高性能的**门窗**以及**热桥**处理来降低围护结构热损失，通过良好的**气密性**以及**热回收新风**来降低建筑的通风热损失，同时通过提高朝阳面玻璃占比和玻璃的 g 值来提高建筑的得热。以上这些技术就是被动房的五项关键技术，我们可以通过被动房定义和标准要求结合热平衡的公式推导出来。

1.2.2 处理后楼面面积

处理后楼面面积的英文全称为 Treated Floor Area（TFA），该面积用来计算被动房单位面积能源需求。不同于一般使用的建筑面积或建筑净面积，TFA 除考虑了建筑的实际使用面积外，还根据使用面积的功能以及层高进行了折算。一般来看，TFA 不大于室内净面积。

TFA 的计算范围为建筑围护结构内的面积，例如阳台或者露台等围护结构外的面积不计入 TFA 中。地下室或者阁楼等在被动房保温圈以外的面积也不计入 TFA 中。计算 TFA 时，以净尺寸计算，同时对于房间功能也要按照要求进行折减，正常情况下，使用频率比较高的房间不进行折减，而对于设备间、走道等附属房间则需要进行折减，折减系数为 60%。对于高度在 1m 以下的空间，不计入 TFA，楼梯以及电梯间也不计入 TFA，但楼梯休息平台按照 60% 计入。高度在 1~2m 之间的空间按照 50% 计入，如果该空间同时是附属房间，则按照 30% 计入。

需要注意的是，对于居住建筑，如果某一层的主要功能房间面积超过 50%，那么该层的所有空间的净面积都可计入 TFA。如果主要功能房间没有超过 50%，那么附属房间要进行折减后计入 TFA。公共建筑则无此要求，所有的附属房间都进行折减后计入，且对于中庭等高度较高的空间只按照实际净面积计入。

【例 1-1】已知建筑的一楼平面图及房间功能如图 1-2 所示，求建筑的 TFA。

解：如图 1-2 所示，该空间为居住建筑，且主要功能房间大于 50%，该房间所有净面积均计入到 TFA 中，图中所示 100% 为楼梯下高度超过 2m 的空间，所示 50% 为高度 1~2m 的空间，0% 为小于 1m 的空间，不计入 TFA 中。

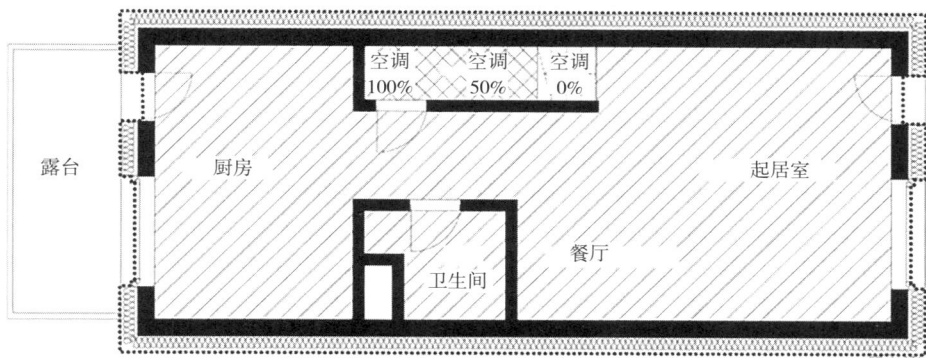

图1-2　某建筑一楼平面图

（图片来源：[德] PHI《PHPP9 手册》，2015：91.）

1.2.3　建筑负荷和建筑需求

建筑负荷和建筑需求都是表达建筑能源需求水平的指标。负荷分为建筑供暖负荷 P_H 和建筑制冷负荷 P_C，建筑需求分为建筑供暖需求 Q_H 和建筑制冷需求 Q_C。

建筑负荷指建筑需要维持热平衡所需要提供的热量或冷量，单位是 W，一般单独提到建筑负荷就是指建筑在不利时刻的负荷。假设冬季最冷的那一时刻是在 1 月 10 日凌晨 5 点，此时通过 $P_H = P_T + P_V - P_S - P_I$ 计算出的 P_H 的大小就是该建筑的供暖负荷。反之最热那一时刻通过 $P_H = P_T + P_V + P_S$ 计算出的负荷大小就是该建筑的制冷负荷。目前行业中负荷的计算精确到小时，也就是往下不再细分。需要注意的是，PHPP 采用的负荷计算精确到天。

供暖需求是供暖负荷在时间上的积分，其单位为 kW·h。此处的 kW·h 为能量单位，与 1 度电的 1kW·h 单位相同，在供暖需求或制冷需求中指 1kW·h 的热量或者 1kW·h 的冷量。供暖需求 1kW·h 可理解为供暖负荷为 1kW 的建筑 1h 时间需要提供的总热量。

由上面负荷的定义可知，负荷一般表示的是冬季和夏季的最不利值，可简单理解为瞬时值。所以如果计算全年的供暖需求和制冷需求，不能简单地用供暖负荷乘以供暖时长或者制冷负荷乘以制冷时间来计算，而是一个求和的过程或者说积分的过程。如图 1-3 所示，如果知道建筑不同时间的负荷大小，可以通过积分求得建筑全年所需的热量或者冷量。此结果就是建筑的供暖需求量 Q_H 和制冷需求量 Q_C。

为了简化计算，引入新的参数——度时数来描述供暖期间或制冷期间的温差的积分。度时数的计算公式如下：

$$G_T = \sum (T_i - T_e) t \qquad\qquad (1-2)$$

式中　　G_T——度时数，K·h 或 kK·h；

T_i——室内温度，℃，计算供暖度时数时为 20℃，计算制冷度时数时为 25℃；

T_e——室外温度，℃；

t——时间长度，h。

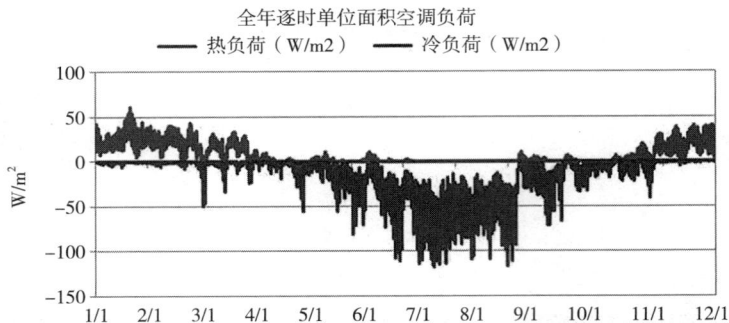

图 1-3　某项目全年冷热负荷（冷负荷指制冷负荷，热负荷指供暖负荷）

（图片来源：https://max.book118.com/html/2016/0503/41912206.shtm）

供暖度时数的计算区间可以是一天，也可以是一周、一个月或者整个供暖期或制冷期，一般在需要计算全年供暖能源需求时，应计算整个供暖期的度时数；当需要计算某个月的供暖能源需求时，应计算某个月的供暖度时数。在未作说明的情况下，供暖度时数一般指整个供暖期间的度时数，制冷度时数指整个制冷期间的度时数。

建筑的负荷和需求是描述建筑能源需求的不同参数。由于气候的差异，两者并非完全成比例增加，但整体的相关性是一致的。一般负荷高的建筑，建筑能源需求也高。由于建筑负荷在气候参数上只涉及室内外温差，在本书中，涉及能源需求等定性问题描述时，一般采用建筑负荷这一参数。在具体到每个地理位置的能源需求计算时，需要同时考虑建筑负荷和建筑需求。

【例 1-2】假设合肥地区 12 月份室外平均温度为 5℃，求 12 月的供暖度时数。

解：室内温度为 20℃，室外平均温度为 5℃，12 月共 31 天。

$$G_T = \sum (T_i - T_e) t$$
$$= (20-5)℃ \times 31d \times 24h$$
$$= 11\ 160K \cdot h = 11.16kK \cdot h$$

1.2.4　制冷需求和制冷负荷限值的修正

在之前的推导过程中，我们均以建筑供暖的情况作为分析的依据，现在考虑一下如果我们通过建筑制冷的能源需求平衡会推导出什么样的结果。

$$P_C = P_T + P_V + P_S + P_I \tag{1-3}$$

式中　P_C——制冷负荷；

　　　P_T——围护结构热损失；

　　　P_V——通风热损失；

　　　P_S——太阳得热；

　　　P_I——内部得热。

由上面的公式可以看出，为了让 P_C 值降低，我们不仅需要 P_T 和 P_V 值降低，同时 P_S 值也要降低，先不考虑 P_I 值。P_T 和 P_V 值降低这一点和建筑供暖的情况相符，采用相同的技术可以实现这个目标。但是针对 P_S 值，在冬季希望提高建筑得热，而在夏季需要降低建筑得热，这是一对矛盾。也就是我们希望建筑在冬季尽可能多地得热，在夏季尽可能少地得热。由于太阳高度角在冬天较低，在夏季较高，我们可以通过合理地设置固定遮阳的深度来实现这一目标，同时也可以使用更为方便的技术——**活动外遮阳**。冬季的时候不使用遮阳，太阳可直接照射到室内；夏季时使用外遮阳，阻挡太阳辐射进入室内。活动外遮阳也是超低能耗建筑的一大重要技术，尤其在夏热冬冷气候区及其以南在夏季对制冷需求较大的区域。

不同区域的夏季长短、温度、湿度以及太阳辐射差别很大。同时，夏季不同于冬季，所有的影响因素都是不利因素（冬季 P_S 和 P_I 是有利因素）。无法通过热平衡的方式将夏季负荷降低到一个特定的值。所以制定夏季能源需求标准的时候，会根据不同区域的气候、换气次数及内部得热大小，进行一定的修正，这也是合理的。

1. 供暖需求和供暖负荷不修正

在不同的气候条件下，相同的建筑供暖需求和供暖负荷肯定不同，比如一栋在夏热冬冷地区满足供暖需求和供暖负荷的建筑在寒冷地区不一定可以满足，因为寒冷地区冬季时间更长也更冷，供暖需求必然也会相应地增加。德国被动房（超低能耗建筑）的标准并未因此而进行修正。因为被动房的定义是针对全气候条件的，若需要满足只靠新风进行供暖，则要求供暖负荷必须能达到 $10W/m^2$ 以下。如果根据气候进行修正，会导致不管在夏热冬冷地区还是寒冷地区，超低能耗建筑的做法几乎一致，这实际上也造成了极大的浪费。被动房的定义，从一开始提出时就需要考虑经济性。在建筑的负荷刚刚达到 $10W/m^2$ 时，可以减少常规供暖如散热器、地暖的投资从而降低建筑的增量成本，提高建筑的经济性。如果根据气候进行修正，则无法保证供暖负荷达到预期的效果。合理的做法就是超低能耗建筑的供暖需求和负荷指标不改变，而通过调整保温厚度和门窗性能来让建筑满足此要求。严寒地区保温和门窗的热工性能要更好，夏热冬冷地区和炎热地区可适当地降低。这样才更合理，也更经济。

2. 制冷需求的修正

制冷并不能按照供暖的做法来修正，是因为在冬季有内部得热和太阳得热这两部分热量来平衡，只要保温和门窗选择得当就可以达到供暖的指标。而在夏季，内部得热和太阳得热都是不利因素，同时还有空气湿度这个不利因素。这些无法通过提高保温或者门窗的性能这些被动措施来改善。通过活动外遮阳可以适当地降低夏季制冷需求和制冷负荷，但是也有一定的限度。所以，夏季制冷的指标必须进行修正，通过被动式的技术无法实现夏季的能源需求指标达到某一固定的值。不同城市的建筑，由于夏季的气候差别很大，最终体现出来的超低能耗建筑的制冷标准也不相同。

被动房制冷需求的修正应该按照气候条件来进行。在 PHPP 中有两种修正方法，实际上就是标准和替代标准两部分。对于一般标准部分，只修正除湿部分，认为其他部分的制冷需求可以通过被动式的手段来实现，这样，建筑的制冷需求就由两部分组成，即常规制冷需求 [$\leq 15kW \cdot h/(m^2 \cdot a)$] 以及额外的除湿需求。

根据最新的被动房标准及 PHPP9 额外除湿的需求，以室外温度和露点温度 17℃的差值来修正。公式如下：

$$Q_{\text{Clatenter}} = [Q_{\text{Cinner}} + (T_{\text{tau}} - 17℃)(1 - \eta_1) \times n_v \times \rho_a \times \eta_2] \times q \times d \times 0.024kK \cdot h/d \qquad (1-4)$$

式中 $Q_{\text{Clatenter}}$——月制冷需求修正值，$kW \cdot h/(m^2 \cdot m)$；

       Q_{Cinner}——由室内人员引起的需求修正，$g/(m^2 \cdot h)$，其中住宅建筑按照 100g/（人·h），非住宅建筑按照 10g/（人·h）计算；

   $T_{\text{tau}} - 17℃$——月平均露点温度和 17℃露点温度的差值，K；

         η_1——潜热回收效率，%，此处值为 60%；

         n_v——单位面积换气次数，$m^3/(m^2 \cdot h)$，此处值为 1；

         ρ_a——空气密度，kg/m^3，此处值为 1.18；

         η_2——含湿量比露点温差，$g/(kg \cdot K)$，此处值为 0.8；

         q——热值，$kW \cdot h/kg$，此处值为 0.7；

         d——月天数，d 或 m；

$0.024kK \cdot h/day$——天小时数。

【例 1-3】 一个地处广州的 100m² 住宅项目，该住宅共有 3 人居住，5 月份广州的月平均露点温度为 22.6℃，请计算该月的潜热需求修正值为多少。

解：$Q_{\text{Clatenter}} = [Q_{\text{Cinner}} + (T_{\text{tau}} - 17℃)(1 - \eta_1) \times n_v \times \rho_a \times \eta_2] \times q \times d \times 0.024kK \cdot h/d$

           $= [(100m^2 \times 3 \text{人})/100g/(\text{人} \cdot h) + (22.6 - 17)℃(1 - 60\%) \times 1m^3/(m^2 \cdot h) \times$

           $1.18kg/m^3 \times 0.8g/(kg \cdot K)] \times 0.7kW \cdot h/kg \times 31d \times 0.024kK \cdot h/d$

           $= 2.66kW \cdot h/(m^2 \cdot m)$

按照此计算方法再计算其他月的制冷除湿需求修正值，最终将此修正值 +15kW·h/（m²·a）即为总制冷需求的标准值。

除此方法外，还有一种修正方法，除了考虑除湿的修正外也考虑显冷需求的修正，将两个值相加即为总的制冷需求标准值，此值为替代标准，需要结合制冷负荷修正一起使用，此处不再单独描述。

3. 制冷负荷的修正

制冷负荷的修正较为简单，只修正显热部分，潜热部分不作为标准判断项。此值只在使用替代标准时使用，未修正的制冷负荷为 10W/m²，若内部得热大于 2.1W/m²，则其与 2.1W/m² 的差值作为修正值加到 10W/m² 的标准值中。

1.2.5 一次能源标准和可再生一次能源标准

一次能源和可再生能源是被动房研究所为了鼓励用户多使用节能设备以及采用可再生能源而引入的标准。其值大小和供暖制冷需求相关，同时也和生活热水、家用电器以及冷热源有关。简单地理解，就是建筑使用的能源越少越好。一个建筑有时候不是只有一种能源形式，还会采用电力、燃气等不同的能源形式。为了让不同的能源形式可以更好地比较，同时设定一个限值作为被动房的标准，引入了一次能源（旧）和可再生一次能源（新）两种标准。

1. 一次能源标准

一次能源指的是存在于大自然中未经开采的化石能源。最终用来提供给建筑内设备使用的为终端能源。在这两个能源之间有开采、运输、加工转化、再运输等中间过程，最终会导致一个单位的终端能源要大于一个单位的一次能源才能提供。比如对于电力来说，以德国的能源数据为例，终端使用的 1kW·h 的电需要大约 2.6kW·h 的一次能源才能提供，那么也可以说，电的一次能源系数为 2.6（图 1-4）。

电属于高品位能源，所以其一次能源系数较高，而燃气由于加工和运输过程中损耗较小，其一次能源系数较低，为 1.1。部分一次能源的系数低于 1，比如木头的一次能源系数为 0.2，太阳能的一次能源系数为 0。木头并不需要使用化石能源，但由于运输和加工需要消耗能源，所以系数为 0.2，而对于太阳能则不需要运输和加工，可直接使用，所以其一次能源系数为 0。

在采用一次能源标准时，其限值为 120kW·h/（m²·a），建筑可以根据不同的能源对应的一次能源系数优化建筑的一次能源值，进而满足要求。一般情况下，只要建筑采用节能设备且不采用直接电加热作为热源供暖和供生活热水，一次能源这个指标相对来说还是比较容易满足的。

2. 可再生一次能源标准

可再生一次能源标准是在 2015 年新标准引入时一同引入的，目前，可再生一次能源标准和一次能源标准均可使用。可再生一次能源标准的整体逻辑和一次能源不大相同，在介绍可再生一次能源标准时，我们需要把目光放在更为长远的未来，假如未来全世界所有的电力能源均为可再生能源，由太阳能、风能或者水能等产出，在这种情况下，我们每产出一个单位的电，其系数为 1。对

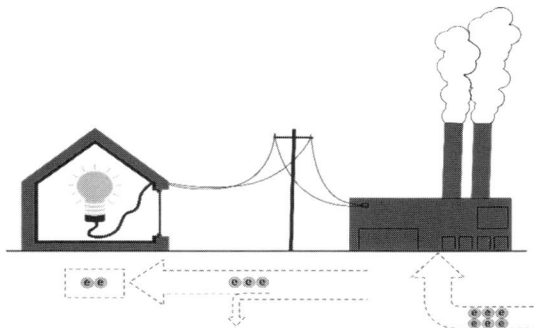

图 1-4 一次能源过程示意图
（图片来源：[德]PHI《被动房设计师培训教材（原理）》，2015：154.）

于建筑来说，产出的电虽然系数为 1，但考虑到运输和储存还会损失一部分能源，所以最终家庭电器的电力可再生一次能源系数为 1.3。除此之外，不同的应用场景对应的用电也不相同。比如家庭电器用电一般较稳定，其系数较低，为 1.3，而供暖采用的电力，由于需要从夏季开始储存，这一部分的电力损耗较大，故其系数较高，为 1.7。除了电之外，其他能源均看作由电转化的，其可再生一次能源系数均比较大。以上就是可再生一次能源及其系数的介绍。

在引入可再生一次能源的标准体系之后，根据可再生一次能源需求和可再生一次电力的产能，将被动房（超低能耗建筑）分为被动房 classic、被动房 plus 以及被动房 premium 三个等级。被动房 classic 指的是一个建筑的总可再生一次能源需求小于 $60kW \cdot h/（m^2 \cdot a）$，同时对于产能没有要求。被动房 plus 要求总的可再生一次能源需求不超过 $45kW \cdot h/（m^2 \cdot a）$，同时产能要达到 $60kW \cdot h/（m^2 \cdot a）$。这个产能量是基于项目的占地面积计算的，并非根据建筑面积来计算。被动房 premium 要求最大能源需求不大于 $30kW \cdot h/（m^2 \cdot a）$，同时发电量要达到 $120kW \cdot h/（m^2 \cdot a）$。

在实际的判断过程中，如果可再生一次能源需求或产能量不能满足要求，可以部分替换，$2kW \cdot h/（m^2 \cdot a）$ 的产能可以和 $1kW \cdot h/（m^2 \cdot a）$ 的能源需求替换。最多可替换量不超过 $15kW \cdot h/（m^2 \cdot a）$ 的可再生一次能源需求。

3. 常用能源形式的一次能源系数

表 1-2 所示是 PHPP 中对不同形式的能源给定的系数，可作为参考使用。

不同原材料的一次能源系数和CO_2-系数　　　　　　　　表1-2

序号	能源形式		PER- 系数	PE- 系数	CO_2- 系数
			$kW \cdot h_{prim-el}/kWh_{End}$	$kW \cdot h_{prim}/kWh_{End}$	$kgCO_{2eq}/kW \cdot h_{End}$
1	Heizöl	燃料油	2.30	1.10	0.320
2	Erdgas	天然气	1.75	1.10	0.250
3	Flüssiggas	LPG	1.75	1.10	0.270
4	Steinkohle	硬煤	2.30	1.10	0.444
5	Braunkohle	褐煤	2.30	1.20	0.455
6	Biogas	沼气	1.10	1.10	—
7	Bioöl	生物油	1.10	1.10	—
8	Holz	木材	1.10	0.20	—
9	Holz-Scheit	木材原木	1.10	0.20	0.017
10	Holz-Pellets	木制小球	1.10	0.20	0.025
11	Holz-Hackschnitzel Wald	木材——碎木	1.10	0.20	0.026
12	Holz-Hackschnitzel Pappel KUP	木材——杨树碎木	1.10	0.20	0.037

续表

序号	能源形式		PER- 系数	PE- 系数	CO₂- 系数
			$kW \cdot h_{prim-el}/kWh_{End}$	$kW \cdot h_{prim}/kWh_{End}$	$kgCO_{2eq}/kW \cdot h_{End}$
13	EE-Gas	EE– 气	1.75		
14	EE-Methanol	EE– 甲醇	2.30		
15	Biomasse	生物质	1.10		
16	Strom-Mix	混合电力		2.60	0.532
17	Primärstrom	可再生一次产电	1.00		
18	Haushaltsstrom	家庭用电	1.30	2.60	—
19	Strom f. Warmwasser	热水用电	1.30	2.60	—
20	Strom f. Heizung	供暖用电	1.70	2.60	—
21	Strom f. Kühlung	制冷用电	1.50	2.60	—
22	Strom f. Entfeuchtung	除湿用电	1.60	2.60	—
23	Photovoltaik-Strom	光伏发电	1.00	0.00	
24	Photovoltaik-Strom Monokristallin	光伏电源单晶硅	1.00	0.00	0.130
25	Photovoltaik-Strom Polykristallin	光伏电源多晶硅	1.00	0.00	0.063
26	Windenergie onshore	陆上风能	1.00	0.00	0.009
27	Windenergie offshore	近海风能	1.00	0.00	0.022
28	Wasserkraftwerk > 10MW	水力发电厂大于 10MW	1.00	0.00	0.003
29	Erdwärme，Geothermie	地热能，地热能	0.00	0.00	—
30	Umgebungswärme	浅热	0.00	0.00	—
31	Umgebungskälte	浅冷	0.00	0.00	—
32	Th.Solarenergie Flach （Erzeugung）	太阳能平板	1.00	0.00	0.045
33	Th.Solarenergie Vakuum （Erzeugung）	太阳能真空	1.00	0.00	0.025
34	Abwärme	余热	0.00	0.00	—

表格来源：PHPP 软件

　　一次能源指标为限制建筑主动设备的节能率而设置。被动房不仅需要建筑本身节能，还希望使用该建筑的业主行为也可以节能。所以被动房不仅需要做好被动式节能措施，同时还需要在供暖制冷设备的选型、生活热水的供给以及建筑内部电器的使用中都要优先选择节能的设备。

1.2.6 被动房（超低能耗建筑）改造标准和最低舒适性标准

被动房（超低能耗建筑）标准除了新建建筑标准，还有改造建筑的标准。针对改造建筑的标准相比新建建筑要求要低一些。主要改变是供暖需求由 $15kW \cdot h/（m^2 \cdot a）$ 的固定值变为依据气候分区而改变的修正值，如寒温地区供暖需求不大于 $25kW \cdot h/（m^2 \cdot a）$，同时气密性标准由不大于 $0.6h^{-1}$ 变为不大于 $1h^{-1}$，除这两处外，其他同新建建筑标准相同（表1-3）。

针对被动房改造，还有一个替代标准，称之为按照构件要求改造。此标准类似国内的节能标准。根据不同气候区给出建议的限值，只要所有的做法能满足限值的要求，即可判定其满足被动房的要求。

按照构件要求的被动房改造标准　　　　　　　　　　　　　表1-3

PHPP 划分的气候区	建筑物不透明围护结构				窗户（包括户门）					新风机组	
	与土壤连接	与室外空气连接			整窗			玻璃	太阳负荷		
	保温	外保温	内保温	外墙涂料	最大传热系数（U_w 安装状态）			太阳能总透射比（g 值），只在主动供暖时考虑	制冷时期最大单位太阳负荷	最小热回收效率	最小湿度回收效率
	最大传热系数（U 值）			冷色调							
	W/（$m^2 \cdot K$）				W/（$m^2 \cdot K$）			—	kW·h/（$m^2 \cdot a$）	%	
极冷	根据项目各自对应的供暖和制冷度日数在PHPP中计算确定	0.09	0.25	—	0.45	0.50	0.60	Ug–g×0.7 ≤ 0	100.00	80	—
冷		0.12	0.30	—	0.65	0.70	0.80	Ug–g×1.0 ≤ 0		80	—
温偏凉		0.15	0.35	—	0.85	1.00	1.10	Ug–g×1.6 ≤ 0		75	—
温偏暖		0.30	0.50	—	1.05	1.10	1.20	Ug–g×2.8 ≤ 0		75	—
暖		0.50	0.75	—	1.25	1.30	1.40	—		—	—
热		0.50	0.75	是	1.25	1.30	1.4	—		—	60（潮湿气候）

表格来源：（德）贝特霍尔德·考夫曼，（德）沃尔夫冈·费斯特. 德国被动房设计和施工指南 [M]. 徐智勇，译. 北京：中国建筑工业出版社，2015：124.

为了满足建筑的基本舒适性和卫生要求，建筑围护结构参数不能低于以下要求（表1-4）。

建筑的最小舒适性标准是冬季防止结露发霉，夏季防止过热的最低要求，此要求不针对被动房，普通建筑在设计时也需要考虑此参数。

建筑最低舒适性要求   表1-4

PHPP 给出的气候区	卫生	舒适性			
	最低温度系数	最大传热系数			
		U 值			
	f_{Rsi}=0.25（$m^2 \cdot K$）/W	W/（$m^2 \cdot K$）			
		⊏	⊏	⊏	⊏
极冷	0.80	0.45	0.50	0.50	0.35
冷	0.75	0.65	0.70	0.80	0.50
温偏凉	0.70	0.85	1.00	1.10	0.65
温偏暖	0.60	1.10	1.15	1.25	0.86
暖	0.55	—	1.30	1.40	—
热	—	—	1.30	1.40	—
极热	—	—	1.10	1.20	—

表格来源：（德）贝特霍尔德·考夫曼，（德）沃尔夫冈·费斯特.德国被动房设计和施工指南[M].徐智勇，译.北京：中国建筑工业出版社，2015：128.

1.3 超低能耗建筑技术措施

此部分将对现在超低能耗建筑项目中采用的常见技术进行简单的介绍，对于关键的五项基本技术，后续章节还会详细地解释。除五项关键技术外的其他技术不再进行详细的解释，因为此部分技术为建筑的常用技术，已有相关的书籍和资料均可供学习和了解。

1.3.1 五项关键技术

五项关键技术为超低能耗建筑最重要的技术，在设计和建造超低能耗建筑时，这五项技术必须要使用，而且需要经过仔细的计算。在前面的定义那一节中已经提及了超低能耗建筑的五项关键技术，分别为高性能保温隔热、高性能门窗、提高建筑气密性技术、无热桥技术及高效热回收新风。现分别对其进行简要的介绍（图1-5）。

1. 高性能保温

超低能耗建筑给人最直接的印象就是保温层非常厚，相比传统的节能建筑，超低能耗建筑的保温层要厚很多。在中国北方严寒寒冷地区，超低能耗建筑保温层厚度在采用岩棉作为外墙保温材料时通常可以达到200~300mm，这个厚度远超目前国内75节能标准约100mm（图1-6）。

高性能保温的作用有如下几个方面：

（1）降低冬季通过围护结构热损失；

（2）降低夏季通过围护结构的得热；

（3）提高围护结构的内表面温度；

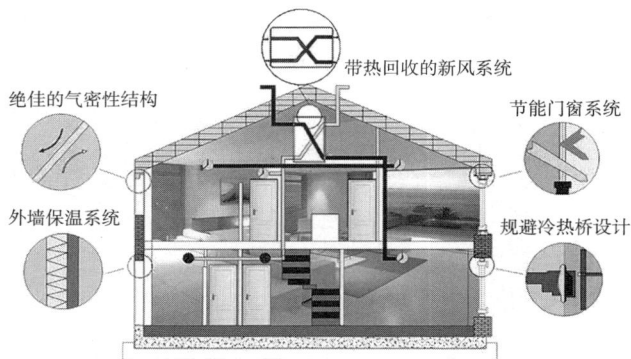

图1-5 超低能耗建筑五项关键技术

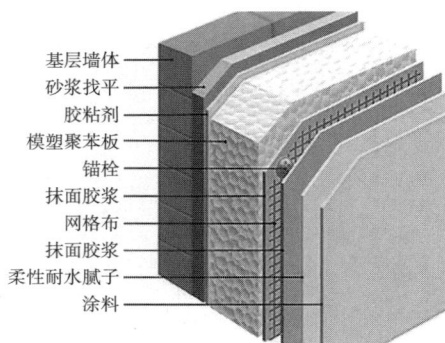

图1-6 超低能耗建筑保温系统图
（图片来源：https://www.sohu.com/
a/139032416_651697）

（4）提高建筑的围护结构隔声性能；

（5）保护主体结构。

2. 高性能门窗

超低能耗建筑在门窗问题的解决上很巧妙。通过采用高热工性能的窗框，配上高性能的三玻两腔充氩气的玻璃，成功让原来热损失非常大的窗户变成了冬季得热大于热损失的构件。在北方寒冷地区的南向可以实现每个窗户在冬季时相当于一个小散热器这样的效果。东西向的窗户基本可以维持热损失和得热的平衡，而北向的窗户则无法达到此效果。所以，设计时，在北方需要尽可能地降低北向窗户的面积，提高南向窗户的面积从而实现在窗户这个构件中得热大于热损失（图1-7）。

在炎热地区，过大的窗户会在夏季造成不利的影响，所以窗户的设计需要根据气候的差异进行合理的计算。同时需要使用外遮阳来降低夏季的太阳辐射影响。

高性能窗户的作用有以下几个方面：

（1）降低冬季通过围护结构的热损失；

（2）降低夏季通过围护结构的得热；

（3）提高冬季的太阳得热；

（4）提高夏季的太阳得热（不利因素）；

（5）提高建筑的围护结构隔声性能；

（6）提高建筑的围护结构防尘性能；

（7）提高建筑的围护结构气密性；

（8）有利于自然采光；

（9）大玻璃占比有利于提高建筑美感。

图1-7 超低能耗建筑铝合金窗户
截面图

3. 无热桥设计

关于无热桥这个名词的叫法，目前国内尚且有争议，有专家指出，更严谨的叫法应该是降低热桥的影响，或者是少热桥、低热桥。关于无热桥，被动房研究所给出的定义如下：在一个建筑中，当采用外部尺寸进行计算时，如果建筑总的热桥影响不大于 0W/（m·K），那么可认为建筑按照无热桥设计。

另外一种定义为：建筑所有的热桥均小于 0.01W/（m·K）（线性热桥）或 0.01W/（m²·K）（点状热桥）时，也可以认为建筑按照无热桥设计。

从上面的定义可以看出，无热桥设计的最终目的就是如果我们按照外部尺寸计算热平衡，建筑的热桥对建筑产生的能源需求可以忽略不计。为了达到这个目的，我们会对建筑的热桥部位进行相应的处理，这个过程就叫作无热桥设计（图 1-8）。

无热桥设计的作用有如下几个方面：

（1）降低冬季的围护结构热损失；

（2）降低夏季的围护结构冷损失；

（3）提高冬季室内围护结构内表面温度；

（4）避免热桥薄弱部位结露发霉；

（5）保护热桥薄弱部位的结构构件安全。

4. 提高建筑气密性

建筑的气密性，简单地理解，就是建筑的密封性能，漏不漏气，如果有严重漏气的部位，则表示气密性不好。解决气密性问题的原理很简单，就是在所有可能造成漏气的部位进行封堵，比如门窗安装位置、管道穿透位置以及外墙的插座线盒位置。除此之外，超低能耗建筑取消了传统的卫生间排风，这也是提高建筑气密性的一个措施。气密性的处理在实际施工时较为费事，主要原因在于国内一般建筑在施工时不曾考虑气密性的影响，所以没有相应的意识。如果没有事先给工人进行培训，有些泄漏部位在结构内部如不事先处理，后期检查时发现，再处理起来也很麻烦（图 1-9）。

建筑气密性的作用有如下几个方面：

（1）降低冬季的通风热损失；

（2）降低夏季的通风冷损失；

（3）提高门窗洞口等常见漏风处的冬季表面温度；

（4）冬天无漏风现象；

（5）无灰尘进入；

（6）不影响热回收设备使用效率；

（7）减少室外 PM2.5 进入。

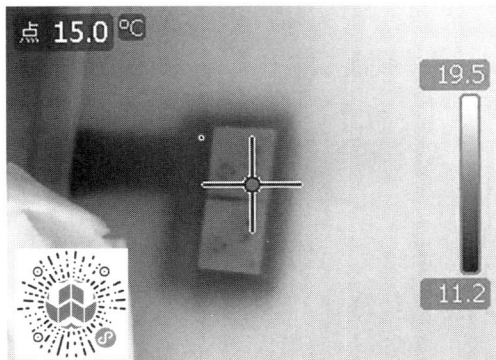

图 1-8 线盒处的热成像图（蓝色为热桥部位）

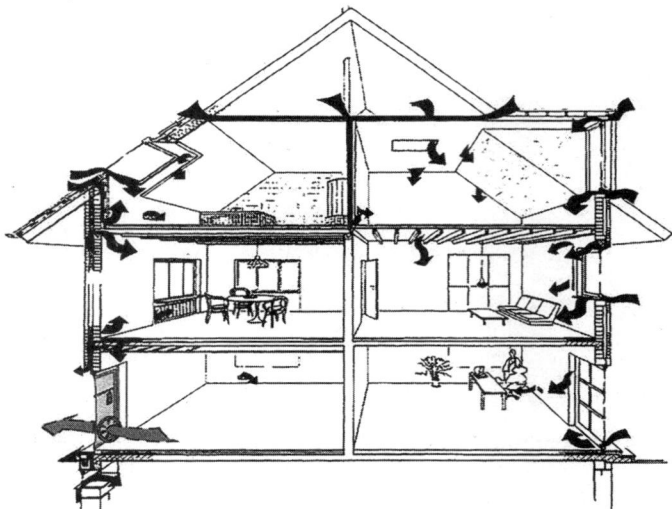

图 1-9　常见建筑泄漏位置

（图片来源：LTM GmbH Author: MM）

5. 高效热回收新风系统

建筑的高气密性必然带来另外一个问题，就是建筑的通风问题。一般建筑的气密性较差，即使窗户完全关闭也能保证室内有足够的氧气。在超低能耗建筑中，由于其气密性非常好，如果窗户关闭会导致室内供氧不足，所以必须要有机械新风供应，新风供应的同时必然伴随着室内污风的排出。相比一般建筑的开窗通风和渗透通风来说，采用新风通风的好处是通风形式为有组织通风，通过加设热回收机芯可以实现在通风的同时将室内污风的热量进行回收，这样就尽可能降低了能源需求的损失。在超低能耗建筑项目中，热回收新风设备是必须要使用的设备。

热回收新风设备分为新风显热回收设备和新风全热回收设备（图 1-10），一般来说，新风全热回收设备相比新风显热回收设备有更高的节能性，它可以同时回收热和湿，可以实现在冬季干燥时室内湿度不易流失，夏季潮湿时室外湿度不易进入，从而保证建筑室内湿环境的适宜。

热回收新风的作用有如下几个方面：

（1）降低冬季的通风热损失；

（2）降低夏季的通风冷损失；

（3）提供室内新鲜空气；

（4）降低室内空气 PM2.5；

（5）提供室内无尘的环境；

（6）有组织通风。

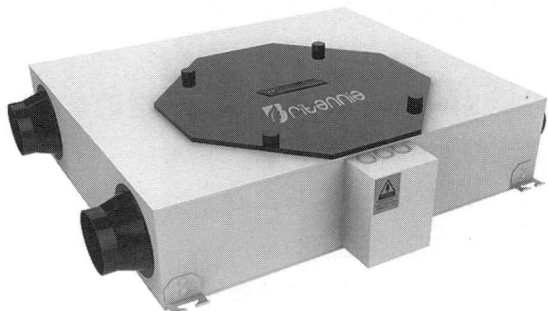

图1-10　超低能耗建筑热回收新风设备

1.3.2 降低夏季能源需求的措施

为了降低建筑的夏季制冷需求和制冷负荷，有一系列的针对夏季的被动式技术措施。

1. 夜间通风

此技术的主要原理是利用建筑本身的蓄热能力，在日夜温差较大且气候干燥的区域，采用此技术可有效地降低建筑的制冷需求和制冷负荷。夜晚室外空气温度较低时开窗通风，建筑进行蓄冷。白天关闭窗户，让墙体的冷量慢慢释放出来抵消建筑的得热。采用此技术不需要花费一分钱，且效果明显。一般来说，手动控制窗户开关，便利性差，但是对于降低建筑的制冷需求和制冷负荷来说是一个非常有用的技术。也可以采用机械控制夜间通风，相比手动来说更为方便，但有一定耗能。

2. 带旁通的热回收系统

这个技术相比夜间通风来说更为智能化，我们以焓差控制来说明此系统降低夏季负荷的原理。通过新风系统，室内外的温湿度探头自动判断室内空气焓值高还是室外空气焓值高，从而决定新风进入室内是否需要经过热回收系统。如果室内空气的焓值高，证明室外空气不经过热回收进入室内实际上更有利，就打开旁通让新风不经过热交换芯直接进入室内。反之，如果室外空气的焓值高，就关闭旁通，经过热交换芯进行能量交换从而吸收室内空气的冷量。通过焓差控制，在不需要人为参与的情况下最大程度地利用自然环境中的冷源。毕竟在夏季，冷源相对热源来说非常少。所以，冷源合理使用，对降低建筑的制冷需求及制冷负荷非常重要。

3. 活动外遮阳

以上两种方法是经济性比较好的被动式冷源利用，相对来说，采用活动外遮阳属于投资比较大的技术措施，但效果非常好。夏季建筑的主要制冷负荷及制冷需求是由太阳辐射引起的。通过活动外遮阳可以最大程度地降低太阳辐射进入建筑内部。同时，由于活动外遮阳可以在冬季关闭，并不会影响冬季的得热。所以这个技术也是中国夏热冬冷及以南地区超低能耗建筑项目的标配。南向窗可以利用固定遮阳达到夏日遮阳，又不妨碍冬日阳光入射的效果。但东西向窗由于阳光的入射角度低，采用固定遮阳无法得到南向窗的效果，采用活动遮阳更为有效，而在部分低纬度地区，如果北向窗户开口过大，也需要设置活动外遮阳。如果计算合理，可以根据太阳高度角在冬季和夏季的不同，在南向采用固定遮阳来降低夏季太阳辐射进入量，从而不影响或者少影响冬季的太阳得热。

4. 地道风

地道风这个技术在超低能耗建筑项目中运用得不多，但却对降低夏季的制冷需求和制冷负荷特别有利。在夏季，浅层土壤的温度也比室外气温低很多，一般在 20℃ 左右，这个温度对于夏季 25℃ 的室内温度要求来说，相当于空调冷风直送。所以，对于使用地道风的项目来说，新风这部分不仅不存在能量损失，还可以持续供冷。地道风相当于新风夏季预冷、冬季预热，对冬季和夏季的能源需求均有利。但是地道风技术也存在自身的缺点。首先，管道需要铺设得足够长，一般需要绕建筑一周，投资较大。其次，由于地面冷量有限，更适合小型办公楼或者别墅项目。最后，地道风管道铺设时如果角度以及排水没做好，会导致管道内夏季结露积水发霉。同时，如果不能有效地阻止小动物进入管道，可能还会有新风污染的风险，所以地道风系统需要定期检修，这也是一部分的维护成本。整体来说，地道风系统是一个非常有利的节能技术措施，可以在条件适宜的项目中使用。

5. 底板保温取消

超低能耗建筑的底板是否一定需要做保温，答案是否定的。对于中国北方的超低能耗建筑来说，所有的围护结构都需要做保温。而对于夏热冬冷地区以及偏南的区域，这个答案就不是那么肯定了。地面保温毫无疑问对于冬季来说是有利的技术措施，但对于夏季来说则为不利的技术措施，因为夏季地面温度较低，如果没有保温，可以从地面获得免费的冷量，这对降低夏季制冷需求和制冷负荷有利。对于底板是否需要做保温，需要根据 PHPP 计算，如果建筑冬季的供暖需求不大，而夏季制冷需求难以达到要求的话，可以考虑取消地面保温，只要能保证 PHPP 计算能源需求满足要求，且冬季地面不会结露即可。对于占地面积比较大，体量比较小的建筑，可考虑此技术措施。

前面的四个技术都是对夏季有利，同时对冬季没有不利影响的技术措施。地面保温则是对夏季有利而对冬季不利的技术措施，对于这一类技术，需要借助 PHPP 进行平衡计算，从而权衡是否需要采用。

6. 低 g 值玻璃

同地面保温类似，该技术同样对夏季能源需求有利，对冬季能源需求不利，通过降低玻璃的 g 值降低太阳得热。采用该技术除了对冬季能源需求不利，同时还会降低玻璃的透光性，因为降低 g 值的同时必然也会降低可见光透射率。这也是非常大的不利因素。至于是否愿意做这样的牺牲，还是在其他技术上做好点，这需要项目方去权衡。

7. 隔热涂料

同地面保温类似，该技术同样对夏季能源需求有利，对冬季能源需求不利。通过使用隔热涂料，可以降低墙体太阳得热，此部分得热不同于玻璃属于直接的太阳辐射得热，而是通过反射涂料降低围护结构表面由于太阳辐射增加的温度，从而减少通过围护结构传递到建筑内部的热量（图 1-11）。

1.3.3 其他技术

接下来介绍一些不直接影响超低能耗建筑的能源需求，但是在超低能耗建筑项目中可以使用的技术。

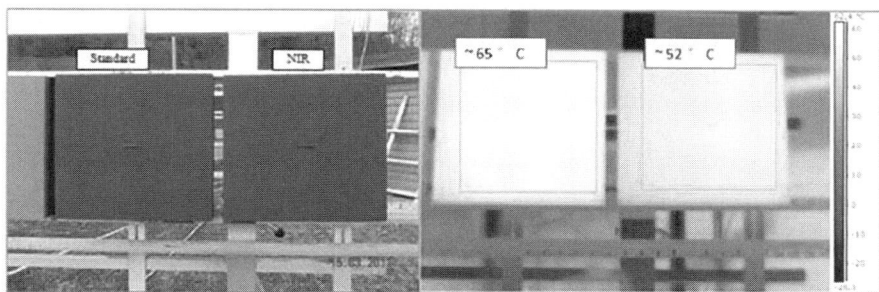

图1-11 隔热涂料与一般涂料对比（右侧为隔热涂料）

1. 可再生能源

超低能耗建筑和可再生能源并非互斥的，只是可再生能源并非超低能耗建筑认证的必选项。超低能耗建筑更关注建筑本身的节能，也就是被动式节能，也建议使用可再生能源。同时，超低能耗建筑采用可再生能源相比其他建筑更有利，因为建筑能源需求较低，更容易实现零能耗建筑以及产能建筑的目标。新的德国被动房（超低能耗建筑）标准通过引入产能量这一概念，将被动房（超低能耗建筑）分为三个等级，通过引入可再生能源可以让建筑拿到更高等级的认证，所以使用可再生能源对于超低能耗建筑认证也是有利的，尤其是对于希望拿到更高级别认证的建筑来说。可直接在 PHPP 中计算的可再生能源为光热和光电。风力发电、水力发电也可以将产能量计算好之后带入到 PHPP 中计算。

可再生能源的使用并不会因此降低建筑的供暖需求、供暖负荷、制冷需求、制冷负荷，所以并不存在建筑本身不满足超低能耗建筑要求，通过使用大量可再生能源来满足的可能性。

2. 厨房机械补风

厨房补风同样不属于认证的必选项。对于超低能耗建筑来说，厨房的油烟机补风可以通过开窗补风，也可以通过机械联动来补风。通过机械联动补风一般更为节能，因为只在油烟机使用的时候才会补风，而开窗补风有一定的延迟性，如果忘记关了，也会导致不必要的热量流失。在实际认证的时候，不强求一定使用机械补风，但也有不少国内的超低能耗建筑项目，在厨房这一块的补风会选择机械补风。实际上 PHI 更建议使用内循环油烟机，也就是油烟不通过管道直接排出室外，而是通过油烟机处理完之后再送到室内。对于国内的烹饪习惯来说，这种油烟机很难被接受，因为国内的烹饪油烟一般较大，且采用燃气需要补充氧气。

3. 空气净化

超低能耗建筑在认证的时候对新风系统有净化的要求，室外空气进风过滤器至少配 F7 细滤网，出风过滤器至少配 G4 粗滤网。而实际上，部分地区由于空气质量较差，对新风过滤的要求更高。有些项目会采用高效过滤网 H11，或者直接加装净化箱，提高除霾效果。需要注意的是，如果采用高效的过滤网，会导致新风系统内部的阻力增加，从而增加能耗。关于是否需要更高效的过滤网，要根据当地的空气质量权衡选择。

4. 室内污染物治理

室内污染物（TVOC）是挥发性有机化合物的总称，新装修的房子一般室内污染物浓度都是超标的，而常见的做法就是将房子空置大半年或者一年再入住，即使这样处理，入住的时候感觉气味小了，实际上如果拿仪器检测的话，仍然可以发现污染物浓度是超标的。对于室内污染物的处理，一般有以下几个方式：

（1）加大通风量，开窗或者加大新风量，有效但不利于能源需求；

（2）采用内循环的净化器，有效且不影响能源需求，但是噪声较大；

（3）采用除室内污染物的涂料，通过光照催化有机物分解，效果有限但无噪声和能源需求影响。

1.4 经济性

超低能耗建筑设计中的一个重要考虑因素就是经济性。从目前国内的超低能耗建筑项目来看，经济性还可以再提高。对于新建建筑，目前超低能耗建筑的平均增量成本为 500~1500 元 /m²。

超低能耗建筑在具有舒适性和节能性的同时也是经济的。虽然一次性投入较高，但事实上在欧洲的经验已经证明，在考虑整个生命周期的情况下，超低能耗建筑相比普通建筑长期的总费用更低（图 1-12）。

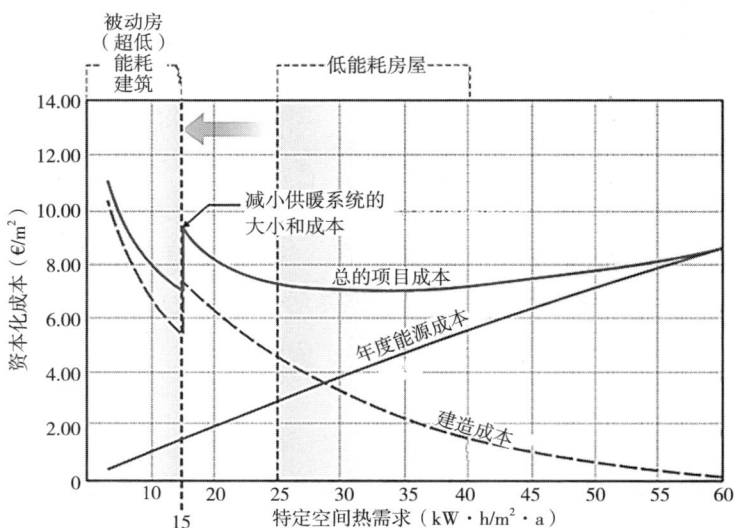

图1-12 中欧地区建筑30年运行费用和能源需求的关系

（图片来源：[德] PHI《被动房设计师培训教材（原理）》，2015：112.）

　　由图 1-12 可以看出，在 30 年的运行周期下，超低能耗建筑的总费用小于普通建筑，即超低能耗建筑的经济性要好于普通建筑。此表中横坐标 15kW·h/（m²·a）对应的是超低能耗建筑的能源需求标准，此处建造成本突降是因为当达到超低能耗建筑标准时，新风所提供的冷热负荷可满足建筑的负荷需求，不再需要常规传统的供暖设备和制冷设备，这部分费用可节省。

　　从现阶段的国内住房使用和消费来看，很多人并不接受 30 年时间的运营成本的计算方式，因为大部分住房寿命并没有达到这么长时间。但是如果换一个角度思考，即使是普通建筑，想要达到超低能耗建筑的舒适性条件，也需要投入非常大的费用，而这个建造成本同超低能耗建筑建造成本相差不多。选择超低能耗建筑，既提高了室内舒适度，也提高了建筑的质量和减少了能源的消耗，对全世界的二氧化碳减排也做出了贡献。

课后习题

　　1. 为什么超低能耗建筑的单位供暖负荷的限值为 $10W/m^2$，如果超过限值还可以认为是超低能耗建筑吗？

　　2. 假如一栋建筑的总供暖需求大于 $15kW·h/m^2$，是否可以拿到认证，如果拿不到认证，有哪些措施可以减少供暖需求？

　　3. 超低能耗建筑的热舒适性指标有哪些？

　　4. 超低能耗建筑的评价标准中，哪些是一定要实现的？

　　5. 超低能耗建筑的五项关键技术是哪些？

　　6. 为了降低建筑的夏季制冷需求，应该从哪些方面入手？需要注意哪些问题？

　　7. 超低能耗建筑的经济性如何？有什么方法可以降低超低能耗建筑的增量成本？

2 围护结构热湿传递

2.1 围护结构热传递

超低能耗建筑的技术原理是以建筑物理知识为理论基础，是建筑物理知识在建筑实践中的使用。学习建筑物理的基本知识可以方便我们更系统地学习和掌握超低能耗建筑的技术原理，尤其是超低能耗建筑围护结构传热的相关知识点。

2.1.1 室内热环境

室内热环境由室内的温度、湿度、气流、围护结构内表面温度等因素组成。衡量人体的热舒适，不仅取决于室内热环境，还同人体的自身条件（健康状况、种族、性别、年龄、体形等）、活动量、衣着情况等有关。当人体产生的热量大于散发的热量，可通过出汗或提高体温等方式加速热量散失，维持人体热平衡。如果人体产生的热量小于散发的热量，可通过运动等方式提高人体的产热量，或降低体温减少热量散失，维持人体热平衡。人体的热平衡可通过以下公式表示：

$$\Delta q = q_{m} - q_{c} - q_{r} - q_{w} \tag{2-1}$$

式中　Δq——人体得失的热量，W/m²；

$\quad\quad\ q_{m}$——人体产热量，同新陈代谢率有关，W/m²；

$\quad\quad\ q_{c}$——人体与周围空气之间的对流换热量（可正可负，一般为正，表示人体向周围环境对流散热），同气流速度、环境温度及衣服热阻等因素有关，W/m²；

$\quad\quad\ q_{r}$——人体与环境之间的辐射换热量（可正可负，一般为正，表示人体向周围环境辐射散热），同环境的表面温度、辐射系数和相对位置等因素有关，W/m²；

$\quad\quad\ q_{w}$——人体蒸发散热量，同水蒸气压力差、空气流速和衣服渗透阻等因素有关，W/m²。

为了让人体感受舒适，首先必须要实现人体热平衡，人体热平衡由以上四个参数共同影响，不同参数的组合都可以实现总的人体热平衡，但仅仅达到热平衡还不足以让人体达到舒适。舒适的人体感受同各部分影响的比例有关。据研究，当达到人体热平衡时，对流换热约占总散热量的 25%~30%，辐射散热量占 45%~50%，呼吸和无感蒸发散热量达到 25%~30% 时，人体才能达到热舒适的状态。以上比例的室内环境便可称为舒适性良好的室内环境。

热舒适性是超低能耗建筑定义中非常重要的一部分，也是衡量建筑能源需求的前提条件，只有在满足热舒适性的室内条件下，考虑建筑的能源需求才有意义。

一般采用以下几种方法来进行室内热环境评价：

（1）有效温度（Effective Temperature，ET）；

（2）热应力指数（Heat Stress Index，HSI）；

（3）预计热感觉指数（PMV）。

综上分析，一个合理的室内热环境需要综合考虑室内的温度、湿度、气流、围护结构内表面温度等因素，在超低能耗建筑设计中，一般对建筑的室内环境进行如下的设置（表2-1）。

超低能耗建筑室内舒适度参数指标 表2-1

供暖	供暖	制冷
温度	20℃	25℃
相对湿度	30%~70%	
气流速度	—	—
围护结构内表面温度同室内温度差	≤ 3.5℃	—

注：虽未对气流温度进行定量控制，但实际上由围护结构内表面温度以及建筑气密性进行控制。

2.1.2　建筑热工分区

我国以累年最冷月（1月）和最热月（7月）平均温度作为主要指标，累年日平均温度 ≤ 5℃和 ≥ 25℃的天数作为辅助指标，在《民用建筑热工设计规范》GB 50176—2016 中将全国划为 5 个一级区和 11 个二级区，并提出相应的设计要求。

严寒地区：指累年最冷月平均温度低于或等于−10℃的地区。主要包括内蒙古和东北北部、新疆北部地区、西藏和青海北部地区。这一地区的建筑必须充分满足冬季保温要求，加强建筑物的防寒措施，一般可不考虑夏季防热。

寒冷地区：指累年最冷月平均温度为 −10 ~ 0℃的地区。主要包括华北地区，新疆和西藏南部地区及东北南部地区。这一地区的建筑应满足冬季保温要求，部分地区兼顾夏季防热。

夏热冬冷地区：指累年最冷月平均温度为 −10 ~ 0℃，最热月平均温度为 25~30℃的地区。主要包括长江中下游地区，即南岭以北，黄河以南的地区。这一地区的建筑必须满足夏季防热要求，适当兼顾冬季保温。

夏热冬暖地区：指累年最冷月平均温度高于 10℃，最热月平均温度为 25~29℃的地区，包括南岭以南以及南方沿海地区。这一地区的建筑必须充分满足夏季防热要求，一般可不考虑冬季保温。

温和地区：指累年最冷月平均温度为 0~13℃，最热月平均温度为 18~25℃ 的地区。主要包括云南、贵州西部及四川南部地区。这一地区中，部分地区的建筑应考虑冬季保温，一般可不考虑夏季防热。

由于在同一气候区中不同的地区气候差别也较为明显，故在《民用建筑热工设计规范》GB 50176—2016 中再次细化了热工分区，除了按照以上的分区将全国分为五大热工分区外，又增加了二级指标，再次细分各个热工区（表 2-2）。

建筑热工设计二级区划指标及设计要求　　　　　　　　表2-2

区划名称	区划指标		设计要求	代表城市（县）
严寒 A 区（1A）	HDD18 ≥ 6 000		冬季保温要求极高，必须满足保温设计要求，不考虑防热设计	满洲里、博克图、海拉尔、伊春、呼玛
严寒 B 区（1B）	5 000 ≤ HDD18<6 000		冬季保温要求非常高，必须满足保温设计要求，不考虑成防热设计	哈尔滨、安达、佳木斯、齐齐哈尔、牡丹江
严寒 C 区（1C）	3 800 ≤ HDD18<5 000		必须满足保温设计要求，可不考虑防热设计	大同、呼和浩特、沈阳、长春、西宁、乌鲁木齐、张家口、银川
寒冷 A 区（2A）	2 000 ≤ HDD18 <3 800	CDD26 ≤ 90	应满足保温设计要求，可不考虑防热设计	唐山、太原、大连、青岛、安阳、拉萨、兰州
寒冷 B 区		CDD26>90	应满足保温设计要求，宜满足隔热设计要求，兼顾自然通风、遮阳设计	北京、天津、石家庄、郑州、洛阳、徐州、西安、济南
夏热冬冷 A 区	1 200 ≤ FHDD18<2 000		应满足保温、隔热设计要求，重视自然通风、遮阳设计	南京、合肥、武汉、长沙、南昌
夏热冬冷 B 区	700 ≤ HDD18<1 200		应满足隔热、保温设计要求，强调自然通风、遮阳设计	赣州、吉安、丽水、泸州、韶关
夏热冬暖 A 区	500 ≤ HDD18<700		应满足隔热设计要求，宜满足保温设计要求，强调自然通风、遮阳设计	福州、莆田、龙岩、梅州、柳州
夏热冬暖 B 区	HDD18<500		应满足隔热设计要求，可不考虑保温设计，强调自然通风、遮阳设计	广州、泉州、厦门、漳州、深圳、香港、澳门、南宁
温和 A 区	CDD26<10	700 ≤ HDD18 <2000	应满足冬季保温设计要求，可不考虑防热设计	贵阳、安顺、遵义、昆明、大理
温和 B 区		HDD18<700	宜满足冬季保温设计要求，可不考虑防热设计	攀枝花、临沧、蒙自、景洪、澜沧

表格来源：中华人民共和国住房和城乡建设部.民用建筑热工设计规范：GB 50176—2016[S].北京：中国建筑工业出版社，2016.

需要说明的是以上的热工分区定义主要针对国内的能源需求标准，在进行超低能耗建筑设计和计算时，如果采用德国 PHI 的标准，需要按照 PHI 的气候分区选择相应的指标进行参考。

以下给出中国建筑热工分区与 PHI 气候区划分的大致对应关系（表 2-3）。

中国建筑热工分区与PHI气候区划分的大致对应关系 表2-3

中国建筑热工分区	PHI 气候区划分
（无）	极冷
严寒	冷
寒冷	温偏凉
夏热冬冷	温偏暖
温和	暖
夏热冬暖	热
（无）	极热

表格来源：（德）沃尔夫冈·费斯特 . 在中国各气候区建被动房 [M]. 陈守恭，译 . 北京：中国建筑工业出版社，2018：17.

2.1.3 传热方式

建筑的室内热环境受室外热环境影响，通过围护结构进行热量的交换。当室外温度高于室内温度时，热量从室外流向室内；当室外温度低于室内温度时，热量从室内流向室外。建筑的传热方式分为导热、对流和辐射三种，其动力为温度差。

1. 热传导

1）热传导机理

建筑中最常见的传热方式为热传导，其原理是温度不同的质点在热运动时的热量传递。一般认为建筑的围护结构是密实材料，通过这些材料的传热可以认为是导热，即热传导。

其热量传递的公式为：

$$P = \lambda \frac{\theta_i - \theta_e}{d} A \qquad (2-2)$$

式中　P——导热热量，W；

　　　A——壁体的面积，m^2；

　　　θ_i——壁体的内表面温度，℃；

　　　θ_e——壁体的外表面温度，℃；

　　　d——壁体的厚度，m；

　　　λ——壁体材料的导热系数，W/（m·K）。

其中单位面积、单位时间的导热热量，称为热流强度，国内一般用小 q 表示，由于超低能耗建筑设计中一般用 p 表示，此处采用 p 表示，其值为：

$$p = \lambda \frac{\theta_i - \theta_e}{d}$$

由上式可以看出，热流强度 p 和材料的导热系数、内外表面温差以及材料厚度有关。导热系数 λ 值越低，壁体的热流强度越低，热损失越低，即保温效果越好。导热系数 λ 值反映了材料的导热能力，在数值上等于：单位厚度材料的温差为 1K 时，在单位时间内通过 $1m^2$ 表面积的热量。

2）热阻

壁体的热流强度为 $p = \dfrac{\lambda\ (\theta_i - \theta_e)}{d}$，也可以写成 $p = \dfrac{\lambda\ (\theta_i - \theta_e)}{R}$，式中 $R = \dfrac{d}{\lambda}$，称为热阻，它的单位为（$m^2 \cdot K$）/W。热阻是热流通过壁体时受到的阻力，反映了壁体抵抗热流通过的能力。在同样的温度条件下，热阻越大，通过壁体的热量越少。如果想增大 R 值，可以通过提高壁体的厚度或者选用导热系数低的材料。

【例 2-1】已知钢筋混凝土的导热系数为 1.74W/（$m \cdot K$），EPS 板的导热系数为 0.035W/（$m \cdot K$）。试问多厚的 EPS 板的保温性能（热阻）与 200mm 厚混凝土外墙相当？

解：两种结构的热阻相同，即 $\dfrac{d_1}{\lambda_1} = \dfrac{d_2}{\lambda_2}$

代入数据 $\dfrac{0.2m}{1.74W/(m \cdot K)} = \dfrac{d_2}{0.035W/(m \cdot K)}$，可知 $d_2 = 0.004m$，即 4mm。

从以上例子可以看出，EPS 板的保温性能要远优于钢筋混凝土墙体，其主要原因在于其导热系数非常低。在现有的项目中，尤其在夏热冬冷地区及其以南的项目中，普遍对保温重视不够，认为墙体本身已经有了很好的保温效果，这样的想法是错误的。

在实际计算中一般不会遇到单一材料组成的围护结构，对于由几种材料复合的结构形式，总的热阻值等于各层材料的热阻总和，即：

$$R = R_1 + R_2 + \cdots + R_n = \sum_{j=1}^{n} R_j$$

式中　　　　　R——多层复合壁体的总热阻；

　　　　　　　n——材料的层数；

R_1，R_2，$\cdots$，R_n——分别对应第 1，2，$\cdots$，n 层材料的热阻，一般计算顺序由室内侧向室外侧。

对于多层复合壁体来说，由于每一层都是由单一的材料组成，在壁体两侧稳定的温度场作用下，流经各层材料的热流强度都是相等的，即：

$$p = p_1 = p_2 = \cdots = p_n = \frac{\theta_i - \theta_e}{R} \tag{2-3}$$

通过热流强度和热阻概念的引入，可以清楚如何通过合理地设置构造和选材实现建筑良好的保温性能。

2. 对流及辐射

1）对流

对流是由于温度不同的各部分流体之间发生相对运动，互相混合而传递热能。因此，对流换热只发生在流体之中或者固体表面与其紧邻的运动流体之间。建筑中，如果建筑的保温性能不好，室内墙体表面温度低，空气接触墙体表面，受冷后下沉，加速空气流动，从而增加散热。如果保温性能良好，墙体表面温度与室内温度接近，则其对流运动较为缓慢，散热较少。

对流换热的传热量常用下式计算：

$$p_c=\alpha_c(\theta-T) \tag{2-4}$$

式中　p_c——对流的换热强度，W/m²；

　　　α_c——对流换热系数，W/（m²·K）；

　　　θ——壁面的温度，℃；

　　　T——流体主体部分的温度，℃。

其中 α_c 由气流状况（自然对流、受迫对流），构件垂直或水平，传热方向等因素确定。

2）辐射

凡是温度高于绝对零度的物体，均会向外部辐射电磁波。在建筑热工计算中，当我们考虑围护结构表面以及室内外空间的辐射换热时，可采用以下公式计算：

$$p_r=\alpha_r(\theta_1-\theta_2) \tag{2-5}$$

式中　p_r——辐射的换热强度，W/m²；

　　　α_r——辐射换热系数，W/（m²·K）；

　　　θ_1——物体 1 的表面温度，℃；

　　　θ_2——物体 2 的表面温度，℃。

其中 α_r 由两种物体的辐射系数、辐射表面的绝对温度和相对位置等因素确定。

2.1.4　平壁稳态传热

平壁稳态传热是假设传热的壁体为平壁，且传热过程中壁体各个位置的温度保持稳定，不发生变化。此情况为理想情况，但对于建筑的热工计算来说，采用此假设可大大降低分析的难度，且其精度满足工程要求。

通过以上的分析可以看出，只要围护结构和室内外空气存在温差，就不可避免地会出现热传导、对流以及辐射传热。虽然三种不同的传热方式的计算方法不尽相同，但在工程中我们通过简化将对流和热传导两部分的传热综合为内表面传热系数 α_i 和外表面换热系数 α_e。

$$\alpha_i=\alpha_{ic}+\alpha_{ir} \tag{2-6}$$

$$\alpha_e=\alpha_{ec}+\alpha_{er} \tag{2-7}$$

式中　α_i——内表面换热系数，W/（m²·K）；

　　　α_{ic}——内表面对流换热系数，W/（m²·K）；

　　　α_{ir}——内表面辐射换热系数，W/（m²·K）；

α_e——外表面换热系数，W/（$m^2 \cdot K$）；

α_{ec}——外表面对流换热系数，W/（$m^2 \cdot K$）；

α_{er}——外表面辐射换热系数，W/（$m^2 \cdot K$）。

通过上述简化，可以将内表面的热流量表示为：

$$p_i = \alpha_i \left(T_i - \theta_i \right) = \frac{\left(T_i - \theta_i \right)}{R_i} \tag{2-8}$$

外表面换热表示为：

$$p_e = \alpha_e \left(\theta_e - T_e \right) = \frac{\left(\theta_e - T_e \right)}{R_e} \tag{2-9}$$

结合结构的热传导计算公式：

$$p = p_1 = p_2 = \cdots = p_n = \frac{\theta_i - \theta_e}{R} \tag{2-10}$$

由于各个界面的温度都保持稳定，所以每部分传热量必然相等，即：

$$p_i = p_e = p$$

经过数学变换可得：

$$p = \frac{T_i - T_e}{R_i + R + R_e} = \frac{T_i - T_e}{R_0} = U \left(T_i - T_e \right) \tag{2-11}$$

式中　R_0——平壁的总热阻；

　　　R_i——平壁的内表面换热阻；

　　　R_e——平壁的外表面换热阻；

　　　U——平壁的传热系数。

以上就是建筑的围护结构传热计算公式，也是建筑围护结构部分负荷的计算公式。

2.1.5　围护结构的 U 值

在超低能耗建筑设计及计算中一般采用 U 值进行计算，计算 U 值需要先计算 R 值，再取倒数进而得出 U 值。对于由不同材料组成的墙体 U 值，一般可采用以下两种方法计算并以平均值为最终近似结果。

平行路径法，假设围护结构各部分分别传热，最终根据面积占比得出总的 U 值（图 2-1）。计算时，对于不同材料组成的各部分，单独计算其 R 值，再根据 R 值计算其 U 值，最后根据不同部分所占玻璃面积不同利用以下公式计算最终的 U 值。

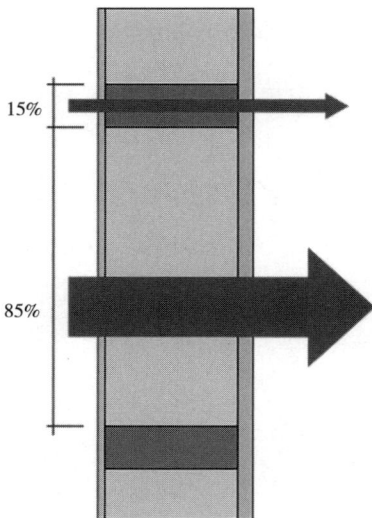

图2-1　保温构造

（图片来源：[德] PHI《被动房设计师培训教材（保温）》，2015：34.）

$$U_{\text{总}1}=\frac{(A_1U_1+A_2U_2+\cdots\cdots+A_nU_n)}{A_{\text{总}}} \quad (2-12)$$

式中　$U_{\text{总}1}$——围护结构总 U 值，W/（$m^2 \cdot K$）;

A_1——传热路径 1 所占面积，m^2;

U_1——传热路径 1 结构的 U 值，W/（$m^2 \cdot K$）;

A_2——传热路径 2 所占面积，m^2;

U_2——传热路径 2 结构的 U 值，W/（$m^2 \cdot K$）;

A_n——传热路径 n 所占面积，m^2;

U_n——传热路径 n 结构的 U 值，W/（$m^2 \cdot K$）;

$A_{\text{总}}$——结构总面积，m^2。

等温面法，指将结构的每一层作为一种材料计算其 R 值，从而得出围护结构的总 U 值。在计算时，每一层的材料可由单一材料和复合材料组成，对于复合材料的 R 值，需要先计算其每种材料的 U 值及其比例，进而得出该层的总 U 值，再根据总 U 值，得出该层结构的 R 值。可简化理解为针对每一层采用平行路径法进行计算。

$$U_{\text{总}2}=\frac{1}{(R_1+R_2+\cdots+R_n)} \quad (2-13)$$

式中　$U_{\text{总}2}$——围护结构总 U 值，W/（$m^2 \cdot K$）;

R_1——第一层结构总 R 值，（$m^2 \cdot K$）/W;

R_2——第二层结构总 R 值，（$m^2 \cdot K$）/W;

R_n——第 n 层结构总 R 值，（$m^2 \cdot K$）/W。

将以上两种方法计算出的总 U 值进行算术平均之后，得出的 U 值即为该结构的 U 值。需要注意的是，如果两个 U 值的计算结果相差超过 10%，那么不能采用以上方法进行 U 值计算，需采用有限元软件，进行热流计算，最终得出总 U 值。

【例 2-2】某业主打算采用钢结构外墙，设计师考虑到钢结构占比只有 10%，认为所占比例较小不影响整体的热工性能，建议使用岩棉保温填充的方式进行处理，试采用等温面法计算该结构的 U 值。为简化计算，可不考虑室内外热阻。各层的参数如表 2-4 所示。

材料的厚度及导热系数　　　　　表2-4

材料名称	厚度，mm	导热系数，W/（m·K）
石膏板	20	0.25
钢龙骨 + 岩棉保温	300	钢材 50，岩棉 0.05
外饰面板	20	0.2

解：石膏板：$d_1=0.02m$，$\lambda_1=0.25$W/（$m \cdot K$）

$$R_1=\frac{0.02m}{0.25W/(m \cdot K)}=0.08（m^2 \cdot K）/W$$

外饰面板：d_2=0.02m，λ_2=0.2 W/（m·K）

$$R_2=\frac{0.02\text{m}}{0.2\text{W/（m·K）}}=0.1（\text{m}^2·\text{K}）/\text{W}$$

钢龙骨 + 岩棉保温：d_3=0.3m，λ_3=50W/（m·K），λ_4=0.05W/（m·K）

$$U_3=0.1\times\frac{\lambda_3}{d_3}+0.9\times\frac{\lambda_4}{d_3}=0.1\times\frac{50\text{W/（m·K）}}{0.3\text{m}}+0.9\times\frac{50\text{W/（m·K）}}{0.3\text{m}}=\frac{1}{R_3}$$

$$R_3=0.06（\text{m}^2·\text{K}）/\text{W}$$

$$U_总=\frac{1}{R_1+R_2+R_3}=4.17\text{W/}（\text{m}^2·\text{K}）$$

采用等温面法并不能正确计算最终的总 U 值，对于该结构应该同时利用等温面法和平行路径法计算，并检验是否满足误差在 10% 以内。

2.1.6　内表面温度

内表面温度指建筑围护结构室内侧的表面温度，该参数除了对建筑的舒适性有影响，同时也对墙体表面是否结露霉变有重要影响。

$$T_{si}=T_i-\frac{R_{si}}{R_总}\Delta T \tag{2-14}$$

式中　T_{si}——围护结构内表面温度；

　　　T_i——室内温度；

　　　R_{si}——内表面热阻；

　　　$R_总$——围护结构总热阻；

　　　ΔT——室内外温差。

根据以上公式可计算围护结构内表面温度，并根据表面温度的数值判断是否有结露霉变风险以及是否满足舒适度要求。

【例 2-3】室内温度 20℃，相对湿度 50%，室外温度 -10℃。外墙的 U 值为 0.3W/（m²·K），已知露点温度为 9.3℃，求：表面温度为多少？是否会结露？

解：因为 T_i=20℃，T_e=-10℃，U=0.3W/（m²·K），$\Delta T=T_i-T_e$=30℃，R_{si}=0.13m²·K/W

$$T_{si}=T_i-\frac{R_{si}}{R_总}\Delta T=T_i-R_{si}\times U\times\Delta T=20℃-0.13（\text{m}^2·\text{K}）/\text{W}\times 0.3\text{W/}（\text{m}^2·\text{K}）\times 30℃=18.83℃$$

已知露点温度为 9.3℃，小于 18.83℃，不会结露。

2.2　传湿

由于空气中含有大量的水分，空气中的水分会影响围护结构的使用寿命，增大保温材料的导热系数，降低室内的舒适性，因此在考虑围护结构的热工影响时，除了需要考虑传热的影响，也需要考虑传湿的影响。本章节着重讲述建筑围护结构在室内外湿差情况下的渗透作用，不涉及建筑屋顶和地面防水的内容。

2.2.1 基本温湿度参数

空气是干空气和水蒸气的混合物，含有水蒸气的空气称之为湿空气，湿空气的压力由干空气的分压力和水蒸气分压力组成，即：

$$P_w = P_d + P \qquad (2-15)$$

式中 P_w——湿空气的压力，Pa；

P_d——干空气的分压力，Pa；

P——水蒸气分压力，Pa。

由上式可以看出，空气中水蒸气含量越多，水蒸气分压力越大。在一定的温度和压力条件下，空气所能容纳的水蒸气量是有限的，这个限度称为"饱和水蒸气分压力"，一般用 P_s 表示。饱和水蒸气分压力随着空气的温度和压力改变而改变，温度越高，P_s 值也越高。

单位体积空气所含水蒸气的质量称为空气的绝对湿度，它是空气干湿程度的表示方式之一，常用 f 表示，单位为 g/m³。饱和水蒸气的绝对湿度为饱和蒸汽量，常用 f_{max} 表示。同绝对湿度相类似的一个参数为含水量，它表示单位质量的空气中所含水蒸气的质量，常用 d 表示，单位为 g/kg。

绝对湿度和含湿量表示水蒸气的实际含量，无法反映空气的潮湿和干燥状态。为了进一步表示空气的干燥和潮湿状态，一般采用相对湿度来描述。相对湿度指一定的温度及大气压力下，空气的绝对湿度同空气的饱和蒸汽量的比值，常用 φ 表示。即：

$$相对湿度 \; \varphi = \frac{f}{f_{max}} \times 100\% \approx \frac{P}{P_s} \times 100\%$$

由上式可以看出，相对湿度反映了空气干燥和潮湿的程度。相对湿度小表示空气相对干燥，可以容纳更多的水蒸气，反之则表示空气比较潮湿，可吸收水蒸气的潜力空间较小。当 φ 为 0% 时，表示空气绝对干燥；当 φ 为 100% 时，表示空气已饱和。

不同房间的空气温湿度参数 表2-5

参数名称	A 室	B 室
室内气温（℃）	20	9.3
含湿量 d（g/kg）	7.26	7.28
饱和蒸汽压 P_s（Pa）	2 339	1 172
实际蒸汽压 P（Pa）	1 169	1 172
相对湿度 φ（%）	50	100

表 2-5 所示为两个不同房间室内空气的温湿度参数。可以看出，即使两个房间的含湿量相同，但由于温度不同，饱和蒸汽压差别很大，最终两个房间空气的相对湿度相差很大。最直观的感觉就是 A 室觉得舒适，不干燥也不潮湿，B 室觉得潮湿。

在含湿量不变的情况下，对空气进行降温，相对湿度会相应提高，当空气的相对湿度升高为 100% 时，空气不再能容纳多余的水蒸气，此时水蒸气将会凝结，此过程为结露或冷凝。冬季我们有时会在窗户的内表面看到很多露水，这是由于室内高温高湿的空气遇到冰冷的玻璃表面从而发生冷凝的现象。

通常使用焓湿图可以很快速地查出某一状态空气的露点温度。焓湿图的使用方法是根据湿空气的任意两个参数定出该空气状态在图中的位置，并根据该位置查出对应不同坐标的不同参数值大小（图 2-2）。

【例 2-4】根据焓湿图查出冬季室内温度 20℃，相对湿度 50% 的情况下，如果窗户的表面温度为 8℃，是否会结露？

解：由图 2-2 可知，气温 20℃，相对湿度为 50% 的空气露点温度为 9℃，大于 8℃，因此，窗户内表面会结露。

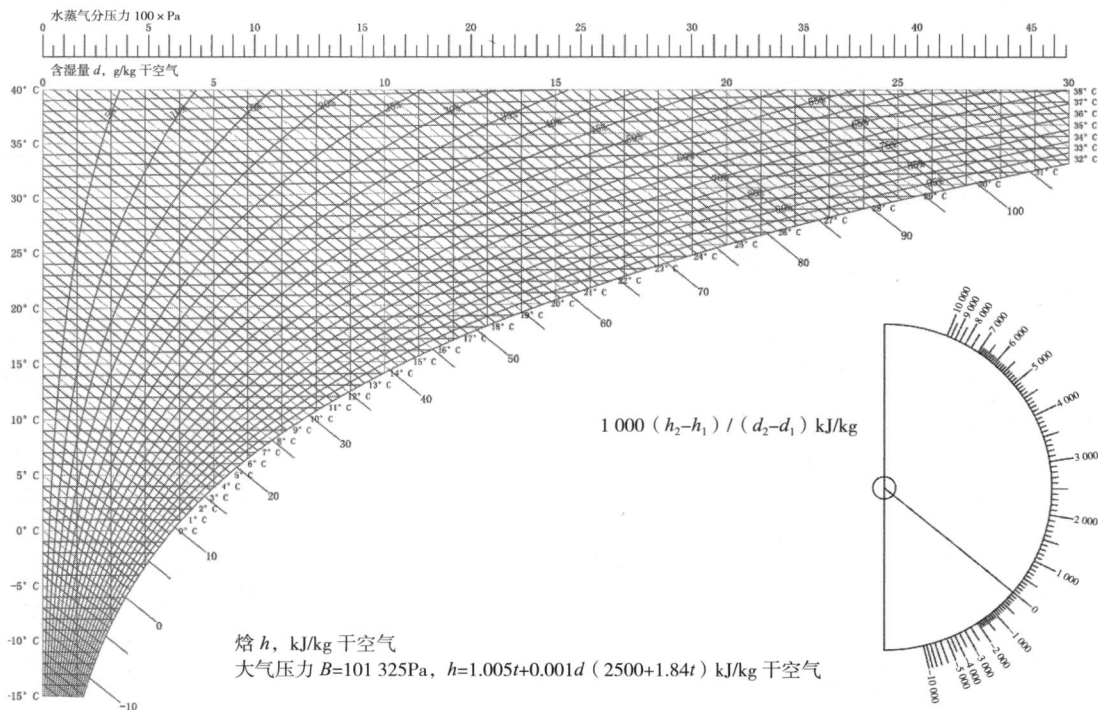

图2-2　焓湿图

（图片来源：https://www.51wendang.com/doc/891010921256794974cd0bb5）

2.2.2 传湿基本原理

传湿同传热的基本原理可进行类比，传热是由于有温差导致，而传湿是由于有湿度差导致的。材料内部的水蒸气由于材料内部或外部的热湿状态发生改变而导致水分迁移的现象称为材料的传湿。材料的传湿主要有气态扩散方式（即水蒸气渗透）以及液态水分的毛细渗透方式。在超低能耗建筑研究中主要考虑水蒸气渗透方式的建筑传湿。

当室内外的水蒸气含量不同时，材料的两侧会存在水蒸气分压力差。水蒸气分子将从压力较高的一侧渗透到压力较低的一侧。传湿的计算在工程层面可简化为在稳定条件下单纯的水蒸气渗透过程，其计算方法与稳态传热过程的分析较为类似。

如图 2-3 所示为三层平壁，假定室内空气的水蒸气分压力 P_i 大于室外空气的水蒸气分压力 P_e，水蒸气从室内通过围护结构向室外渗透。其渗透强度为：

$$\omega = \frac{1}{H_0}(P_i - P_e) \tag{2-16}$$

式中　ω——水蒸气渗透强度，g/（m²·h）；

　　　H_0——围护结构的总蒸汽渗透阻，（m²·h·Pa）/g；

　　　P_i——室内空气水蒸气分压力，Pa；

　　　P_e——室外空气水蒸气分压力，Pa。

围护结构的总蒸汽渗透阻按下式确定：

$$H_0 = H_1 + H_2 + \cdots + H_n = \frac{d_1}{\mu_1} + \frac{d_2}{\mu_2} + \cdots + \frac{d_n}{\mu_n} \tag{2-17}$$

式中　$d_1, d_2, \cdots, d_n$——围护结构某一分层的厚度，m；

　　　$\mu_1, \mu_2, \cdots, \mu_n$——围护结构各层的蒸汽渗透系数，g/（m·h·Pa）。

蒸汽渗透系数表明材料的蒸汽渗透能力，与材料的材质和密实程度有关。材料的空隙越大，透气性越强。常见材料的蒸汽渗透系数及常见参数如表 2-6 所示。

常见材料的热工指标　　　　　　表2-6

材料名称	干密度（ρ_0）	导热系数（λ）	蓄热系数（S）	比热容（c）	蒸汽渗透系数（μ）
单位	kg/m³	W/（m·K）	W/（m²·K）	kJ/（kg·K）	g/（m·h·Pa）
钢筋混凝土	2 500	1.74	17.20	0.92	0.000 015 8
加气泡沫混凝土	700	0.22	3.59	1.05	0.000 099 8
水泥砂浆	1 800	0.93	11.37	1.05	0.000 021 0
重砂浆砌筑黏土砖砌体	1 800	0.81	10.63	1.05	0.000 105 0
重砂浆砌筑26孔、33孔、36孔黏土空心砖砌体	1 400	0.58	7.92	1.05	0.000 015 8

续表

材料名称	干密度（ρ_0）	导热系数（λ）	蓄热系数（S）	比热容（c）	蒸汽渗透系数（μ）
单位	kg/m³	W/（m·K）	W/（m²·K）	kJ/（kg·K）	g/（m·h·Pa）
矿棉，岩棉、玻璃棉板	≤ 80	0.050	0.59	1.22	0.000 488
	80~200	0.045	0.75	1.22	0.000 488
聚乙烯泡沫	100	0.047	0.70	1.38	0.000 016 2
	30	0.042	0.36	1.38	0.000 016 2
硬质聚氨酯泡沫	30	0.033	0.36	1.38	0.000 023 4
泡沫玻璃	140	0.058	0.7	0.84	0.000 022 5
胶合板	600	0.17	4.57	2.51	0.000 022 5
石膏板	1 050	0.33	5.28	1.05	0.000 079 0
大理石	2 800	2.91	23.27	0.92	0.000 011 3
沥青油毡	600	0.17	3.33	1.47	—
玻璃	2 500	0.76	10.69	0.84	—
钢材	7 850	58.2	126	0.48	—
铝合金	2 700	49.9	112	0.48	—

表格来源：中华人民共和国住房和城乡建设部.民用建筑热工设计规范：GB 50176—2016 [S]. 北京：中国建筑工业出版社，2016.

围护结构内外表面的水蒸气分压力可近似取为 P_i 和 P_e。围护结构内任一层内界面上的水蒸气分压力：

$$P_m = P_i - \frac{\sum_{j=1}^{m-1} H_j}{H_0}(P_i - P_e), \quad m=2,3,4,\cdots,n \qquad (2\text{-}18)$$

式中 $\sum_{j=1}^{m-1} H_j$——从室内一侧算起，由第一层至第 $m-1$ 层的蒸汽渗透阻之和。

2.2.3 防潮验算及措施

1. 防潮验算

为判别围护结构内部是否会出现冷凝现象，可按下列步骤：

（1）根据室内外空气温度以及围护结构各层的热阻值确定各层的温度。

（2）根据各层的温度查表得出各层的饱和水蒸气分压力，并做出 P_s 的分布线。

（3）根据室内外空气的温湿度确定水蒸气分压力以及围护结构各层的水蒸气渗透阻，计算围护结构各层的水蒸气分压力，并做出 P 分布线（图2-3）。

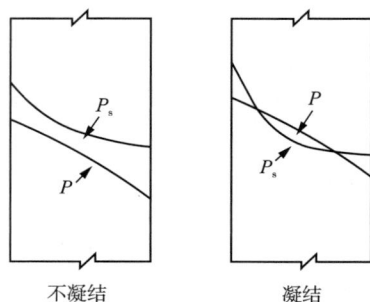

图2-3 围护结构内部冷凝的判断

（图片来源：柳孝图．建筑物理（第三版）[M].北京：中国建筑工业出版社，2010：96.）

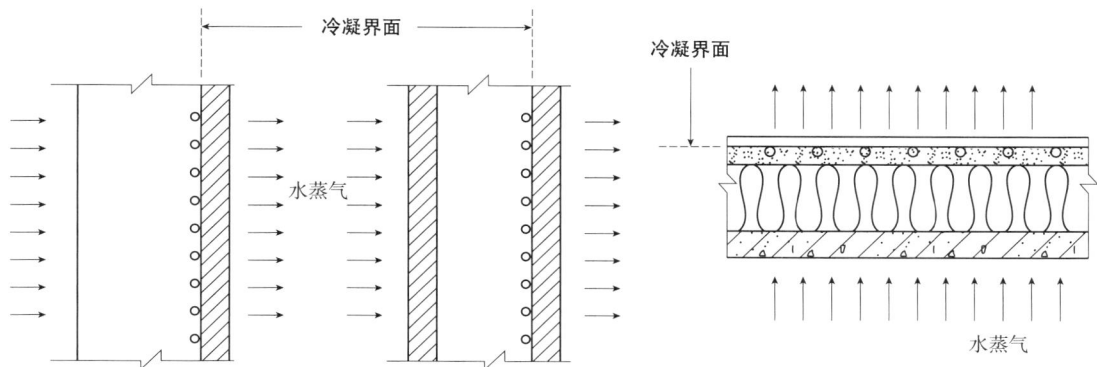

图2-4　冷凝界面的位置

（图片来源：柳孝图.建筑物理（第三版）[M].北京：中国建筑工业出版社，2010：97.）

（4）根据两分布线是否相交判定围护结构内部是否会出现冷凝现象。若两线相交则内部有冷凝，反之则无冷凝现象出现。

在水蒸气渗透的途径中，若材料的蒸汽渗透系数出现由大变小的界面，水蒸气至此最易发生冷凝现象，这一界面称为冷凝界面（图2-4）。

当出现内部冷凝时，冷凝界面处的水蒸气分压力已达到该界面温度下的饱和水蒸气分压力（图2-5），界面处的冷凝强度为：

$$\omega_c = \omega_1 - \omega_2 = \frac{P_A - P_{s,C}}{H_{0,i}} - \frac{P_{s,C} - P_B}{H_{0,e}} \tag{2-19}$$

式中　ω_c——界面处蒸汽渗透强度差，g/（m²·h）；

$H_{0,i}$——界面内围护结构的总蒸汽渗透阻，（m²·h·Pa）/g；

$H_{0,e}$——界面外围护结构的总蒸汽渗透阻，（m²·h·Pa）/g；

P_A——结构内空气水蒸气分压力，Pa；

P_B——结构外空气的水蒸气分压力，Pa；

$P_{s,C}$——界面处空气的水蒸气分压力，Pa。

采暖期内总的冷凝量的近似估算值为：

$$\omega_{c,0} = 24\omega_c Z_h \tag{2-20}$$

式中　$\omega_{c,0}$——供暖期总的冷凝量，g/（m²·h）；

ω_c——供暖期平均温湿度条件下界面处蒸汽渗透强度差，g/（m²·h）；

Z_h——供暖期天数。

供暖期内保温层材料湿度的增量为：

$$\Delta\omega = \frac{24\omega_c Z_h}{1\,000 d_i \rho_i} \times 100\% \tag{2-21}$$

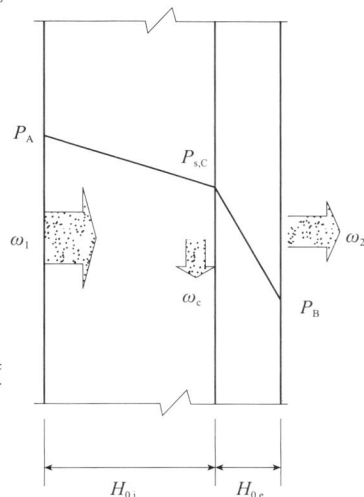

图2-5　传湿路径图

（图片来源：柳孝图.建筑物理（第三版）[M].北京：中国建筑工业出版社，2010.）

式中 d_i——保温层厚度;

      ρ_i——保温材料的密度。

内保温结构和木结构必须进行必要的冷凝验算,由于室内外的温湿度状况并不是一成不变的,采用以上做法,在冬季时围护结构产生冷凝水,夏季时也会排出,因此,在冬季即使产生了少量冷凝水也是允许的。为保证围护结构内部处于正常的湿度状态,不影响材料的保温性能、力学性能以及寿命,保温层在受潮后的湿度增量应控制在其允许增量的范围内(表2-7)。

供暖期内保温材料重量湿度的允许增量   表2-7

保温材料名称	重量湿度的允许增量(Δw),%
多孔混凝土(泡沫混凝土、加气混凝土等)(ρ_0=500~700kg/m³)	4
水泥膨胀珍珠岩和水泥膨胀蛭石等(ρ_0=300~500kg/m³)	6
沥青膨胀珍珠岩和沥青膨胀蛭石等(ρ_0=300~400kg/m³)	7
矿渣和炉渣填料	2
水泥纤维板	5
矿棉、岩棉、玻璃棉及制品(板或毡)	5
模塑聚苯乙烯泡沫塑料(EPS)	15
挤塑聚苯乙烯泡沫塑料(XPS)	10
硬质聚氨酯泡沫塑料(PUR)	10
酚醛泡沫塑料(PF)	10
玻化微珠保温浆料(自然干燥后)	5
胶粉聚苯颗粒保温浆料(自然干燥后)	5
复合硅酸盐保温板	5

注:重量湿度为保温材料中水分重量与干燥保温材料重量之比,乘以100%。

表格来源:中华人民共和国住房和城乡建设部.民用建筑热工设计规范:GB 50176—2016[S].北京:中国建筑工业出版社,2016.

【例2-5】由150mm厚保温及200mm厚钢筋混凝土组成的内保温墙体。已知室内温度20℃,相对湿度50%,室外温度−10℃,相对湿度50%,试检验该外墙结构是否会产生内部冷凝。外墙构造及相应的导热系数和渗透系数如下表所示,为简化计算,该墙体只考虑保温及混凝土墙体两部分。

材料名称	厚度d,mm	导热系数λ,W/(m·K)	蒸汽渗透系数μ,g/(m·h·Pa)
EPS保温	150	0.047	0.000 016 2
钢筋混凝土	200	1.74	0.000 015 8

解：

材料层	d	λ	$R=d/\lambda$	μ	$H=d/\mu$
EPS 保温	0.15	0.047	3.2	0.000 016 2	92 859.3
钢筋混凝土	0.2	1.74	0.12	0.000 015 8	12 658.2

$\sum R$=3.32，$\sum H$=105 517.5

可得：R_0=（0.13+3.32+0.04）（m²·K）/W=3.49（m²·K）/W

$$H_0=105\ 517.5\ (\text{m}^2 \cdot \text{K})/\text{W}$$

因为室内温度 20℃，相对湿度 50%，查表可得 P_i=1 150Pa。

室外温度 −10℃，相对湿度 50%，查表可得 P_e=130Pa。

$$T_{si}=T_i-\frac{R_{si}}{R_{总}}\Delta T$$

可得：$\Theta_1=t_i-\dfrac{R_i}{R_0}(t_i-t_e)=20℃-\dfrac{0.13\ (\text{m}^2 \cdot \text{K})/\text{W}}{3.49\ (\text{m}^2 \cdot \text{K})/\text{W}}\times 30℃=18.88℃$

P_{s1}=1 950Pa，P_1=1 150Pa

$\Theta_2=t_i-\dfrac{R_i+R_1}{R_0}(t_i-t_e)=20℃-\dfrac{(0.13+3.2)\ (\text{m}^2 \cdot \text{K})/\text{W}}{3.49\ (\text{m}^2 \cdot \text{K})/\text{W}}\times 30℃=-8.6℃$

P_{s2}=294Pa，$P_2=P_i-\dfrac{H_1}{H_0}(P_i-P_e)=1\ 060.2\text{Pa}$

$\Theta_3=t_i-\dfrac{R_i+R_1+R_2}{R_0}(t_i-t_e)=20℃-\dfrac{(0.13+3.2+0.12)\ (\text{m}^2 \cdot \text{K})/\text{W}}{3.49\ (\text{m}^2 \cdot \text{K})/\text{W}}\times 30℃=-9.7℃$

P_{s3}=269Pa，P_3=130Pa

做出 P_s 和 P 分布线，两线相交，该外墙结构内部会产生结露现象（图2-6）。

2. 防止和控制冷凝的措施

1）防止和控制表面冷凝

产生冷凝的原因为室内空气湿度过高或壁面的表面温度过低，导致壁面温度低于露点温度而产生表面冷凝。为了防止表面冷凝，需要提高表面温度或者降低室内空气湿度。可根据以上两个思路采取不同的技术措施。

（1）提高表面温度

设计围护结构时应考虑最小传热阻的要求，避免表面温度过低的情况出现。在可能出现热桥的部位做好保护和降低热桥的措施。内表面层宜采用蓄热特性系数较大的材料，保证内表面温度

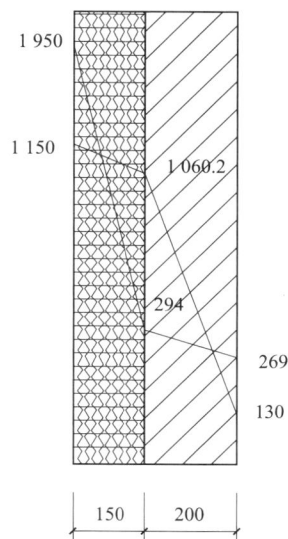

图2-6 水蒸气分压力分布图

的稳定性。在使用中应注意尽可能使外围护结构内表面附近的气流畅通，家具等不宜紧靠外墙布置。

（2）降低房间湿度

卫生间和厨房等有湿源的房间在刚使用过的一段时间内，房间内湿度很高，表面冷凝现象几乎不可避免。应尽量防止表面出现滴水现象并预防湿气对结构材料的锈蚀和腐蚀。为避免围护结构内部受潮，对于间歇性处于高湿条件的房间围护结构的内表面应设防水层，同时增加换气次数，使室内水蒸气尽快排出室外，减少水蒸气冷凝的时间；在连续处于高湿条件的区域，可设吊顶（吊顶空间应与室内空气流通）将滴水有组织地引走，防止形成水滴。

2）防止地面泛潮

地面泛潮的原理同表面冷凝相同，但出现的时间并不在冬季，而在春夏之交。在春夏之交的梅雨时节或久雨初晴之际，室外空气温度和湿度都骤然增加时，对于不供暖的建筑，建筑物中的物体表面温度由于热容量影响而上升缓慢，此时高温高湿的室外空气流过室内低温表面时必然发生大强度的表面凝结。发生室内夏季结露的条件为：

（1）室外空气温湿度高；

（2）室内某些表面热惰性大，其温度低于室外空气的露点温度；

（3）室外高温高湿空气与室内物体低温表面发生接触。

以上三种情况产生的冷凝现象在超低能耗建筑中一般都不会发生。由于超低能耗建筑本身的保温性能和无热桥处理可提高建筑的表面温度，第一种情况的冷凝不会发生。超低能耗建筑室内温度一般控制在20~25℃，相对湿度30%~70%，且采用有组织的通风，在此条件下，第二、第三种情况的冷凝现象也不会出现。在选择夏热冬冷地区地面保温方案时，要综合平衡通过地面土壤传热降低制冷负荷和防止过渡季地面冷凝这一对矛盾。

3）防止和控制内部冷凝

（1）合理布置材料层的相对位置

即使使用相同的材料，若材料层次布置不同，也会出现不同情况。材料层布置应尽量在水蒸气渗透的通路上做到进难出易。一般情况下，建筑外墙采用外保温体系，符合进难出易的原则。但对于改造项目，当采用内保温做法时，需要对建筑的结构进行防潮验算（图2-7）。

（2）设置隔汽层

保证围护结构内部正常湿状况所必需的蒸汽渗透阻：根据供暖期间保温层内湿度的允许增量，可算出冷凝计算界面内侧所需的最小蒸汽渗透阻为：

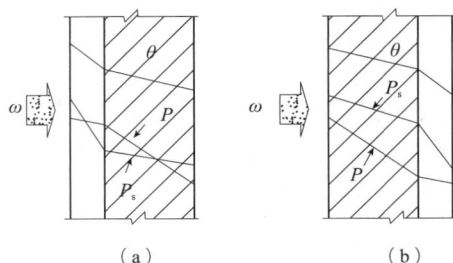

图2-7 材料布置层次对内部冷凝的影响

（图片来源：柳孝图.建筑物理（第三版）[M].北京：中国建筑工业出版社，2010.）

$$H_{i, min} = \frac{P_i - P_{s,C}}{\dfrac{10d_i\rho_i[\Delta\omega C]}{24Z_h} + \dfrac{P_{s,C} - P_e}{H_{0,e}}} \qquad (2-22)$$

式中　$H_{i,min}$——界面内围护结构最小蒸汽渗透阻，（m² · h · Pa）/g;

P_i——结构内空气水蒸气分压力，Pa;

P_e——结构外空气的水蒸气分压力，Pa;

$P_{s,C}$——界面处空气的水蒸气分压力，Pa;

$\Delta\omega_C$——供暖期平均温湿度条件下界面处允许湿度增量的蒸汽渗透强度差，g/（m² · h）;

Z_h——供暖期天数;

d_i——保温层厚度;

ρ_i——保温材料的密度。

隔汽层应布置在蒸汽流入的一侧，对于供暖房屋，应布置在保温房间内侧，对于冷库建筑，应布置在保温层外侧。

（3）设置通风间层或泄汽沟道

对于湿度高的房间的外围护结构以及卷材防水屋面的平屋顶结构，采用设置通风间层或泄汽沟道的办法最为理想（图2-8）。

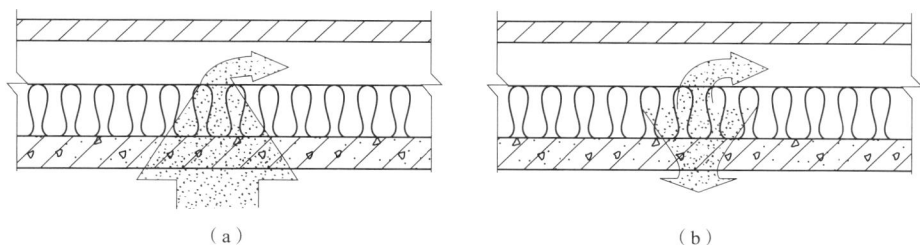

（a）　　　　　　　　　　　（b）

图2-8　通风间层排湿

（图片来源：柳孝图 . 建筑物理（第三版）[M]. 北京：中国建筑工业出版社，2010：100.）

（4）冷侧设置对流空气层

在冷侧设一空气层，可使处于较高温度侧的保温层经常干燥，这个空气层叫作引湿空气层，其作用叫作吸汗效应。

2.3　围护结构对建筑能源需求的影响

围护结构分为透明围护结构和非透明围护结构，透明围护结构指的是门窗、幕墙以及天窗等透明构件。非透明围护结构指的是外墙、屋顶和地面。非透明围护结构的热工计算只需考虑传热损失。透明围护结构除了需要考虑传热损失外，还需要考虑太阳辐射得热。此部分得热在冬季对整个建筑热平衡有利，而在夏季对整个建筑热平衡不利。透明围护结构传热损失原理同非透明围护结构相同，统一在此章讲解。关于透明围护结构的得热部分，在门窗章节讲解。

2.3.1 非透明围护结构的热损失

第一章中，我们了解到为了降低建筑的供暖负荷，需要降低围护结构的传热损失，通过此章前面的叙述，我们得知建筑的传热损失（负荷）可由 $P_H=P_T+P_V-P_S-P_I$ 计算出。

其中，P_T 是围护结构的传热损失，热量通过屋顶、外墙、地面及门窗传递到室外。为了降低此部分的热量损失，需要采用导热系数低的保温材料和 U 值更低的门窗，同时在保温和门窗施工时要尽可能地降低建筑的热桥影响。具体的保温厚度和窗户的 U 值由 PHPP [被动房（超低能耗建筑）能源需求计算软件] 计算所得，并非强制性。

在计算围护结构的传热损失时通常需要同时计算 P_T（负荷）和 Q_T（需求）两个值，由 2.1 节可知，围护结构的传热 P_T 同围护结构的 U 值以及室内外温差 ΔK 成正比，在考虑围护结构的面积因素之后，保温对建筑负荷影响的计算公式为：

$$P_T=A \times U \times \Delta T \tag{2-23}$$

式中　P_T——围护结构传热损失，W；

　　　A——围护结构面积，m^2；

　　　U——围护结构 U 值，W/（$m^2 \cdot K$）；

　　　ΔT——室内外温差，K。

保温对建筑物能源需求影响的计算公式为：

$$Q_T=A \times U \times f_t \times G_t \tag{2-24}$$

式中　Q_T——围护结构传热损失，kW·h；

　　　A——围护结构面积，m^2；

　　　U——围护结构 U 值，W/（$m^2 \cdot K$）；

　　　f_t——温差折算系数，一般为 1，无量纲；

　　　G_t——供暖或制冷度时数，kK·h。

由以上公式可得出围护结构的热损失同围护结构的面积、U 值以及室内外温差成正比。中国北方冬季比较寒冷，室内外温差可达到 40℃以上。而南方地区冬季气候较为温暖，温差一般为 20℃。在上述条件下，在采用相同围护结构保温做法时的围护结构单位面积热损失，北方寒冷地区是南方地区的两倍多。这也是为什么北方地区的保温通常要比南方地区厚的原因。

【例 2-6】合肥市某建筑 TFA 为 250m^2，建筑外墙的面积为 400m^2，已知合肥市供暖度时数 G_t 值为 50kK·h，最低温度为 -10℃，墙体 U 值为 0.2W/（$m^2 \cdot K$）。试求单位 TFA 供暖需求和供暖负荷。如果建筑的保温较差，墙体的 U 值为 1W/（$m^2 \cdot K$），试求单位 TFA 供暖需求和供暖负荷。

解：$P_T = A \times U \times \Delta T = 400m^2 \times 0.2W/(m^2 \cdot K) \times [20-(-10)]℃ = 2\,400W$

单位 TFA 供暖负荷：

$$p_T = \frac{P_T}{A_{TFA}} = \frac{2\,400W}{250m^2} = 9.6W/m^2$$

$Q_T = A \times U \times f_t \times G_t = 400m^2 \times 0.2W/(m^2 \cdot K) \times 1 \times 50kK \cdot h = 4\,000kW \cdot h$

单位 TFA 供暖需求：

$$q_T = \frac{Q_T}{A_{TFA}} = \frac{4\,000kW \cdot h}{250m^2} = 16kW \cdot h/m^2$$

如果墙体 U 值为 $1W/(m^2 \cdot K)$，则单位 TFA 供暖负荷：

$$p_T = \frac{P_T}{A_{TFA}} = A \times U \times \Delta T$$

$$A_{TFA} = \frac{400m^2 \times 1W/(m^2 \cdot K) \times 30℃}{250m^2} = 48W/m^2$$

单位 TFA 供暖需求：

$$q_T = \frac{Q_T}{A_{TFA}} = A \times U \times f_t \times G_t$$

$$A_{TFA} = \frac{400m^2 \times 1W/(m^2 \cdot K) \times 1 \times 50kK \cdot h}{250m^2} = 80kW \cdot h/m^2$$

2.3.2　保温对能源需求的影响

为了降低围护结构的热损失，围护结构的 U 值越低越有利。围护结构的 U 值主要同保温材料的厚度和导热系数有关。采用相同保温材料时，保温厚度越厚围护结构的 U 值越低。

不同的保温材料导热系数 λ 值大小不同，所以围护结构的 U 值不能仅仅根据保温厚度一个参数来确定。一般情况下，在建筑不能达到超低能耗建筑供暖需求时可以通过增加保温厚度使其能源需求降低从而满足超低能耗建筑标准要求。超低能耗建筑对保温材料本身没有要求，对保温材料厚度和围护结构的 U 值也没有具体要求，需要根据权衡计算确定围护结构的 U 值。

【例 2-7】合肥市某建筑 TFA 为 $250m^2$，现经过计算，供暖需求 Q_H 为 $17kW \cdot h/(m^2 \cdot a)$，不满足超低能耗建筑供暖需求 $15kW \cdot h/(m^2 \cdot a)$ 的限值要求，经过沟通，甲方同意通过增大外墙保温厚度的形式来降低建筑供暖需求。已知合肥市供暖度时数 G_t 值为 $50kK \cdot h$，原建筑外墙的面积为 $400m^2$，保温材料为石墨聚苯板，厚度为 $100mm$，U 值为 $0.3W/(m^2 \cdot K)$。试求为了将供暖需求降至限值要求，还需要增加多少保温厚度。如果采用岩棉作为保温材料，该围护结构的保温厚度为多少？

解：$Q_T = 250m^2 \times 15kW \cdot h/(m^2 \cdot a) = 3\,750kW \cdot h$，由 $Q_T = A \times U \times f_t \times G_t$ 可得 $U = \frac{Q_T}{A \times f_t \times G_t} = \frac{3\,750kW \cdot h}{400m^2 \times 1 \times 50kK \cdot h} = 0.188W/(m^2 \cdot K)$，石墨聚苯板导热系数为 $0.033W/(m \cdot K)$，$d = R \times \lambda = \frac{1}{U} \times \lambda = \frac{0.033W/(m \cdot K)}{0.188W/(m^2 \cdot K)} = 176mm$，$176mm - 100mm = 76mm$，还需要增加 $76mm$ 的保温厚度。

岩棉导热系数 λ 为 0.041W/（m·K），$d=R\times\lambda=\dfrac{1}{U}\times\lambda=\dfrac{0.041\text{W/（m·K）}}{0.188\text{W/（m}^2\text{·K）}}$=218mm，该围护结构的保温厚度为 218mm。

2.3.3 不同体形系数对能源需求的影响

除了围护结构的 U 值，影响建筑能源需求的还有围护结构的面积。对于一个确定的建筑，围护结构面积是确定的。在建筑设计的初期，可以通过控制建筑物的体形系数，在建筑面积相同的情况下降低围护结构的面积，达到降低建筑能源需求的目的（图 2-9）。

如图 2-9 所示，两种建筑设计形式的面积相同，但体形系数不同，左侧较纯矩形结构约增加 10% 的围护结构面积，右侧则增加约 20% 的围护结构面积。围护结构面积的增加导致建筑物散热面积增加，为保证总的能源需求不变，需要增大保温厚度和保温面积，这将增加建筑的增量成本。所以，建筑师需要在实现建筑美学和完善建筑物功能的同时，尽量优化建筑物的体形系数。

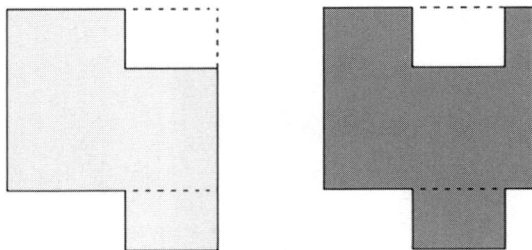

图2-9 同一建筑面积不同体形系数

（图片来源：[德] PHI《被动房设计师培训教材（保温）》，2015：10.）

【例 2-8】合肥市某建筑 TFA 为 250m²，原设计为 10m×10m 的矩形布置，高度为 10m，甲方对现有外形不满意，希望调整建筑外形。调整后每层面积仍然为 100m²，但总的外墙面积增加了 20%。已知合肥市供暖度时数 G_t 值为 50kK·h，原建筑外墙的面积为 400m²，围护结构传热损失为 15kW·h/（m²·a），保温材料为石墨聚苯板，厚度为 100mm，λ 值为 0.033W/（m·K）。试求为了使供暖能源需求保持不变，还需要增加多少保温厚度。

解：更改过后外墙面积 $A=400\text{m}^2\times（1+20\%）=480\text{m}^2$

$$Q_T=250\text{m}^2\times15\text{kW·h/（m}^2\text{·a）}=3\,750\text{kW·h}$$

$$Q_T=A\times U\times f_t\times G_t$$

$$U_{旧}=\frac{Q_T}{A\times f_t\times G_t}=\frac{3\,750\text{kW·h}}{400\text{m}^2\times1\times50\text{kK·h}}=0.188\text{W/（m}^2\text{·K）}，$$

$$R_{旧}=\frac{1}{U_{旧}}=\frac{1}{0.188\text{W/（m}^2\text{·K）}}=5.319（\text{m}^2\text{·K）/W}$$

$$U_{新}=\frac{Q_T}{A\times f_t\times G_t}=\frac{3\,750\text{kW·h}}{480\text{m}^2\times1\times50\text{kK·h}}=0.156\text{W/（m}^2\text{·K）}，$$

$$R_{新}=\frac{1}{U_{旧}}=\frac{1}{0.156\text{W/（m}^2\text{·K）}}=6.410（\text{m}^2\text{·K）/W}$$

$\varDelta R=R_{新}-R_{旧}=1.091（\text{m}^2\text{·K）/W}$，$d=\varDelta R\times\lambda=1.091（\text{m}^2\text{·K）/W}\times0.033\text{W/（m·K）}=0.036\text{m}=36\text{mm}$

还需要增加 36mm 厚的保温厚度。

2.3.4　非透明围护结构的优化

非透明围护结构对供暖需求的影响主要指由于围护结构面积和围护结构的 U 值的变化使建筑能源需求产生的变化。这部分的优化也主要指建筑结构的优化和对应的保温材料厚度调整。

建筑结构的优化应该在建筑方案阶段就要体现，在建筑方案设计初期就需要考虑建筑的体形系数。一般来说，一个合理的超低能耗建筑体形系数相比同样体量的建筑来说都要更小。有超低能耗建筑设计经验的设计师或者在有超低能耗建筑咨询介入的情况下，在方案阶段就需要对超低能耗建筑建筑设计中的一些注意事项进行交代，建筑师在此基础上进行建筑的设计。国内常见的情况是：在建筑设计完成后，甲方希望在此基础上将建筑改成超低能耗建筑。这种情况下，需要尽可能对建筑的体形进行优化，删除或者修改一些不合理的建筑设计部分。

1. 位置和朝向

在建筑用地确定的情况下，建筑的位置一般无法进行改变，但是可以调整建筑的朝向。建筑朝向尽可能采用南北朝向，这样更有利于建筑冬季得热和夏季的遮阳防护。南北朝向时，南向宜采用大面积窗户，采用结构或活动外遮阳，适当减少东、西、北向窗户面积，东、西向窗户须采用活动外遮阳。通过优化各朝向的窗墙比和玻璃分格，可以减少建筑物能源需求，降低建筑的造价。

2. 体形系数

优化体形系数一般指在建筑物垂直和平面方向尽可能减少建筑阴角的数量，通过阳角线条来进行建筑的外形设计。优化体形系数是降低能源需求最经济的做法。

3. 飘窗和阳光房

凸起部分将增大建筑围护结构和窗户的面积，从而增加建筑的能源需求和投资。一般在建筑改造过程中会遇到此种情况，建议将飘窗或者阳光房等凸起的造型部分拆除，或通过其他改造将外墙平移至飘窗的最外侧，避免墙面出现单独凸起的位置。新建建筑在设计时应避免采用飘窗等凸起的构造。

4. 连廊

常见的非超低能耗建筑住宅建筑会出现户与户连接处的露天连廊。这部分连廊通常是为了保证中间户南北通透而设计。新建超低能耗建筑建筑中，尽可能通过前期的设计采用一梯两户的形式将露天连廊做法避免掉。这种做法在建筑面积的使用率上要优于一梯四户，同时可以扩大建筑的可用面积。露天连廊不计入建筑的 TFA，同时热桥部位处理成本较高，因此不建议采用此种结构形式。针对改造建筑，由于连廊部位一般为中间户的北向窗户位置，一般采用断热桥做法降低其热桥影响。

5. 露天阳台和空调板

露天阳台和阳光房飘窗类似，但其在围护结构外侧只需作断热桥处理，不需要考虑其对体形系数的影响。阳台和空调板热桥是超低能耗建筑中比较常见的热桥，一般采用保温全包或者断热桥构件的形式处理。阳台与墙体连接部位宜采用断热桥构件处理，尽量采用大阳台代替几个小阳台的做法。新建建筑的空调板可根据负荷情况减少预留个数，在超低能耗建筑改造过程中可以将多余的空调板拆除。

2.4　常见保温材料及施工

材料导热系数直接关系到围护结构的保温厚度和传热量，是建筑热工计算中非常重要的参数，一般该参数通过实验获得。

2.4.1　导热系数的影响因素

影响材料导热系数的因素一般有以下几个方面：

1. 材质

材料的组分或者结构不同，其导热性能也不同。工程上常把 λ 值小于 0.3W/（m·K）的材料称为绝热材料，在超低能耗建筑中一般采用 λ 值小于 0.05W/（m·K）的材料作为保温材料。

2. 材料干密度

材料的干密度反映材料的密实程度，材料越密实，干密度越大，材料内部的孔隙越少，其导热性能也就越强。一般来说，干密度大的材料导热系数也大，尤其是泡沫混凝土、加气混凝土、EPS 等材料，表现得很明显。

3. 材料含湿量

在自然条件下，一般非金属建筑材料并非绝对干燥，而是在不同程度上含有水分，这表明孔隙中含有一部分水分。水的导热性能是空气的 20 倍，所以含湿量越大，材料的导热系数越大。所以在材料的生产、运输、堆放、保管及施工过程中应该注意防止湿气对保温材料的影响。

除上述因素外，使用温度和材料纤维的排列方向对保温材料的导热系数也有影响。

2.4.2　常见的保温材料及施工

超低能耗建筑保温材料的选择，除了考虑材料的导热系数外，还需要兼顾保温材料的尺寸稳定性、吸水性、施工便捷性、经济性、防火性能和环境友好性等性能。本节将介绍常见的保温材料，材料按照导热系数从低到高依次介绍。

1. 真空绝热板

真空绝热板是目前保温性能最好的材料，该板材是由无机纤维芯材与高阻气复合薄膜通过抽真空封装技术，外覆专用界面砂浆制成的一种高效保温板材（图2-10）。

该产品性能如表2-8所示。

常温下封闭状态空气的导热系数大约是 0.023W/（m·K），真空绝热板导热系数低于空气的导热系数。真空绝热板最大的优势是保温性能好，同时该材料的缺点比较明显，常见缺点如下：

图2-10　真空绝热板产品

真空绝热板性能指标及穿刺后性能指标　　　　　　　　　　　　表2-8

项目		单位	指标	实验方法
尺寸允许偏差	厚度	mm	0~3	JG/T 438
	长度、宽度		10	
	版面平整度		4	
导热系数	Ⅰ型	W/（m·K）	≤ 0.008	
	Ⅱ型		≤ 0.010	
穿刺强度		N	≥ 18	
垂直于板面方向的抗拉强度		MPa	≥ 0.08	
尺寸稳定性	长度、宽度	%	≤ 0.5	
	厚度		≤ 3.0	
压缩强度		MPa	≥ 0.10	
表面吸水量		g/m²	≤ 100	
穿刺后垂直于板面方向的膨胀率		%	≤ 10	
穿刺后导热系数	Ⅰ型	W/（m·K）	≤ 0.020	JG/T 438
	Ⅱ型		≤ 0.040	
耐久性（30次循环）	导热系数	Ⅰ型	W/（m·K）	≤ 0.008	
		Ⅱ型		≤ 0.010	
	垂直于板面方向的抗拉强度		MPa	≥ 0.08	
燃烧性能		—	A级	

（1）真空度难以保持，若是发生破损，板材的保温性能即会骤降；

（2）现有施工工艺导致板缝太多，热桥太多，引发结露的风险很大；

（3）施工平整度也较难以控制，薄抹灰系统脱落的风险也较大；

（4）真空绝热板的造价相对较高，性价比的优势不大。

真空绝热板可用在外保温、内保温、阳台保温以及部分由于厚度限制而不宜采用其他保温的位置（图 2-11）。

2. 挤塑聚苯板

挤塑聚苯板是聚苯板的一种，生产工艺是挤塑成型。挤塑聚苯板简称 XPS 板，是以聚苯乙烯树脂或其共聚物为主要成分，添加少量添加剂，通过加热挤塑成型而制得的具有闭孔结构的硬质泡沫塑料制品。样式如图 2-12 所示。

图2-11　真空绝热板工程案例

（图片来源：https://wenku.baidu.com/view/7c451cbeb94ae
　45c3b3567ec1 02de2bd9705de75.html?fr=search）

图2-12　挤塑聚苯板

挤塑聚苯板的相关性能指标如表 2-9 所示。

挤塑聚苯板性能指标　　　　　　　　表2-9

项目	性能指标	实验方法
导热系数，W/（m·K）	≤ 0.03	GB/T 29906
尺寸稳定性	≤ 1.5%	
水蒸气透过系数，ng/（Pa·m·s）	≤ 3	
吸水率	≤ 1.5%	
燃烧性能等级	不低于 B_1（C）级别	GB 8624

挤塑聚苯板集防水和保温作用于一体，刚度大，抗压性能好，导热系数低，多用于屋面、地面、地下室墙体覆土内。挤塑聚苯板透气性差，尺寸稳定性差，与无机粘结砂浆的可粘结性也较差，用于外墙体保温中常见的系统脱落、饰面开裂等质量事故，多使用在屋顶和地面位置，不在外墙中使用（图 2-13）。

3. 石墨聚苯板

石墨聚苯板是传统模塑聚苯板的改性产品，通过在聚苯乙烯原材料里添加石墨颗粒作为红外反射剂，可以将 EPS 的保温性能提高 30%，同时防火性能可以提高到 B1 级，如图 2-14 所示。

石墨聚苯板的材性指标如表 2-10 所示。

图2-13 挤塑聚苯板屋面和地面做法

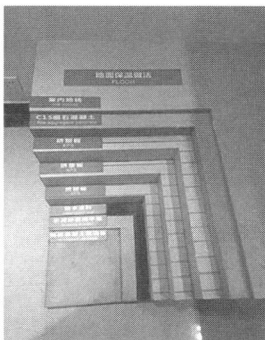

图2-14 石墨聚苯板

石墨聚苯板性能指标 表2-10

项目	性能指标		实验方法
	039 级	033 级	
导热系数，W/（m·K）	≤ 0.039	≤ 0.033	GB/T 29906
表观密度，kg/m³	≥ 20.0		
垂直板面的抗拉强度，MPa	≥ 0.10		
尺寸稳定性	≤ 0.3%		
水蒸气透过系数，ng/（Pa·m·s）	≤ 4.5		
吸水率	≤ 2%		
弯曲变形，mm	≥ 20		
燃烧性能等级	不低于 B1（C）级别		GB 8624

　　模塑聚苯板保温产品在保温领域里应用最广泛，不论是欧洲还是国内，聚苯板保温体系都具有最大的市场份额。而石墨聚苯板相比普通的模塑聚苯板防火性能更强，在可以使用 B1 防火等级的项目上，石墨聚苯板是性价比较好的外墙保温材料（图 2-15）。

　　4. 岩棉

　　岩棉是指以玄武石为主要原料，经高温熔融、离心喷吹制成的一种矿物质纤维，在掺入一定比例的胶粘剂和憎水剂后压制并裁割而成憎水型保温板材，如图 2-16 所示。

图2-15 石墨聚苯板工程案例

图2-16 岩棉板

岩棉的材性指标如表 2-11、表 2-12 所示。

岩棉板性能指标 表2-11

项目	性能指标	实验方法
导热系数，W/（m·K）	≤ 0.040	GB/T 10294，GB/T 10295
酸度系数	≥ 2.0	GB/T 5480
密度，kg/m³	≥ 120	GB/T 5480
尺寸稳定性	≤ 0.10%	GB/T 25975

岩棉条／防火隔离带性能指标 表2-12

项目	性能指标	实验方法
导热系数，W/（m·K）	≤ 0.048	GB/T 10294，GB/T 10295
酸度系数	≥ 2.0	GB/T 5480
密度，kg/m³	≥ 100	GB/T 5480
尺寸稳定性	≤ 0.10%	GB/T 25975
垂直板面的抗拉强度，kPa	≥ 80	GB/T 25975
压缩强度，kPa	≥ 40	GB/T 13480
短期吸水量，kg/m²	≤ 0.4	GB/T 25975
憎水率	≥ 99%	GB/T 10299
熔点，℃	≥ 1000	DB11/T 584

岩棉保温材料在建筑中的应用也非常广泛，主要是用在有防火要求的公共建筑和高层住宅建筑中。岩棉板属于吸水性高的材料，在国内夏热冬冷地区，由于在梅雨季节降雨量大，空气湿度大，会导致岩棉板保温系统受潮而降低保温性能。

对于北方少雨的地区，岩棉板是防火性能较好的外保温材料（图 2-17）。

图2-17 岩棉板工程案例

2.4.3 保温材料施工

1. 外墙外保温施工

薄抹灰外墙外保温系统是目前最为成熟的外墙保温系统。表 2-13 为该系统的基本构造。

有机保温板薄抹灰外保温系统基本构造　　　　　　　表2-13

基层墙体①	基本构造							构造示意图
	粘结层②	保温层③	抹面层				饰面层⑧	
			辅助连接件④	底层⑤	增强材料⑥	面层⑦		
混凝土墙，各种砌体墙	胶粘剂	保温材料	锚栓	抹面胶浆	玻纤网	抹面胶浆	涂料、饰面砂浆等	

表格来源：北京住总集团有限责任公司 . 被动式超低能耗绿色建筑节能工程施工技术规程：QB/BUCC/005—2016[S] . 北京，2016：20.

　　保温板粘贴方式分为点框法和满粘（条粘）法两种，其中点框法适用于较不平整的基层（平整度 ≤ 10mm/2m），EPS 板有效粘贴面积应大于 60%。采用岩棉条等对粘结强度有特殊要求的保温材料宜采用满粘法施工（图 2-18）。

　　施工时，上下排保温板之间必须错缝，阳角每排保温板应该互相交错互锁。门窗角不允许出现板缝，以防止开裂。保温板需裁切整齐，四周被挤出的胶粘剂应及时刮掉，以防止挤浆产生热桥（图 2-19、图 2-20）。

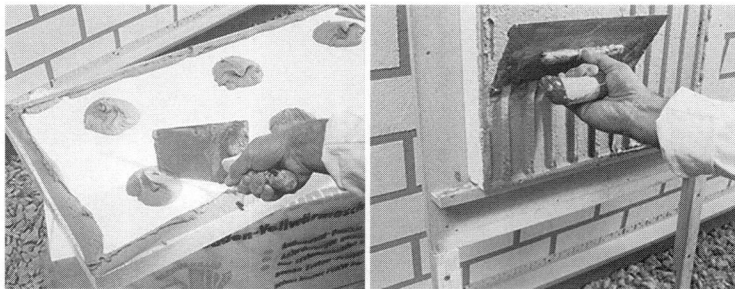

图2-18　点框法和条粘法示意图

图2-19　阳角保温排板以及及时刮掉胶粘剂

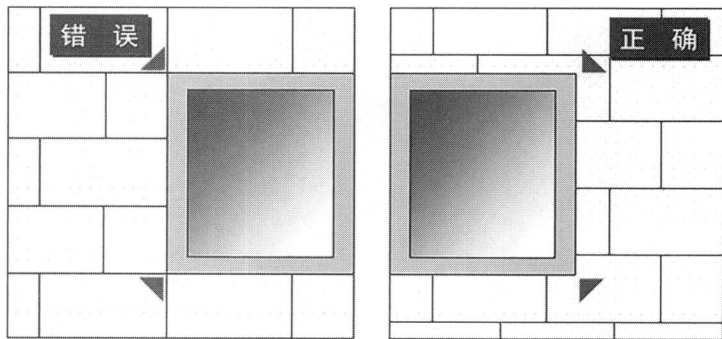

图2-20　门窗周边的保温排板

　　窗侧保温板应遵循大面压小面的原则用膨胀密封条对保温板与其他构件间的接缝进行防水密封处理。保温板用工具压紧，并用靠尺检查粘贴平整度。保温板间如有缝隙，细缝用 PU 泡沫填缝剂填充，宽缝可填塞保温板薄片。板面平整度不大于 4mm/2m，EPS 板面可用砂磨板打磨平整，打磨应至少在贴板一天后进行，表面泡沫粒子应清除。岩棉表面不得打磨，以免破坏纤维间的粘结。为实现岩棉板的粘贴平整度，可以采用比聚苯板厚一些的粘结砂浆，并压平整（图 2-21）。

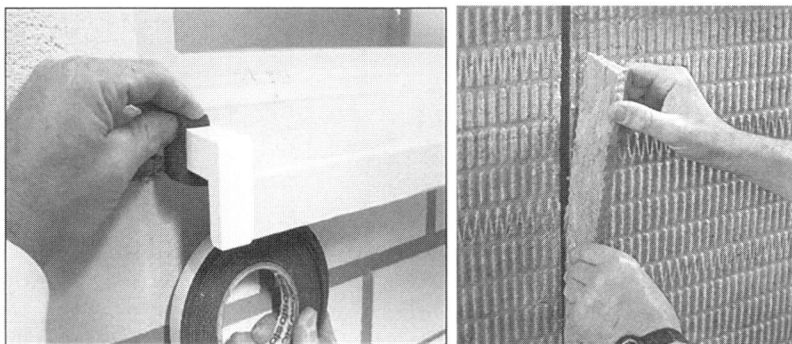

图2-21 接缝处防水处理以及保温缝隙处填充

锚钉数量均需按个体工程设计，如为粘贴面砖饰面，应在埋网后再安装（锚盘位于玻纤网外），岩棉系统如采用 TR7.5 等级岩棉板，也应在埋网后再安装（锚盘位于玻纤网外）。易撞部位（首层 2m 高度内及阳台墙等）应先埋设加强网，双层加强网（或首层网）之间应拼接，窗檐、阳台檐等部位先安装滴水线，门窗洞的开口处应进行增强处理。抹面层施工完成后进行饰面层施工。更详细的保温施工做法可参考相关图集或技术资料（图 2-22）。

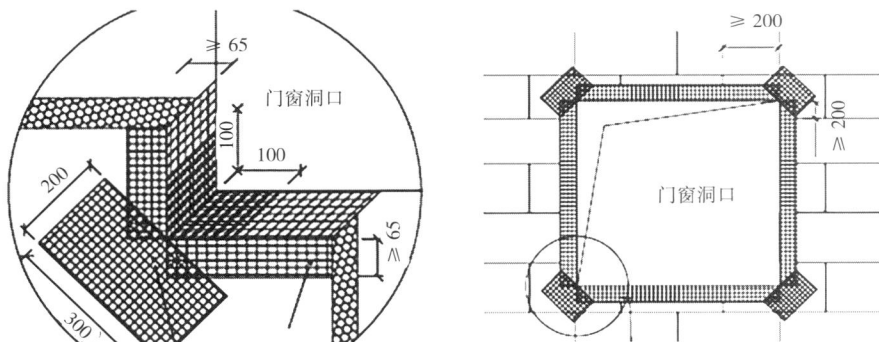

图2-22 门窗洞口增强处理

2. 屋面施工

屋面保温系统除了需要满足保温性能外，还需要进行防水处理。屋顶进水除了对建筑结构有害，还会影响保温的性能和寿命。

超低能耗建筑屋面保温上下侧均需设置防水层，其中保温下侧为隔汽层，隔绝由室内空间通过混凝土向上传输的水蒸气。保温上侧防水起抗紫外线、防水和耐撞击的作用（图 2-24）。

屋面施工时需先进行找坡，屋面找坡时一般可采用结构找坡、保温材料找坡和细石混凝土找坡三种方法。防水隔汽层采用铝箔胎基或面层，要具有一定厚度，确保抗拔力和穿孔自密性，充分考虑与系统上下层的粘结问题。防水隔汽层做完之后进行保温施工，屋面保温一般采用 XPS 或高密度石墨聚苯板。保温板做完之后可进行屋面防水的施工，屋面施工可先进行底层防水施工之后再进行面层防水施工。其中底层防水材料尺寸稳定性要强，能够与保温

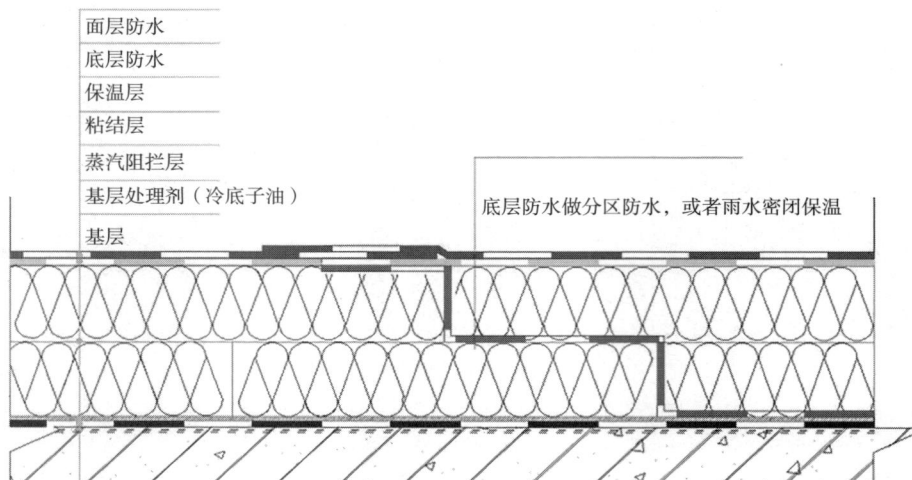

图2-23　超低能耗建筑屋面保温防水系统

图2-24　屋面保温及防水施工图

图2-25　屋顶保温和防水系统

板直接粘结，长久相容，与面层防水材料同质相容且耐老化性能强。面层防水材料与底层防水卷材相容，面层具有防滑颗粒，与上面混凝土构成整体，可防紫外线，具有长久的阻根功能，耐老化性能强（图2-25）。

课后习题

1. 请根据您家乡所在地的节能规范要求以及常用保温材料和建筑结构形式设计一个外墙结构并计算其 U 值，如果该结构采用内保温做法，是否有结露风险？应该如何去处理？

2. 对于一个外墙面积为 400m²，TFA 为 250m² 的建筑，假设原结构保温厚度为 150mm，保温导热系数为 0.033W/（m·K）。试计算当结构减少 50mm 保温厚度和增加 50mm 保温厚度时对建筑的总能源需求有什么样的影响，如何认识这一影响？

3. 您认为体形系数对建筑能源需求的影响有多大？请计算您自己家房子的体形系数，并对其围护结构进行评价。

4. 常用的保温材料有哪些？您知道它们的价格吗？

3　建筑气密性

提高建筑物的气密性有利于减少通风散热损失，有利于防潮，有利于隔声，有利于防火和提高居住舒适度。良好的建筑物气密性也有利于有组织的通风。具有良好气密性的建筑，需要配备相应的机械通风系统，在供暖和制冷季节门窗关闭的条件下，保证室内的空气质量。通过提高建筑气密性来降低建筑能源需求是最经济的技术措施。

3.1　气密性概述

3.1.1　基本定义

建筑整体气密性指建筑物在密闭状态下，其室内外空气渗透程度的评价指标。一般采用压差法测试超低能耗建筑的气密性。基本原理为通过风门在建筑物内建立一定的负压或正压，一般为 ±50Pa，测试维持该压力的风机体积流量，这个流量就是通过建筑物外围护结构的漏风量。然后将该流量除以建筑物围护结构包容的空气净体积，得出在 50Pa 压差下的换气次数。根据换气次数判断建筑物的气密性是否满足要求。公式如下：

$$n_{50} = \frac{V_{50}}{V_{Air}} \tag{3-1}$$

式中　n_{50}——50Pa 压差下的换气次数，h^{-1}；

　　　V_{50}——50Pa 压差下的通风量，m^3/h；

　　　V_{Air}——建筑物包容的空气净体积，m^3。

建筑整体气密性是超低能耗建筑必须要满足的指标之一。在超低能耗建筑设计和认证中，一般要求建筑的气密性指标 n_{50} 不能高于 $0.6h^{-1}$。国内建筑一般没有建筑气密性要求。新建筑的气密性 n_{50} 值一般为 $3\sim10h^{-1}$，老建筑则更差。这里需要注意的是常规建筑的渗透风量换气次数指在正常建筑运行情况下的换气次数，同建筑气密性的 n_{50} 所使用的换气次数不是一个概念，n_{50} 的换气次数指标指在测试工况下建筑室内外压差 50Pa 时的换气次数。

（1）非气密性材料作为围护结构的，需要在其室内侧增加气密层，且未来气密层不可穿透；

（2）不同气密材料的连接处需要采用胶带进行粘结。

3.1.2 建筑气密性的意义

建筑气密性的意义对超低能耗建筑来说主要有两个方面：一是提高建筑的舒适度，二是降低建筑的能源需求。良好的气密性有以下优点：

（1）防止结构中出现冷凝及发霉

冬季室内有散热器的情况下，由于建筑气密性不好，会导致泄漏点部位温度低于室内空气的露点温度，此时泄漏点在冬季会出现持续的冷凝。

（2）防止气流波动

良好的气密性有助于室内的气流组织稳定，如果建筑的气密性不好，在室外风力较大时会出现向室内灌风的现象，导致室内气流波动。

（3）防止室内空气出现污染状况

超低能耗建筑项目一般有新风系统，可以保证室内空气质量，但是如果建筑的气密性不好，会有一部分室外空气通过渗透直接进入室内，从而污染室内空气。

（4）确保建筑构件的隔声性能

良好的气密性对构件的隔声性能有很大的帮助，一个缝隙可能会降低构件 10dB 的隔声性能。

（5）确保通风系统的高效运行，降低能源需求损失

如果建筑气密性不好，会导致通风热回收设备交换不充分，从而降低热回收效率，同时，较差的气密性意味着渗透换气次数较高，两者都会增加建筑的通风热损失。

3.1.3 建筑净体积的计算

渗透风量的计算需要借助 n_{50} 测试的结果进行折算，由式（3-1）可知：

$$n_{50} = \frac{Q_{50}}{V_{net}} \qquad (3-2)$$

式中　n_{50}——50Pa 压差下的换气次数，h^{-1}；

　　　Q_{50}——50Pa 压差下的通风量，m^3/h；

　　　V_{net}——建筑的净体积，m^3。

其中，Q_{50} 表示的是 50Pa 压差下的通风量，是气密性测试时通过风门设备读出来的数据，单位是 m^3/h。而 V_{net} 表示的是建筑物内的空气净体积，单位为 m^3。该数据需要通过计算得出。此处的建筑净体积不是建筑的总体积，而是专门用来计算建筑换气次数的体积。

气密性测试体积需要逐房间进行计算，不能通过其他体积，诸如总外部体积进行折算。计算的方法为：长 × 宽 × 高。其中长和宽均为净尺寸，即从内墙算起。高也为净高，即到顶棚为止。对于顶棚尚未完工的建筑，使用设计的顶棚高度进行计算。对于倾斜的顶棚，根据实际情况进行折减。表 3-1 为建筑的气密性测试体积的计算表。

气密性测试体积的计算表 表3-1

名称	长	宽	面积	净高	净体积
单位	m	m	m²	m	m³
房间 2	6	5.1	30.6	2.8	85.86
客厅	9	5.1	45.9	2.4	110.16
卫生间	3	5.1	15.3	2.45	37.485
储藏	3	5.1	15.3	2.4	36.72
房间 1	6	5.1	30.6	2.4	73.44
总净体积					343.665

　　气密性测试体积为建筑围护结构内的体积，对于围护结构外的体积一律不予考虑，可参考图3-1。

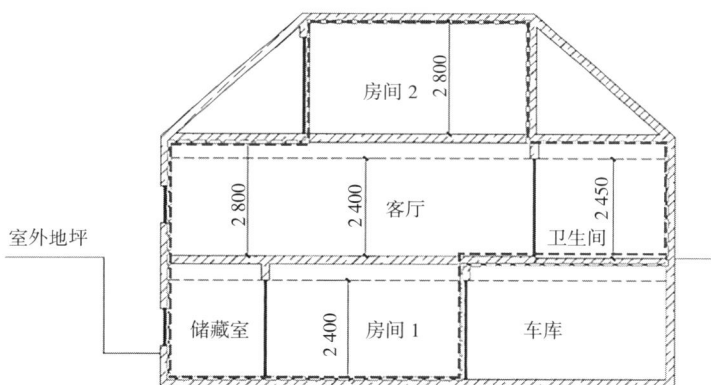

图3-1　建筑的剖面图

　　对于建筑的一些凸出或者凹进去的空间，由于对整个建筑的气密性测试体积影响较小，可以忽略不计（表3-2）。以下为一些常见的处理方法：

超低能耗建筑气密性测试体积统计表 表3-2

名称	是否属于气密性测试体积	原因
房间 2	是	围护结构内
客厅	是	围护结构内
卫生间	是	围护结构内
储藏	是	围护结构内
房间 1	是	围护结构内
车库	否	围护结构外

（1）梁、门窗等凸出或者凹进去的空间可以忽略，直接计算到内墙或者顶棚表面即可（图3-2）。

（2）楼梯间的体积需要考虑进去，且不进行折减。面积按照楼梯净面积计算，高度按照楼层净高计算（表3-3）。

解：如下表。

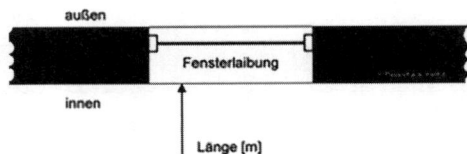

图3-2 门窗等部位空间可以不考虑

（图片来源：[德] PHI《被动房设计师培训教材（原理）》，2015：94.）

超低能耗建筑净体积统计表   表3-3

名称	长	宽	面积	净高	净体积
单位	m	m	m²	m	m³
卧室	5.9	4.3	25.37	2.7	68.499
客厅	9.1	4.3	39.13	2.7	105.651
卫生间	2.2	4.3	9.46	2.5	23.65
书房	3.3	4.3	14.19	2.7	38.313
厨房	2.5	4.3	10.75	2.7	29.025
总净体积					265.138

【例3-1】已知建筑的平面图和剖面图如图3-3所示，求建筑的净体积。

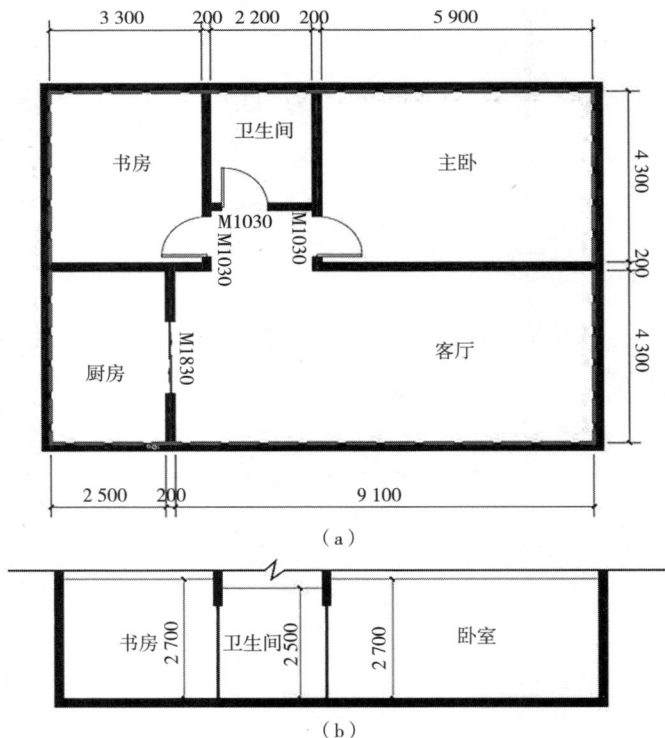

（a）平面图；（b）剖面图

图3-3 建筑的平面图和剖面图

3.1.4 渗透风量的计算

建筑物的渗透风量主要受建筑物外部的风压和建筑物内部的热压的影响。气密性测试的结果是在 50Pa 压差下的建筑换气次数，并非正常建筑使用时的渗透换气次数，因此，若想计算正常使用时的渗透热损失，需要使用折算系数对 n_{50} 测试值进行修正。渗透折算系数 e 是将 n_{50} 的测试值转换为常规运行时的系数，其大小和建筑所在地理位置及周边建筑遮挡情况有关。建筑所在位置越空旷，周边建筑遮挡越小，建筑的气密性渗透折算系数越大。除建筑地理位置外，还需要考虑建筑送回风的风量差的因素，考虑到超低能耗建筑一般为平衡通风，即送风量等于回风量，此处可以不考虑此因素的影响（表 3-4）。

渗透折算系数 e 表3-4

渗透折算系数 e	建筑多侧无遮挡	建筑一侧无遮挡
空旷处或摩天大楼	0.10	0.03
郊外、乡村多树地带	0.07	0.02
市中心或森林中心	0.04	0.01

$$n_{rest}=en_{50} \tag{3-3}$$

式中　　n_{rest}——渗透换气次数；

　　　　e——渗透折算系数；

　　　　n_{50}——50Pa 压差下换气次数。

【例 3-2】某建筑位于市中心，建筑周边无其他建筑直接接触。已知建筑的净体积为 500m³，其 n_{50} 测试值为 0.45h⁻¹，求渗透风量。

解：$n_{rest}=en_{50}=0.04 \times 0.45h^{-1}=0.018h^{-1}$，$n_{50}=\dfrac{Q_{50}}{V_{net}}$

$Q_{rest}=n_{rest} \times V_{net}=0.018h^{-1} \times 500m^3=9m^3/h$，渗透风量为 9m³/h。

3.1.5 渗透风量热损失计算

建筑的渗透会造成热损失，热损失的大小除同渗透风量的大小有关，还和空气比热容以及室内外温差有关。对于渗透风量的热损失，可以采用以下公式计算。

渗透风对建筑负荷的影响的计算公式为：

$$P_{v,rest}=Q_{rest} \times c_V \times (T_i-T_e) \tag{3-4}$$

式中　　$P_{v,rest}$——渗透热损失，W；

　　　　Q_{rest}——渗透风量，m³/h；

　　　　c_V——空气比热容，W·h/（m³·K）；

　　　　$\Delta T=(T_i-T_e)$——室内外温差，K。

渗透风对建筑能源需求影响的计算公式为：

$$Q_{v,rest} = Q_{rest} \times c_v \times G_t \qquad (3-5)$$

式中　$Q_{v,rest}$——渗透热损失，kW·h；

　　　Q_{rest}——渗透风量，m^3/h；

　　　c_v——空气比热容，W·h/（m^3·K）；

　　　G_t——供暖或制冷度时数，kK·h。

【例3-3】合肥市某建筑位于市中心，周边无其他建筑遮挡，TFA 为 $250m^2$，建筑净体积为 $600m^3$，气密性测试的结果 $n_{50}=0.5h^{-1}$，已知合肥市供暖度时数 G_t 值为 50kK·h，最低温度为 $-10℃$，空气比热容 $c_v=0.33$W·h/（m^3·K），试求单位 TFA 渗透风量的供暖需求和供暖负荷。如果未作气密性处理，$n_{50}=5h^{-1}$，试求单位 TFA 渗透风量的供暖需求和供暖负荷。

解：$Q_{rest} = n_{rest} \times V_{net} = en_{50} \times V_{net} = 0.04 \times 0.5h^{-1} \times 600m^3 = 12m^3/h$

单位 TFA 的供暖负荷：

$$p = \frac{P_{rest}}{A_{TFA}} = \frac{Q_{rest} \times c_v \times (T_i - T_e)}{A_{TFA}} = \frac{12m^3/h \times 0.33W·h/（m^3·K）\times 30K}{250m^2} = 0.475\ 2W/m^2$$

单位 TFA 的供暖需求：

$$q = \frac{Q_{V,rest}}{A_{TFA}} = \frac{Q_{rest} \times c_v \times G_t}{A_{TFA}} = \frac{12m^3/h \times 0.33W·h/（m^3·K）\times 50kK·h}{250m^2} = 0.792kW·h/m^2$$

如果未做气密性处理，$Q_{rest} = n_{rest} \times V_{net} = en_{50} \times V_{net} = 0.04 \times 5h^{-1} \times 600m^3 = 120m^3/h$，单位 TFA 渗透风量的供暖负荷：

$$p = \frac{P_{rest}}{A_{TFA}} = \frac{Q_{rest} \times c_v \times (T_i - T_e)}{A_{TFA}} = \frac{120m^3/h \times 0.33W·h/（m^3·K）\times 30K}{250m^2} = 4.752W/m^2$$

单位 TFA 渗透风量的供暖需求：

$$q = \frac{Q_{V,rest}}{A_{TFA}} = \frac{Q_{rest} \times c_v \times G_t}{A_{TFA}} = \frac{120m^3/h \times 0.33W·h/（m^3·K）\times 50kK·h}{250m^2} = 7.92kW·h/m^2$$

由以上案例可以看出，如果不采用气密性措施，将对建筑能源需求有非常大的影响，可能导致无法达到超低能耗建筑标准。

3.2　气密性材料及施工

为了提高建筑的气密性，需要了解哪些材料是气密性材料，哪些是非气密性材料，这样可以判断建筑哪些部位为气密性薄弱环节，从而加强这些部位的气密性。

普通的气密性材料指常规可以认为是气密层的材料，如钢筋混凝土、外墙抹灰、钢板、玻璃、气密性良好的门窗。这些材料是建筑气密层的组成部分，建筑气密性薄弱环节指这些材料的相互连接处。处理这些薄弱环节需要专门的气密膜或者气密性胶带。这些材料在国内的常规建筑中并没有使用，一般情况下，我们对这些部位采用打发泡胶来填充。发泡胶可以作为填充材料使用，但并不可以作为密封材料使用，因为：首先，发泡胶在施工时并不能保证完全填充，其次，随着时间的推移，发泡胶会收缩从而产生裂缝。本节主要介绍建筑中常用的气密性材料和施工工艺。

3.2.1 常见气密性薄弱位置

在超低能耗建筑设计时可以使用一支铅笔对建筑的剖面图和平面图内部描线，必须保证铅笔可以完整地描成一个闭合的曲线。对打断的部位需要采取相应的措施保证气密性连续。对于一个建筑来说，以下位置都是薄弱位置，需要在施工时单独去处理。

1. 门窗洞口

高质量的门窗本身属于气密构造，但门窗安装时与门窗洞口周边的墙体连接的部位为薄弱环节。传统的建筑施工方案一般采用发泡的形式进行封堵，发泡材料本身非气密性材料，在使用时间较长时会产生收缩。对于门窗洞口，超低能耗建筑施工时需要对门窗安装的室内外分别粘贴气密性胶带，使门窗和基层墙体连接成完整的气密层。其中室内侧使用防水隔汽胶带，防止水蒸气进入墙体和保温层，同时也是建筑气密层的一部分。室外侧使用防水透汽胶带，有利于墙体内水蒸气排出墙体（图3-4）。

2. 穿墙管道

管道和墙体之间的缝隙需要采用气密性胶带进行粘结。其中室内侧使用防水隔气胶带，防止水蒸气进入墙体和保温层。室外侧使用防水透汽胶带，有利于墙体内水蒸气排出墙体（图3-5）。

图3-4 门窗洞口气密性处理

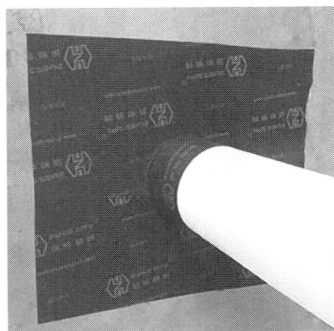

图3-5 穿墙管道气密性处理

3. 线盒

在外围护结构墙体内尽量不要设置线缆管道和接线盒。如果由于特殊原因需要在外墙上安装线盒，且外墙采用非混凝土现浇的墙体，那么线盒将成为建筑气密性的泄漏点，需要采用专用的线盒或胶带对其进行密封。内墙的抹灰层属于气密层，线盒四周的抹灰应保证实现连续的气密层（图3-6）。

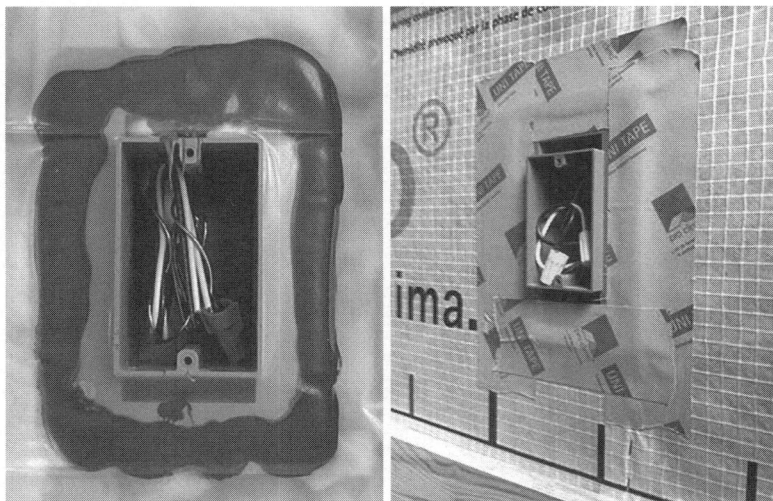

图3-6　线盒处气密性处理

（图片来源：[德] PHI《被动房设计师培训教材（气密性）》，2015：55.）

4. 不同材料的连接处

国内大部分建筑为钢筋混凝土框架结构，应该注意砌筑填充墙体与混凝土梁柱结合缝的处理，认真地对填充墙进行抹灰，同混凝土框架一起形成完整的气密层。但是对于后浇带等一些由性质差别很大的两种或两种以上材料组成的结合部位，需要先通过气密性胶带进行粘结之后，再在其表面进行抹灰等面层的施工（图 3-7）。

针对木结构和装配式建筑，气密性施工较为复杂，需要处理的节点比较多。此处不单独列举，

图3-7　不同材料的连接处需要用气密性胶带粘结

（图片来源：[德] PHI《被动房设计师培训教材（气密性）》，2015：44.）

基本的原则是：建筑气密性对能源需求的影响主要体现在渗透风量的影响上，渗透风量越低，通过渗透造成的热损失就越低。

3.2.2　防水隔汽膜

防水隔汽膜指对建筑物外围护结构内侧的各种结合缝进行密封，阻挡空气与水汽渗漏的膜状气密性材料，分为自粘型和非自粘型。自粘型产品本身带胶，而非自粘型产品含有带胶和不带胶两部分。

防水隔汽膜具有防水和阻隔水蒸气两个功能，其中阻隔水蒸气的功能是防止室内水蒸气进入墙体。防水隔汽膜同钢筋混凝土材料除了组成建筑的气密层外，还组成了建筑的隔汽层，保证冬季室内水蒸气不渗透至墙体中（图 3-8、表 3-5）。

防水隔汽材料技术要求   表3-5

项目	性能指标	试验方法
拉伸力，N/50mm	纵向：≥120；横向：≥120	GB/T 328.9
断裂伸长率	纵向：≥70%；横向：≥60%	GB/T 328.9
撕裂强度（钉杆法），N	纵向：≥60；横向：≥60	GB/T 328.18
不透水性	1 000mm，20h 不透水	GB/T 328.10
透水蒸气性，g/（m²·24h）	≤10	GB 1037
低温弯折性	-40℃无裂纹	GB 18173.1
耐热度	100℃，2h无卷曲，无明显收缩	GB/T 328.11

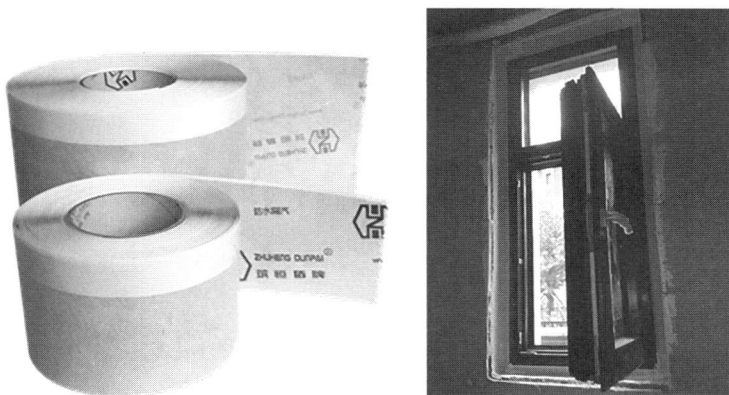

图3-8 防水隔汽膜和现场图片

3.2.3 防水透汽膜

防水透汽膜指用于室外，对建筑物围护结构的缝隙进行密封的耐候防水、具有一定程度水蒸气扩散能力的膜状气密性材料，包括自粘型和非自粘型。其中自粘型产品本身带胶，而非自粘型产品包括带胶和不带胶两部分。

防水透汽膜具有防水和渗透水蒸气两个功能，其中渗透水蒸气的功能是将墙体内多余的水蒸气渗透至室外（图 3-9、表 3-6）。

防水透汽材料技术要求   表3-6

项目	性能指标	试验方法
拉伸力，N/50mm	纵向：≥150；横向：≥150	GB/T 328.9
断裂伸长率	纵向：≥60%；横向：≥60%	GB/T 328.9
撕裂强度（钉杆法），N	纵向：≥80；横向：≥80	GB/T 328.18
不透水性	1 000mm，20h 不透水	GB/T 328.10
透水蒸气性，g/（m²·24h）	≥20	GB 1037

图3-9　防水透汽膜和现场图片

3.2.4　气密性专用部品

气密性专用部品指在工厂预制好的可直接用于气密性密封处理的部品，一般用于穿外围护结构管道和线孔。可方便气密性施工，并保证气密性施工的质量。常见的专用气密性材料如图 3-10 所示。

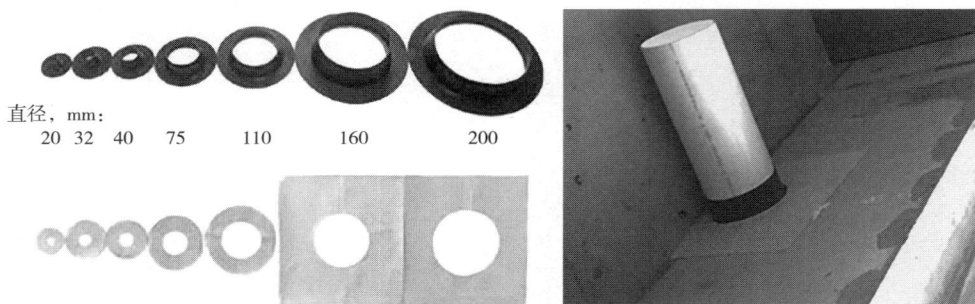

直径，mm：
20　32　40　75　　110　　160　　200

图3-10　气密性套环及现场图片

课后习题

1. 您家的建筑气密性如何？有哪些地方比较薄弱？

2. 如果想检查自己家的气密性状况如何？有哪些方法可以进行检测？

3. 请计算自己家房屋的净体积，并大概估算由于空气渗透而造成的每年的热损失，假如对其进行气密性优化，请计算优化完成之后每年可节约多少能源。

4. 请画出窗户、穿墙管道的气密性节点。

5. 防水隔汽膜和防水透汽膜分别使用在什么位置？有什么作用？

4 建筑热桥

建筑热桥引起的热损失是建筑围护结构热损失的一部分。减少建筑热桥相当于降低了围护结构的 U 值。在没有保温或者保温性能较差的建筑上，热桥的存在是普遍性的。而超低能耗建筑围护结构的传热系数很低，热桥的存在不仅影响建筑物的能源需求，还会引起结露、霉变，对建筑物和人体健康有危害。

4.1 热桥概述

热桥对围护结构的传热系数的影响实际上就是对建筑能源需求的影响，建筑通过热桥损失热量，必定会增加整个建筑的能源需求。在传统建筑中，热桥能源需求占建筑总能源需求的比例比较低，影响并不是很大。而在超低能耗建筑中，若不进行热桥处理，仅热桥部分的能源需求损失就将超过超低能耗建筑的能源需求限值，因此处理好热桥是实现超低能耗建筑必须要完成的工作。

4.1.1 基本定义

建筑外围护结构上有许多边角、接头和穿透口。在这些位置上，实际热损失可能高于平面围护结构的热损失。这些位置增加的热损失部分被称为热桥效应。

热桥分为线性热桥和点状热桥。线性热桥指热桥部位是连续的，如阳台、女儿墙等部位的热桥，线性热桥的单位为 W/（m·K）。点状热桥指热桥部位不具有连续性，通常单独出现，或者间断重复出现，如保温锚栓、落水管固定件等热桥，点状热桥的单位为 W/K。

为说明热桥的定义，以阳台热桥为例，选择一个以阳台长度为宽，高度为层高的墙面进行计算。在进行墙体热损失计算时，如果不考虑阳台的热桥，我们将墙面看作一个平面，计算能源需求时采用如下公式：

$$P_T = A \times U \times \Delta T \tag{4-1}$$

式中　P_T——围护结构传热损失，W；

　　　A——围护结构面积，m^2；

U——围护结构 U 值，W/（m²·K）；

ΔT——室内外温差，K。

此处的 U 值指的是围护结构的 U 值，根据围护结构各部分的材料厚度及其导热系数计算得出。由此计算得出的 U 值并不能反映阳台之类热桥引起的热损失增量。所以，当一面墙体有外挑阳台时，需要根据阳台的热桥效应计算额外的热桥损失。由常规围护结构热损失加上热桥损失，就是该部分构造的总热损失。根据以上的定义，我们可以得出热桥损失的计算如下：

$$l_1 \times \Psi \times \Delta T = A \times U_总 \times \Delta T - A \times U \times \Delta T \qquad (4-2)$$

式中　A——围护结构面积，m²；

　　U——围护结构 U 值，W/（m²·K）；

　　$U_总$——考虑热桥影响的围护结构总 U 值，W/（m²·K）；

　　ΔT——室内外温差，K；

　　l_1——阳台热桥的长度即墙体截面的长度，m；

　　Ψ——阳台的线性热桥值，W/（m·K）。

将上述公式两侧同时除以阳台热桥长度，即阳台的长度，可得：

$$\frac{l_1 \times \Psi \times \Delta T}{l_1} = \frac{A \times U_总 \times \Delta T}{l_1} - \frac{A \times U \times \Delta T}{l_1}$$

$$\Psi = \frac{l_2 \times U_总 \times \Delta T}{\Delta T} - l_2 \times U$$

式中　　　l_2——墙体截面的高度，此处为层高，m；

$l_2 \times U_总 \times \Delta T$——围护结构总热流，通过有限元软件计算得出，W/m。

上式即为根据热桥定义推导的热桥的计算公式，需要借助有限元软件进行计算，此处虽以阳台作为案例进行推导，同样适用于其他热桥部位。

4.1.2　常见位置热桥及处理方式

热桥分为线性热桥和点状热桥，现根据此分类列举建筑常见的热桥部位。

1. 线性热桥

线性热桥是建筑中出现最多的热桥，线性热桥可分为几何热桥和结构热桥两部分。

1）几何热桥

几何热桥指由于几何形状的改变而产生的热桥，如建筑的阳角、阴角。阳角热桥一般是负热桥，对建筑热损失的影响是有利的，虽不是很大。阴角热桥对建筑能源需求的影响是不利的，同时伴随着阴角的出现，对建筑的体形系数一般会有影响，在超低能耗建筑设计中应尽量减少阴角的出现。

Material	$\lambda[W/(m \cdot K)]$
Benton air	0.130
Kalksandstein 1 600 kg/m³	0.930
Rockwoll	0.044

Randbedingung	$q[W/m^2]$	$\theta[℃]$	$R[(m^2 \cdot K)/W]$
Aussen Standard		−10.000	0.040
Innen Standard		20.000	0.130
Symmetrie/Bauteilschnitt	0.000		

Φ_{A-C}=−24.325W/m

3 220.00

U=0.159W/($m^2 \cdot K$)

A
B

2 420.00

θsi min$_F$=18.26℃

f_{Rsi}=0.942

$\varphi_{si(50\%)}$=56%

$\varphi_{100\%}$=90%

$\varphi_{80\%}$=72%

U=0.159W/($m^2 \cdot K$)

20.0℃
5.0℃
−10.0℃

C D

$$\varphi_{AEC}=\frac{\Phi}{\Delta T}-U_1 \times b_1 - U_2 \times b_2 = \frac{24.325W/m}{30.000℃}-0.159W/(m^2 \cdot K) \times 3.220m-0.159W/(m^2 \cdot K) \times 2.420m=-0.086W/(m \cdot K)$$

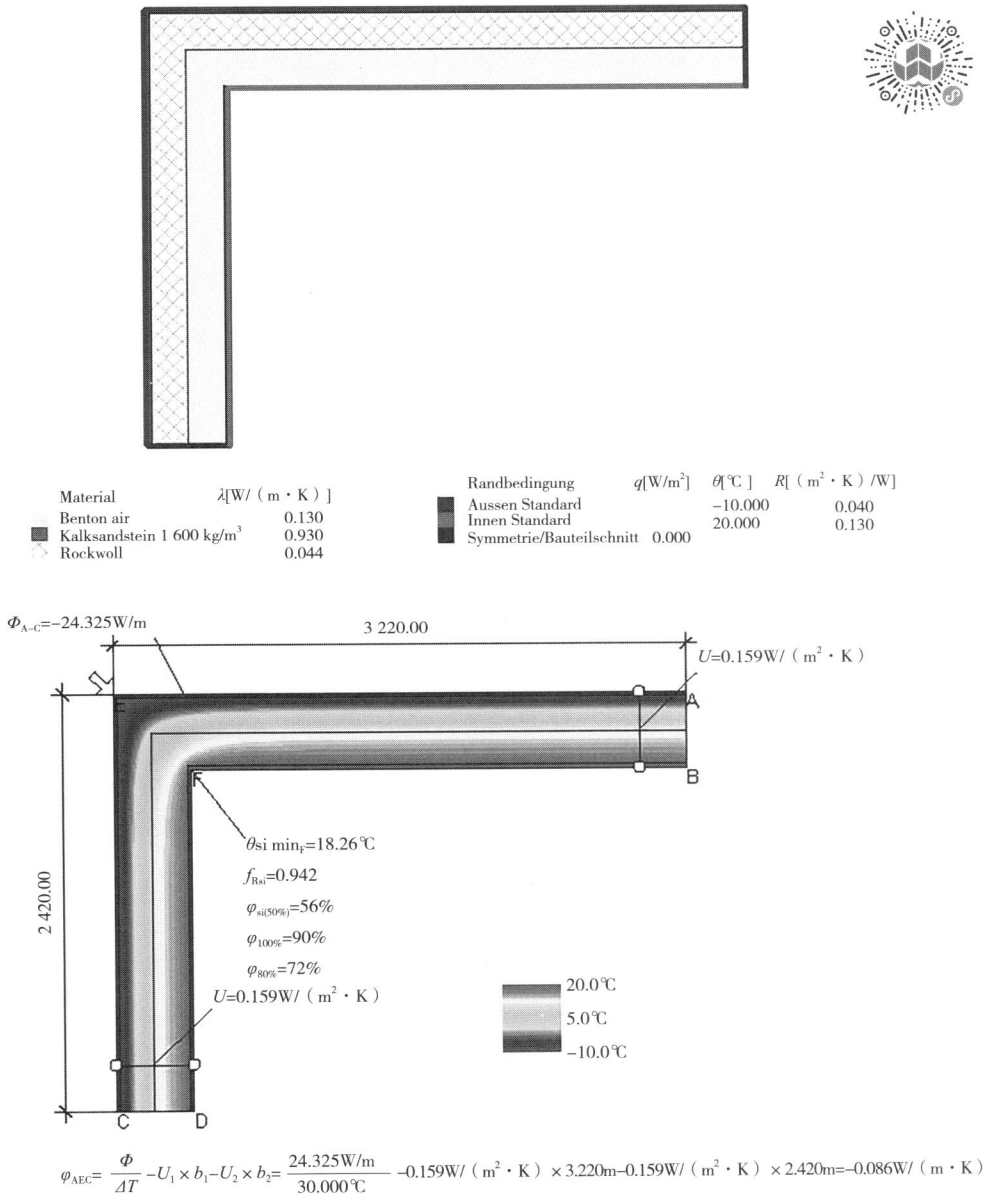

图4-1　阳角热桥计算图

　　由图 4-1、图 4-2 可以看出，阳角的热桥为负值，该值意味着在计算能源需求时，如果考虑热桥，对整个结果更有利。这是因为能源需求的计算采用外部尺寸导致的。阴角的热桥为正值，表示对能源需求的影响是不利的。

　　2）结构热桥

　　结构热桥是建筑设计和施工时需要着重处理的热桥，也是最重要的热桥部位。常见的结构热桥有以下几个部位：

Randbedingung	$q[W/m^2]$	$\theta[℃]$	$R[(m \cdot K)/W]$
Aussen Standard		−10.000	0.040
Innen Standard		20.000	0.130
Symmetrie/Bauteilschnitt	0.000		

Material	$\lambda[W/(m \cdot K)]$
Benton air	0.130
Kalksandstein 1 600 kg/m³	0.930
Rockwoll	0.044

Φ_{B-D}=7.673W/m

θsi min$_F$=19.96℃

f_{Rsi}=0.999

$\varphi_{si(50\%)}$=50%

$\varphi_{100\%}$=100%

$\varphi_{80\%}$=80%

U_{O-H}=0.159W/($m^2 \cdot K$)

730.00

680.00

20.0℃
7.0℃
−10.0℃

$$\Psi_{B-F-D} = \frac{\Phi}{\Delta T} - U_1 \times b_1 - U_2 \times b_2 = \frac{7.673W/m}{30.000℃} - 0.159W/(m^2 \cdot K) \times 0.730m - 0.159W/(m^2 \cdot K) \times 0.680m = 0.032W/(m \cdot K)$$

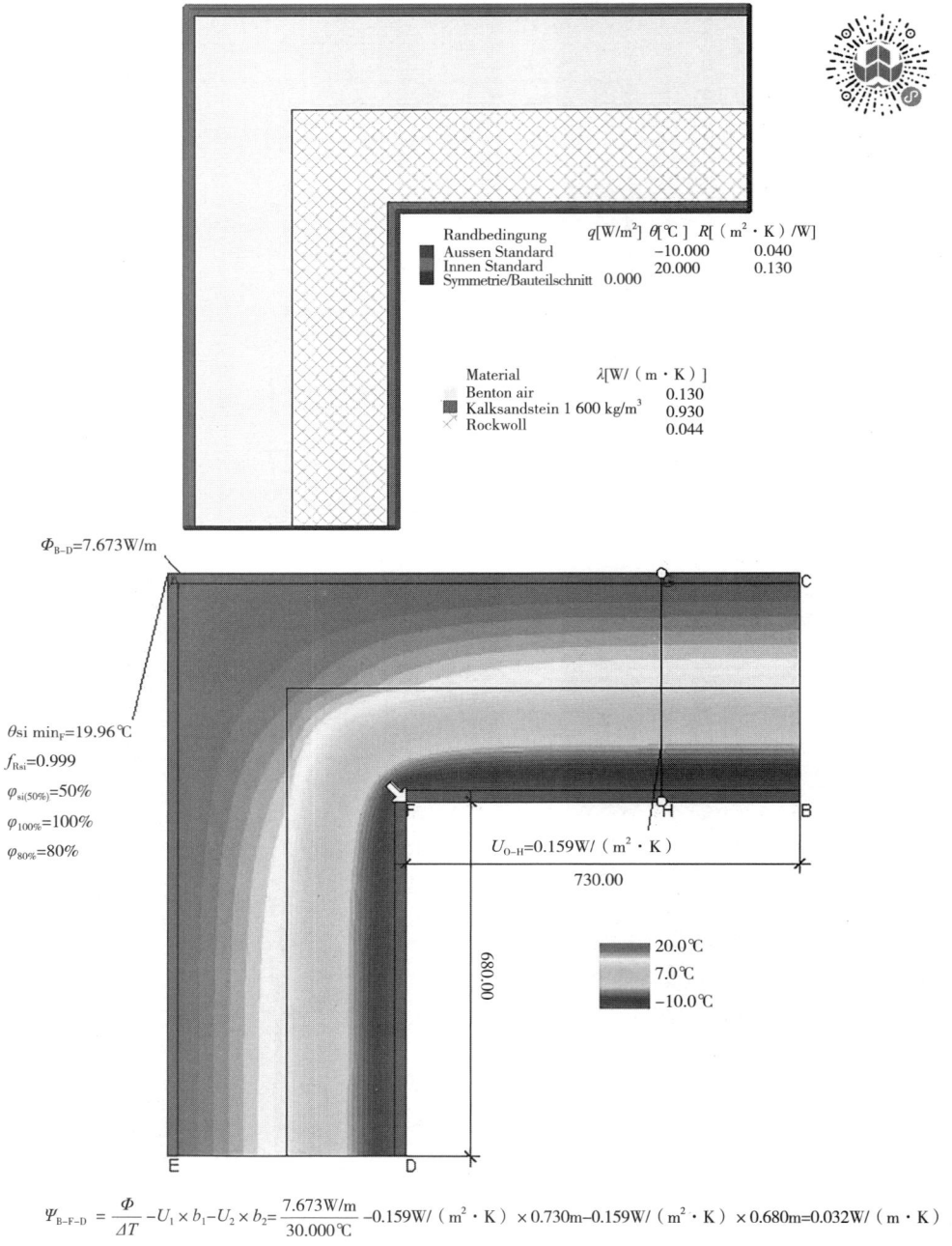

图4-2　阴角热桥计算图

（1）门窗

门窗安装时产生的热桥很大，在超低能耗建筑中，为了降低门窗的安装热桥，采用外挂式安装，将门窗安装在保温层中。即使采用外挂式安装，门窗安装热桥仍然存在，但相比普通安装可降低 8% 左右的热桥损失（图4-3、图4-4）。

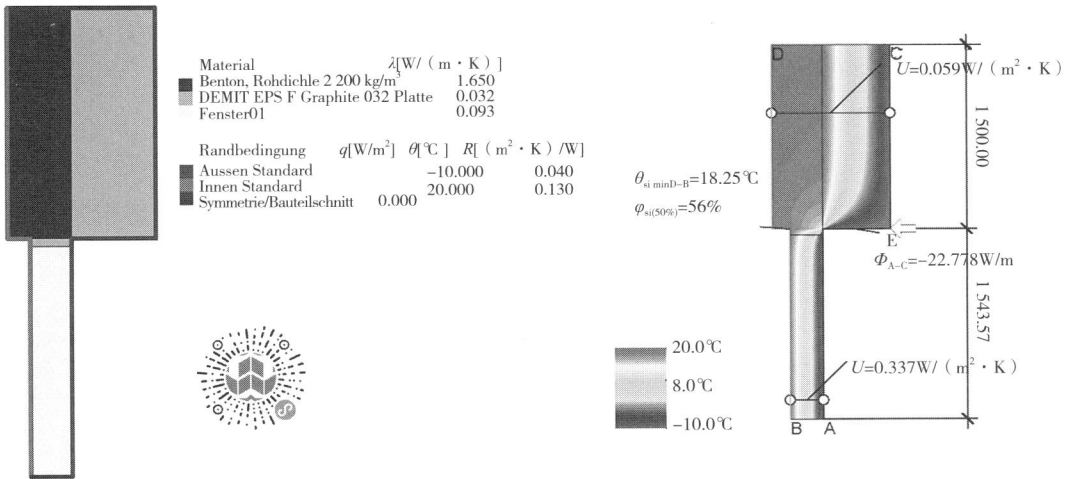

$$\Psi_{\text{A-E-C}} = \frac{\Phi}{\Delta T} - U_1 \times b_1 - U_2 \times b_2 = \frac{22.778\text{W/m}}{30.000\text{℃}} - 0.337\text{W/}(\text{m}^2 \cdot \text{K}) \times 1.544\text{m} - 0.059\text{W/}(\text{m}^2 \cdot \text{K}) \times 1.500\text{m} = 0.150\text{W/}(\text{m} \cdot \text{K})$$

图4-3　窗户常规齐墙安装热桥

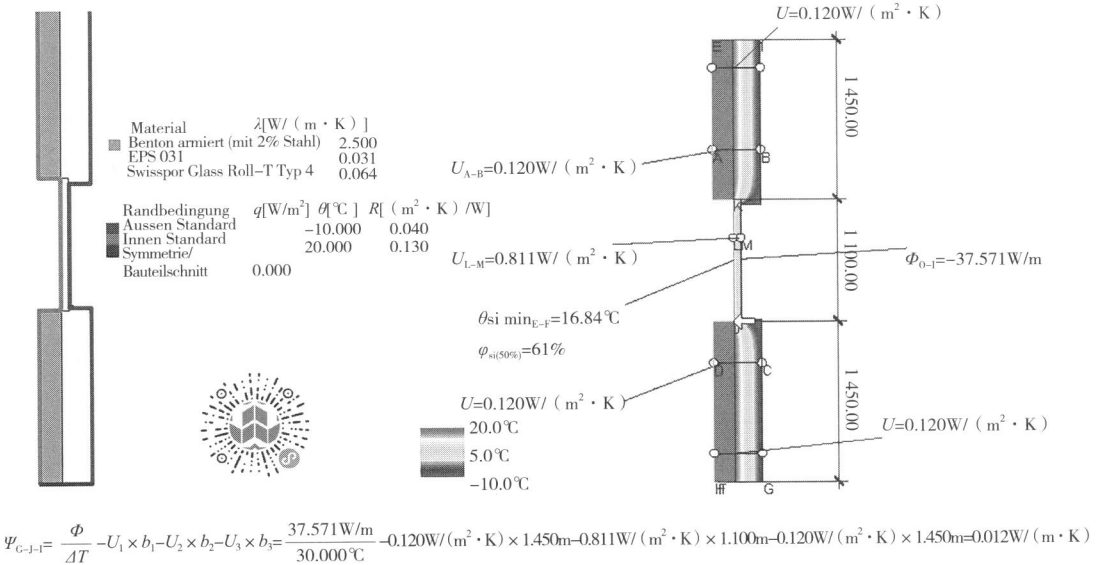

$$\Psi_{\text{G-J-I}} = \frac{\Phi}{\Delta T} - U_1 \times b_1 - U_2 \times b_2 - U_3 \times b_3 = \frac{37.571\text{W/m}}{30.000\text{℃}} - 0.120\text{W/}(\text{m}^2 \cdot \text{K}) \times 1.450\text{m} - 0.811\text{W/}(\text{m}^2 \cdot \text{K}) \times 1.100\text{m} - 0.120\text{W/}(\text{m}^2 \cdot \text{K}) \times 1.450\text{m} = 0.012\text{W/}(\text{m} \cdot \text{K})$$

图4-4　窗户外挂安装热桥

（2）阳台

阳台的热桥处理一般有三种方式。一种方式是采用保温全包的形式，即外墙保温将阳台整个包起来，减小热桥的影响。另外一种方式采用断热桥构件，从楼板中伸出两根梁，将阳台板放置在梁上，阳台板同墙体之间的空隙用保温材料填充。最后一种是阳台与主体建筑分开，单独承重，只在少数部位同主体结构连接以保证阳台的稳定性，此种方式断热桥效果最好，但是只适用于不高的建筑，对于高层建筑并不适用。现阶段国内建筑中采用第一种方法断热桥的项目较多，也有少数案例采用第二种和第三种方法断热桥（图4-5）。

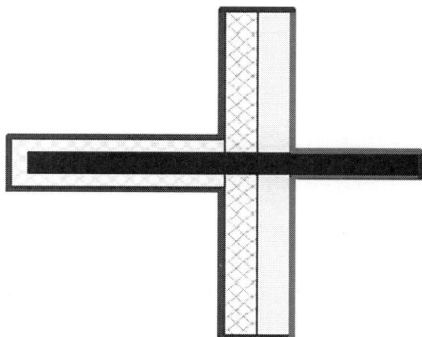

Material	$\lambda[W/(m\cdot K)]$
Benton air	0.130
Benton armiert (mit 2% Stah)	1.740
Kalksandstein 1 600 kg/m³	0.930
Rockwoll	0.044
XPS-0.03	0.030

Randbedingung	$q[W/m^2]$	$\theta[℃]$	$R[(m^2\cdot K)/W]$
Aussen Standard		−10.000	0.040
Innen Standard		20.000	0.130
Symmetrie/Bauteilschnitt	0.000		

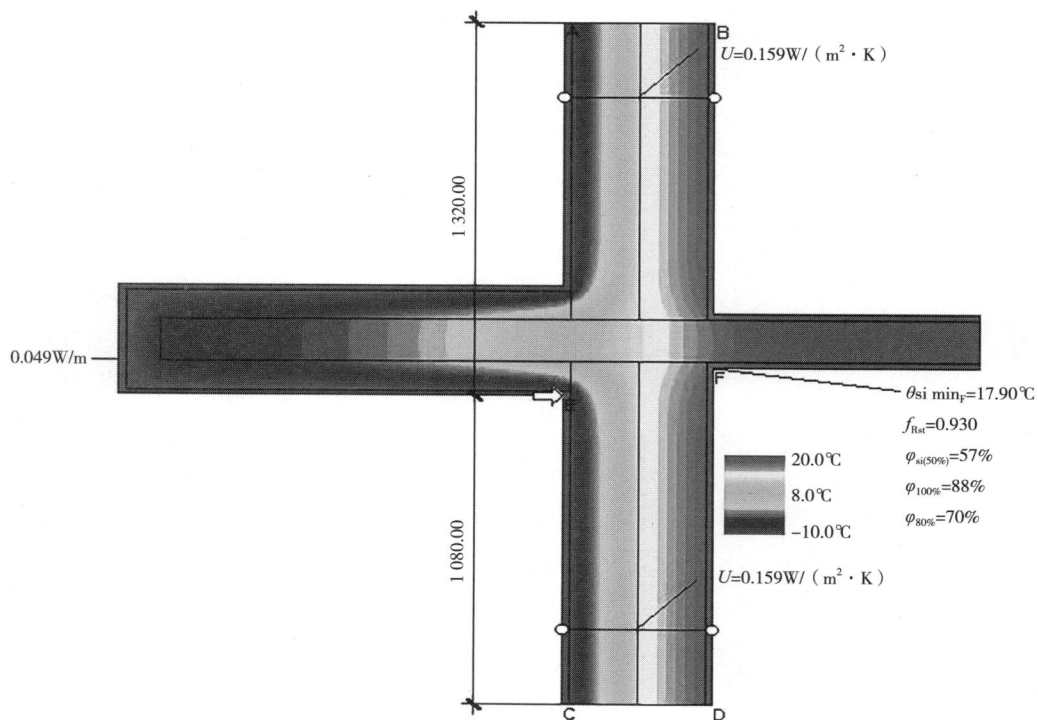

$$\Psi_{A-E-C}=\frac{\Phi}{\Delta T}-U_1\times b_1-U_2\times b_2=\frac{17.049W/m}{30.000℃}-0.159W/(m^2\cdot K)\times 1.320m-0.159W/(m^2\cdot K)\times 1.080m=0.187W/(m\cdot K)$$

图4-5　阳台全包热桥

（3）女儿墙

女儿墙部位的热桥处理一般有两种方式。第一种方式是将整个女儿墙用保温材料包裹起来实现屋顶保温同外墙保温的连续，从而达到断热桥的目的。第二种方式是将女儿墙穿透屋顶保温的部位采用导热系数低的材料替代，如泡沫玻璃和发泡混凝土，从而达到断热桥的目的（图4-6）。

Material	λ[W/(m·K)]
Benton air	0.130
Benton armiert (mit 2% Stahl)	1.740
Kalksandstein 1 600 kg/m³	0.930
Rockwoll	0.044
XPS-0.03	0.030

Randbedingung	q[W/m²]	θ[℃]	R[(m²·K)/W]
Aussen Standard		-10.000	0.040
Innen Standard		20.000	0.130
Symmetrie/Bauteilschnitt	0.000		

$\Phi_{A-C}=-12.543$W/m

1 370.00

1 250.00

$U=0.144$W/(m²·K)

θsi min$_F$=17.45℃

$f_{Rsi}=0.915$

$\varphi_{si(50\%)}=59\%$

$\varphi_{100\%}=85\%$

$\varphi_{80\%}=68\%$

$U=0.159$W/(m²·K)

20.0℃
8.0℃
-10.0℃

$$\Psi_{A-E-C}=\frac{\Phi}{\Delta T}-U_1\times b_1-U_2\times b_2=\frac{12.543\text{W/m}}{30.000℃}-0.144\text{W/(m}^2\cdot\text{K)}\times1.370\text{m}-0.159\text{W/(m}^2\cdot\text{K)}\times1.250\text{m}=0.023\text{W/(m}\cdot\text{K)}$$

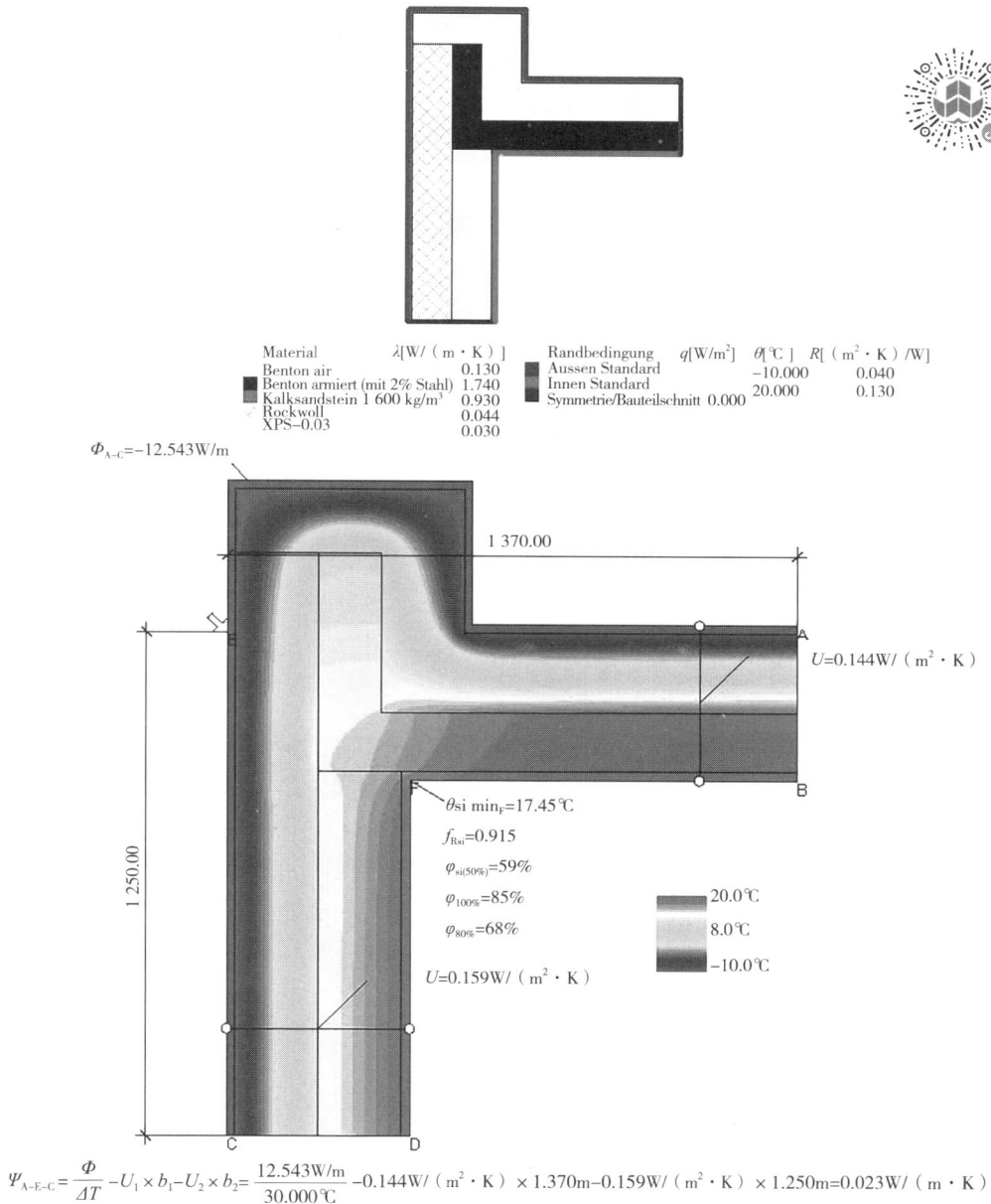

图4-6　女儿墙全包热桥

（4）勒脚

墙勒脚处保温处理较为复杂,分为有供暖地下室、无供暖地下室以及直接接触地面三种情况。

如果建筑有供暖地下室,相当于地面保温位于供暖地下室的地板下面。这种情况下,外墙保温需要延伸到地下室底板的位置,并继续向下延伸1m。

如果地下室为非供暖部分,则地面建筑的保温一般从地下室顶板保温开始。此时,不管地面保温位于一层地板上还是一层地板下,均需要将外墙保温沿着地面往下延伸1m。

Material	$\lambda[W/(m\cdot K)]$		Randbedingung	$q[W/m^2]$	$\theta[℃]$	$R[(m^2\cdot K)/W]$
Benton air	0.130		Aussen Standard		−10.000	0.040
Benton armiert (mit 2% Stah)	1.740		Innen Standard		20.000	0.130
Kalksandstein 1 600 kg/m³	0.930		Symmetrie/Bauteilschnitt	0.000		
Rockwoll	0.044					
XPS–0.03	0.030					

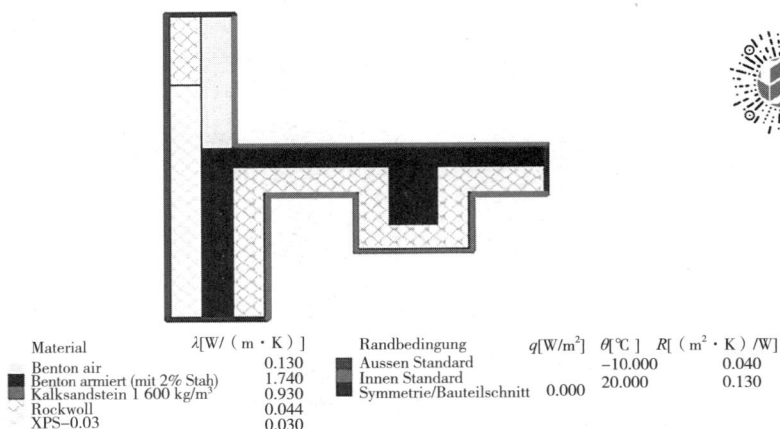

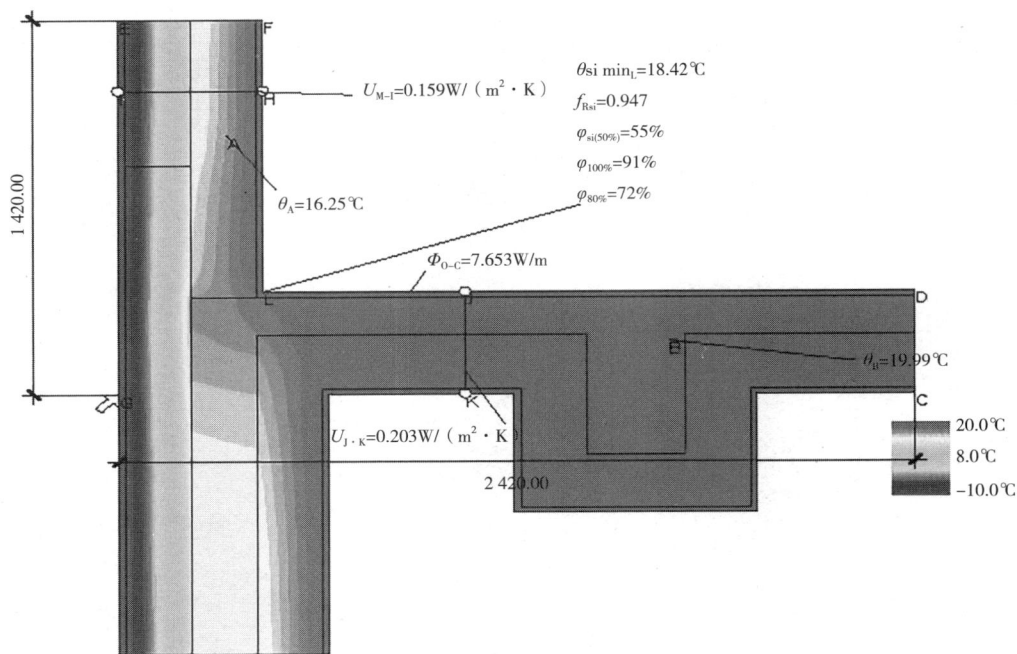

$$\Psi_{D-G-E}=\frac{\Phi-U_1\times b_1\times \Delta T_1-U_2\times b_2\times \Delta T_2}{\Delta T}=\frac{7.653W/m-0.203W/(m^2\cdot K)\times 2.420m\times 0.000℃-0.159W/(m^2\cdot K)\times 1.420m\times 30.000℃}{30.000℃}=0.029W/(m\cdot K)$$

图4-7　勒脚热桥（供暖地下室）

如果建筑没有地下室，其勒脚部位的做法同无供暖地下室，但热桥值不相同。

（5）内保温情况下的隔墙

采用内保温时，外墙、地面或屋顶同建筑隔墙的连接部位存在线性热桥。由于隔墙此时同建筑主体结构相连，且穿透保温层，热桥比较大。为了降低此处的热桥，一般需要将保温沿隔墙至少延伸 0.5m。由于向内延伸的保温对建筑室内的空间有影响，一般此处断热桥的原则为不产生发霉、结露，同时满足能源需求计算即可（图4-8）。

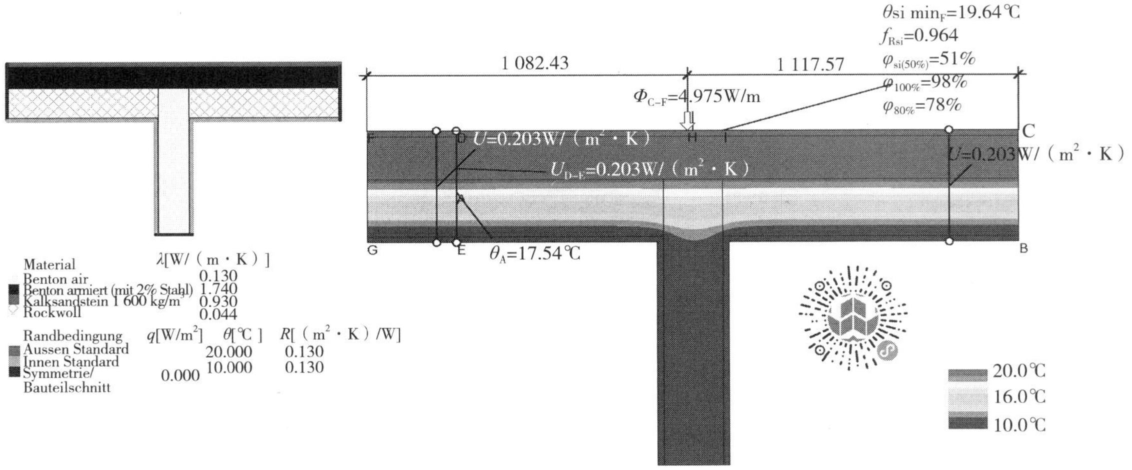
θsi min_F=19.64℃
f_Rsi=0.964
φ_si(50%)=51%
φ_100%=98%
φ_80%=78%
1 082.43
1 117.57
Φ_C−F=4.975W/m
U=0.203W/（m²·K）
U_D−E=0.203W/（m²·K）
U=0.203W/（m²·K）
θ_A=17.54℃
F
D
H
I
C
G
E
B
Material
λ[W/（m·K）]
Benton air 0.130
Benton armiert (mit 2% Stahl) 1.740
Kalksandstein 1 600 kg/m³ 0.930
Rockwoll 0.044
Randbedingung q[W/m²] θ[℃] R[（m²·K）/W]
Aussen Standard 20.000 0.130
Innen Standard 10.000 0.130
Symmetrie/Bauteilschnitt 0.000
20.0℃
16.0℃
10.0℃

$$\Psi_{c-H-F}=\frac{\Phi}{\Delta T}-U_1\times b_1-U_2\times b_2=\frac{4.975\text{W/m}}{10.000℃}-0.203\text{W/（m}^2\cdot\text{K）}\times1.118\text{m}-0.203\text{W/（m}^2\cdot\text{K）}\times1.082\text{m}=0.051\text{W/（m}\cdot\text{K）}$$

图4-8　内隔墙热桥

2. 点状热桥

点状热桥一般指为了在外表面增加某种组件或造型而需要在建筑结构中生根而产生的穿透性热桥。常见的点状穿透性热桥有以下几种：

1）保温锚栓

常规的保温锚栓由镀锌螺钉、尼龙膨胀管和固定圆片组成。固定时钉头同固定原片齐平，裸露于保温外侧，产生较大的热桥。在超低能耗建筑保温施工中采用断热桥锚栓，钉头位置在保温层内部，可达到断热桥的目的（图 4-9）。

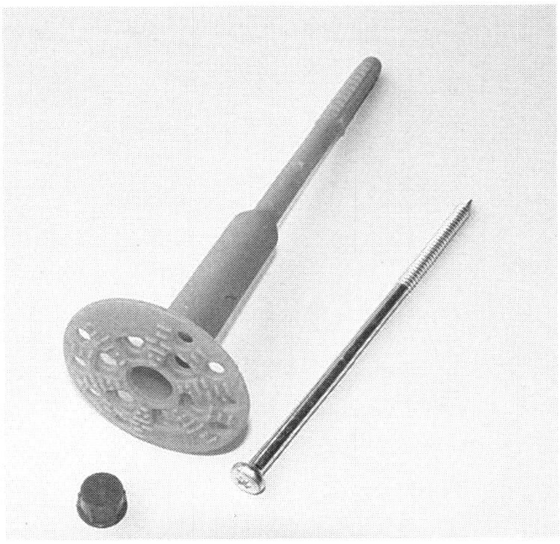

图4-9　断热桥锚栓图片

2）遮阳、雨水管、幕墙固定件

超低能耗建筑一般需要在东、南、西向设置外遮阳，外遮阳采用角钢固定在墙体基层上，为了减少固定件产生的热桥，需要在角钢同墙体接触的位置增加断热桥垫片。雨水管及幕墙的固定件断热桥做法与遮阳相同（图 4-10）。

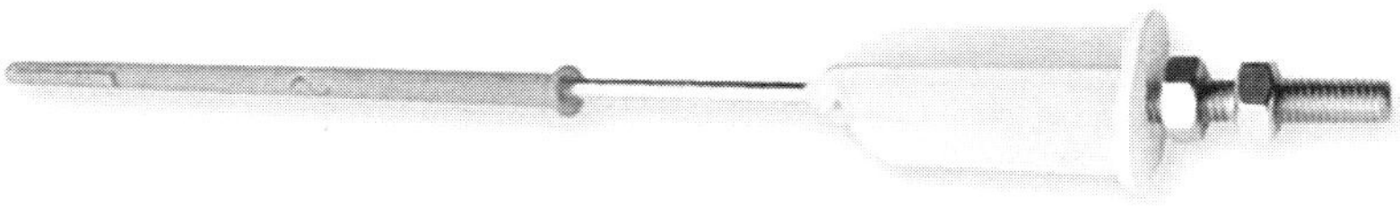

图4-10　雨水管断热桥固定件

3）阳台断热桥构件

阳台断热桥可通过断热桥构件将阳台的线性热桥变为点状热桥，阳台断热桥构件成本较高，但效果比保温全包更好（图 4-11）。

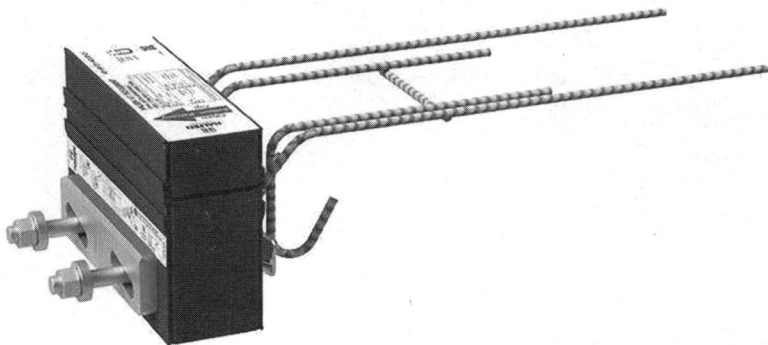

图4-11　阳台断热桥构件

（图片来源：https://zhuanlan.zhihu.com/p/115865005）

4）屋顶设备底座固定件

屋顶设备底座固定件可采用类似于遮阳固定件的形式，与基层采用断热桥垫片连接的方式实现断热桥。但更好的处理方式是在不破坏屋面防水层的情况下直接在防水层上设置混凝土底座，利用混凝土自重固定设备。

以上就是建筑常见热桥的处理形式，对于本书未涉及的热桥处理，可按照同以上热桥类似的处理原则进行处理。一般进行热桥处理的方式有两种，一是保温全包或者延伸，另外一种是通过断热桥垫片将组件同建筑结构相连。在可能的情况下，将建筑所有的热桥影响最低化，就是超低能耗建筑处理热桥的原则，也叫作无热桥设计。

4.1.3　热桥的影响

建筑无热桥的意义同气密性相同，主要有两个方面：一是提高建筑的舒适度，二是降低建筑的能源需求。建筑热桥处理不好对建筑通常有以下几个方面的影响：

1. 结露、发霉

热桥是热量集中流出的部位，实际上相当于此处的热阻突然降低，从而使建筑的内表面温度突然降低。如果内表面温度低于室内空气的露点温度，就会产生结露、发霉的现象，这也是有些建筑冬季窗户边会有冷凝水的原因（图 4-12）。

2. 温度下降

温度下降除了会导致结露、发霉，同样对建筑的舒适性会有影响，当人位于热桥区域，且温差大于 4.2K 时会产生冷感。

图4-12　热桥处发霉照片

（图片来源：[德] PHI《被动房设计师培训教材（热桥）》，2015：20. ）

3. 能源需求上升

热桥会增加建筑的能源需求，过多的热桥会导致建筑达不到超低能耗建筑能源需求标准或为了平衡此部分损失而采取额外增加保温厚度等措施，从而提高建筑造价。

4.2　热桥对能源需求的影响

在超低能耗建筑中，热桥对能源需求的影响不可忽视，如果建筑未进行热桥处理，将大大增加建筑的能源需求从而使建筑达不到超低能耗建筑的限值要求。热桥对能源需求的影响同热桥的大小、长度以及气候条件有关。

4.2.1　热桥数量统计

为了计算建筑的热桥对能源需求的影响，除需要计算热桥的大小外，还需要统计热桥的长度。热桥的大小一般通过有限元软件进行计算，本书不再单独进行叙述。热桥长度的统计正确与否将直接影响到热桥效应的计算精度。

热桥数量的统计应根据热桥的位置按照先线性热桥后点状热桥，从上到下，从外到内进行梳理。按照热桥对建筑能源需求的影响，可以选择全部统计或者只统计不利热桥。在建筑热桥部位较少，且处理特别好的建筑上也可以不考虑热桥的影响。

4.2.2　热桥效应的计算

热桥效应可以采用以下公式计算。

线性热桥对建筑负荷的影响的计算公式为：

$$P_{\mathrm{T}}=l \times \varPsi \times \Delta T \qquad (4-3)$$

式中　P_{T}——围护结构传热损失，W；

　　　l——热桥的长度，m；

　　　$\varPsi$——线性热桥值，W/（m·K）；

　　　ΔT——室内外温差，K。

点状热桥对建筑负荷的影响的计算公式为：

$$P_{\mathrm{T}}=n \times \chi \times \Delta T \qquad (4-4)$$

式中　P_{T}——围护结构传热损失，W；

　　　n——热桥的数量，无量纲；

　　　χ——点状热桥值，W/K；

　　　ΔT——室内外温差，K。

线性热桥对建筑能源需求的影响的计算公式为：

$$Q_{\mathrm{T}}=l \times \varPsi \times f_{\mathrm{t}} \times G_{\mathrm{t}} \qquad (4-5)$$

式中　Q_{T}——围护结构传热损失，kW·h；

　　　l——热桥的长度，m；

　　　$\varPsi$——线性热桥值，W/（m·K）；

　　　f_{t}——温差折算系数，一般为1，无量纲；

　　　G_{t}——供暖或制冷度时数，kK·h。

点状热桥对建筑能源需求的影响的计算公式为：

$$Q_{\mathrm{T}}=n \times \chi \times f_{\mathrm{t}} \times G_{\mathrm{t}} \qquad (4-6)$$

式中　Q_{T}——围护结构传热损失，kW·h；

　　　n——热桥的数量，无量纲；

　　　χ——点状热桥值，W/K；

　　　f_{t}——温差折算系数，一般为1，无量纲；

　　　G_{t}——供暖或制冷度时数，kK·h。

【例4-1】合肥市某建筑，TFA为250m²，共有阳台20m长，甲方认为没有必要做断热桥处理，线性热桥值为0.5W/（m·K），已知合肥市供暖度时数G_{t}值为50kK·h，最低温度为 −10℃，试求单位TFA阳台热桥的供暖需求和供暖负荷损失。如果进行断热桥处理，线性热桥值为0.05W/（m·K），试求单位TFA阳台热桥的供暖需求和供暖负荷损失。假如采用点状热桥代替线性热桥，那么，共有4个点状热桥，每个0.5W/K，请问此种做法是否有利？

解：$P_{\mathrm{T}}=l \times \varPsi \times \Delta T=20\mathrm{m} \times 0.5\mathrm{W/（m \cdot K）} \times 30\mathrm{K}=300\mathrm{W}$，单位TFA阳台热桥的供暖负荷 $p_{\mathrm{T}}=\dfrac{300\mathrm{W}}{250\mathrm{m}^2}=1.2\mathrm{W/m}^2$。

$Q_T = l \times \Psi \times f_t \times G_t = 20m \times 0.5W/(m \cdot K) \times 1 \times 50kK \cdot h = 500kW \cdot h$，单位 TFA 阳台热桥的供暖需求 $q_T = \dfrac{500kW \cdot h}{250m^2} = 2kW \cdot h/m^2$。

如果线性热桥值为 0.05W/（m·K），$P_T = l \times \Psi \times \Delta T = 20m \times 0.05W/(m \cdot K) \times 30K = 30W$，单位 TFA 阳台热桥的供暖负荷 $p_T = \dfrac{30W}{250m^2} = 0.12W/m^2$。

$Q_T = l \times \Psi \times f_t \times G_t = 20m \times 0.05W/(m \cdot K) \times 1 \times 50kK \cdot h = 50kW \cdot h$，单位 TFA 阳台热桥的供暖需求 $q_T = \dfrac{50kW \cdot h}{250m^2} = 0.2kW \cdot h/m^2$。

如采用点状热桥代替线性热桥：$P_T = n \times \chi \times \Delta T = 4 \times 0.5W/K \times 30K = 60W$。

$Q_T = n \times \chi \times f_t \times G_t = 4 \times 0.5W/K \times 1 \times 50kK \cdot h = 100kW \cdot h$，单位 TFA 阳台热桥的供暖需求 $q_T = \dfrac{100kW \cdot h}{250m^2} = 0.4kW \cdot h/m^2$，单位 TFA 阳台热桥的供暖负荷 $p_T = \dfrac{60W}{250m^2} = 0.24W/m^2$。如采用点状热桥代替线性热桥，可看出单位 TFA 阳台热桥的供暖需求、供暖负荷是未处理前线性热桥值的五分之一，结果更有利。

4.3 断热桥材料及施工

大部分线性热桥的处理可以通过保温延伸和包裹解决，本节主要针对将线性热桥转化为点状热桥的断热桥材料以及部分可以替代结构材料实现保温连续的断热桥材料。

4.3.1 隔热垫片

隔热垫片是针对点状热桥最常见的处理方式。诸如雨水管、外遮阳及幕墙与墙体的连接固定处就存在点状热桥，需要用隔热垫片降低这些部位的热桥影响。隔热垫片的处理有两种方式：常见的是将原本大面积接触的线性热桥转化为几个螺栓连接的点状热桥，从而达到降低热桥的目的。另外一种则是让隔热垫片作为预埋件与墙体连接，然后固定件再与隔热垫片连接，从而达到隔断的目的。

常见的隔热垫片材质有橡胶、增强聚氨酯、PVC、木材以及高分子材料等。隔热垫片的主要特性是导热系数较低，抗压强度较高（图 4-13）。

4.3.2 特殊部位构件

特殊部位的构件是指用预制断热桥构件，对诸如阳台之类的线性热桥进行隔断，将其转化为少量的可忽略不计的点状热桥（图 4-14、图 4-15）。

图4-13 硬质聚氨酯隔热垫片

图4-14　钢结构阳台断热桥构件
（图片来源：[德] PHI《被动房设计师培训教材
（热桥）》，2015：31.）

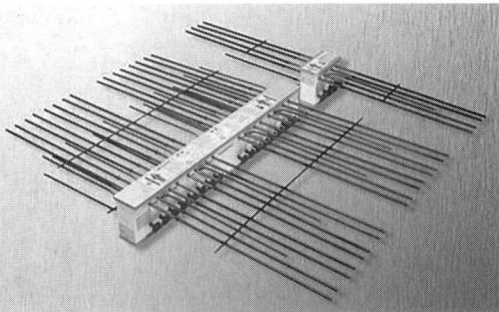

图4-15　混凝土建筑阳台断热桥构件
（图片来源：[德] PHI《被动房设计师培训教材
（热桥）》，2015：31.）

4.3.3　局部结构材料

对于部分无法转化成点状热桥的线性热桥，可以在保温中断处采用导热系数较低、结构性能较好的材料替换传统的钢筋混凝土或者砌体材料。通过此种方法可实现保温系统的连续，从而降低热桥值（图 4-16、图 4-17）。

图4-16　对女儿墙与墙体连接部位用导热
系数较低的泡沫玻璃砖进行断热桥处理
（图片来源：[德] PHI《被动房设计师培训教材
（热桥）》，2015：29.）

图4-17　在底层分隔墙根部用发泡混凝土与混凝土
底板进行断热桥
（图片来源：[德] PHI《被动房设计师培训教材
（热桥）》，2015：49.）

课后习题

1. 您家的建筑有哪些热桥？分别有什么样的处理方式？

2. 请统计您家建筑的热桥长度，并计算其热桥损失。如果进行热桥处理，每年可节约多少能源？

3. 请学习一个有限元模拟软件，并利用该软件进行热桥模拟。

4. 热桥部位通常会出现哪些问题？您家有这样的问题吗？如果没有，请说明原因，如果有，您打算怎么处理？

5 窗户的热平衡

窗户是建筑物的眼睛，是住户与外部世界进行心灵沟通的重要渠道。但是，门窗一直是节能建筑的薄弱环节。即使在超低能耗建筑上，在当前技术条件下，窗户的 U 值仍然比不透明外围护结构高许多。所以需要通过合理选择窗墙比、合理设计窗户分格和玻璃与窗框的占比、合理处理 U 值和 g 值的关系，通过采用先进的系统门窗技术，从整体上降低门窗的热损失。

5.1 窗户的结构

为了准确地计算窗户的 U 值，超低能耗建筑设计中一般将窗户分为三个部位，即窗框、间隔条和玻璃。由于玻璃和框的 U 值不同，不同扇的面积和框的尺寸也不相同，在超低能耗建筑设计计算中，将由一块玻璃组成的一个单扇作为一个窗户单位来考虑。在常规能源需求计算中，为了提高计算效率，一般以某扇标准窗的 U 值为基准，根据窗墙比求出的窗户面积，计算出全部窗户的总能源损失。由于窗户的 U 值比较高，产生的系统误差较少。而超低能耗建筑窗户的 U 值很低，即使同一窗户面积，采用不同的分格也会对 U 值产生较大的影响，所以不宜采用整体窗墙比的概念进行计算。窗户的安装热桥也需要考虑。

5.1.1 窗框

为了提高窗框的保温性能，需要从以下两方面进行优化：

1. 窗框主体材料的保温性能

窗框的主体材料导热系数越低，相同厚度情况下保温性能越好。从这个角度分析，木质结构窗户的保温性能最好，PVC 等高分子材料次之，最差的是铝合金材料。不管是哪种材质的窗框，一般可认为窗框越厚，保温性能越好。

2. 保温隔热材料

窗框中的保温隔热材料是决定窗框 U 值最关键的因素。此处保温隔热材料不光指保温材料，如 EPS 和聚氨酯等，还指空气层腔体和断热桥的隔热条。从保温的效果来说，保温材料最好，其次是空气层腔体，最后是隔热条。这三种保温方式可同时在一个窗框中出现。一般来说，木材具有良好的保温性能和力学性能，所以只需要在木窗框外侧增加一定厚度的保温材料即可达到非常理想的保温效果。PVC 窗框的力学性能和可塑性较好，一般采用多腔结构提高保温性能，部分窗户也采用在腔体中填充保温材料的方式进一步提高窗框的保温性能。铝合金窗框由于铝合金的高导热性，必须采用高强度聚氨酯之类的材料进行断热桥处理。上述三种材质的窗框均可采用相应的技术措施提高其保温性能（图 5-1）。

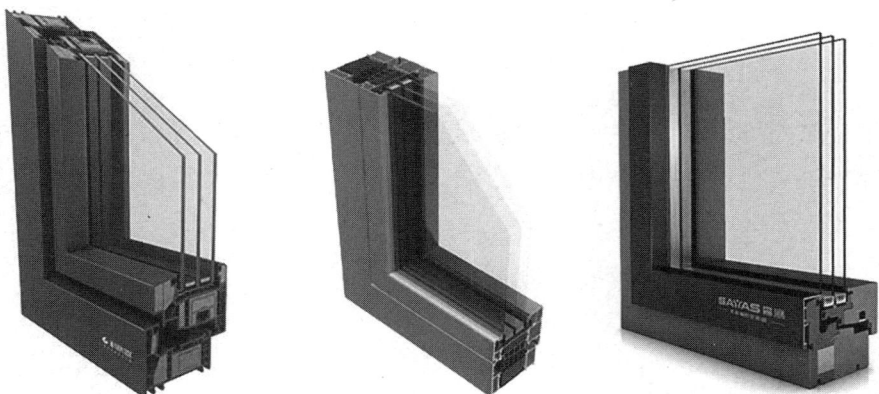

图5-1　三种不同材质的窗户（从左边开始依次为铝合金、PVC 和铝包木窗户）

5.1.2　玻璃

超低能耗建筑窗户对玻璃要求也很高，玻璃的保温性能同玻璃的层数、间隔层厚度、间隔层填充气体性质以及 Low-E 膜位置有关。常见的超低能耗建筑窗户玻璃为三玻两腔充氩气的双 Low-E 玻璃（图 5-2）。目前也有一些企业研发了真空玻璃，在进一步降低 U 值的同时，减小玻璃的重量和窗户厚度（图 5-3）。在寒冷地区，一般要求玻璃的 U 值低于 0.6W/（$m^2 \cdot K$），得热系数 g 值为 0.5 左右。对于寒冷地区，为达到窗户的得热大于热损失，可按

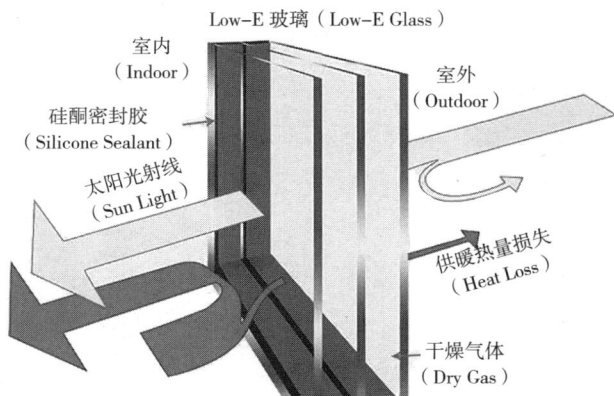

Low-E 玻璃（Low-E Glass）
室内（Indoor）
室外（Outdoor）
硅酮密封胶（Silicone Sealant）
太阳光射线（Sun Light）
供暖热量损失（Heat Loss）
干燥气体（Dry Gas）

图5-2　三玻两腔玻璃图

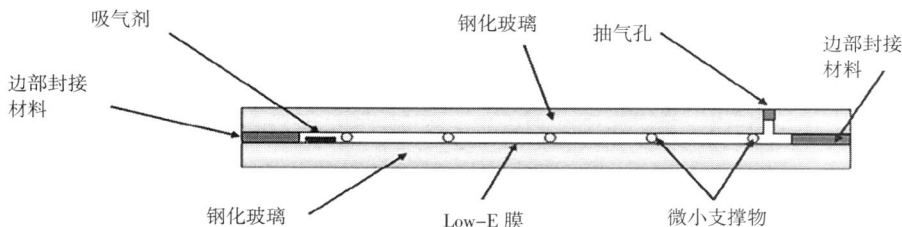

图5-3 真空玻璃构造图

照以下经验公式进行选择。对于夏热冬冷及以南地区，需根据 PHPP 计算，选择合适的 g 值（图 5-2、图 5-3）。

$$g \times 1.6\text{W}/(\text{m}^2 \cdot \text{K}) \geqslant U_\text{g} \qquad (5-1)$$

5.1.3 暖边条、密封胶条以及五金

普通门窗上常用的铝合金间隔条不能用于超低能耗建筑门窗。超低能耗建筑玻璃需要采用高分子材料间隔条，也称为暖边条，其热桥值一般应低于 0.04W/（m·K）。窗框除了保温性能外，良好的密封性能也尤为重要，窗框的密封性一般通过密封条来保证，被动窗的窗框一般至少采用三道密封来保证窗框的密封性能。由于被动窗的保温性能的提高需要加厚窗框，所以被动窗的窗扇相比一般窗户更重，因此对五金件也有更高的要求。五金件的质量最终也会影响被动窗的使用寿命及密封性。从整体性能上来看，依据现行国家标准《建筑外门窗气密、水密、抗风压性能检测方法》GB/T 7106—2019，被动窗的气密性等级不应低于 8 级、水密性等级不应低于 6 级、抗风压性能等级不应低于 9 级，均为检测的最高标准要求（图 5-4、图 5-5）。

5.1.4 安装热桥

门窗的安装热桥会降低门窗的热工性能，因此在计算门窗整体 U 值时，需要考虑安装热桥的影响。

安装热桥取决于安装方式。超低能耗建筑一般推荐采用外挂式安装来减小热桥影响。这种安装方式的施工难度较大。目前国内外都在研究利用断热桥构件实现窗户与外墙齐平安装。

【例 5-1】合肥市某建筑，TFA 为 250m²，共有门窗 120m²，周长约 120m，

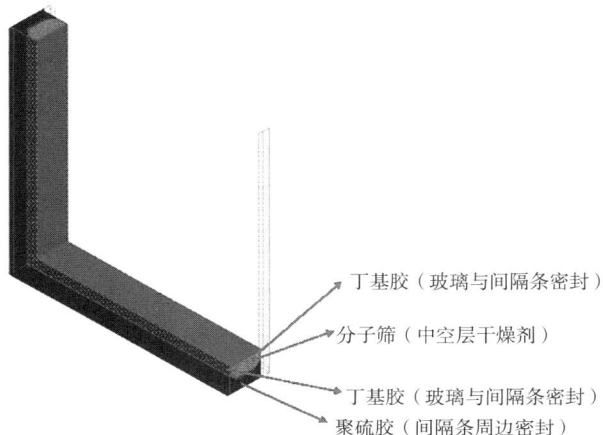

丁基胶（玻璃与间隔条密封）
分子筛（中空层干燥剂）
丁基胶（玻璃与间隔条密封）
聚硫胶（间隔条周边密封）

图5-4 高分子间隔条（暖边条）

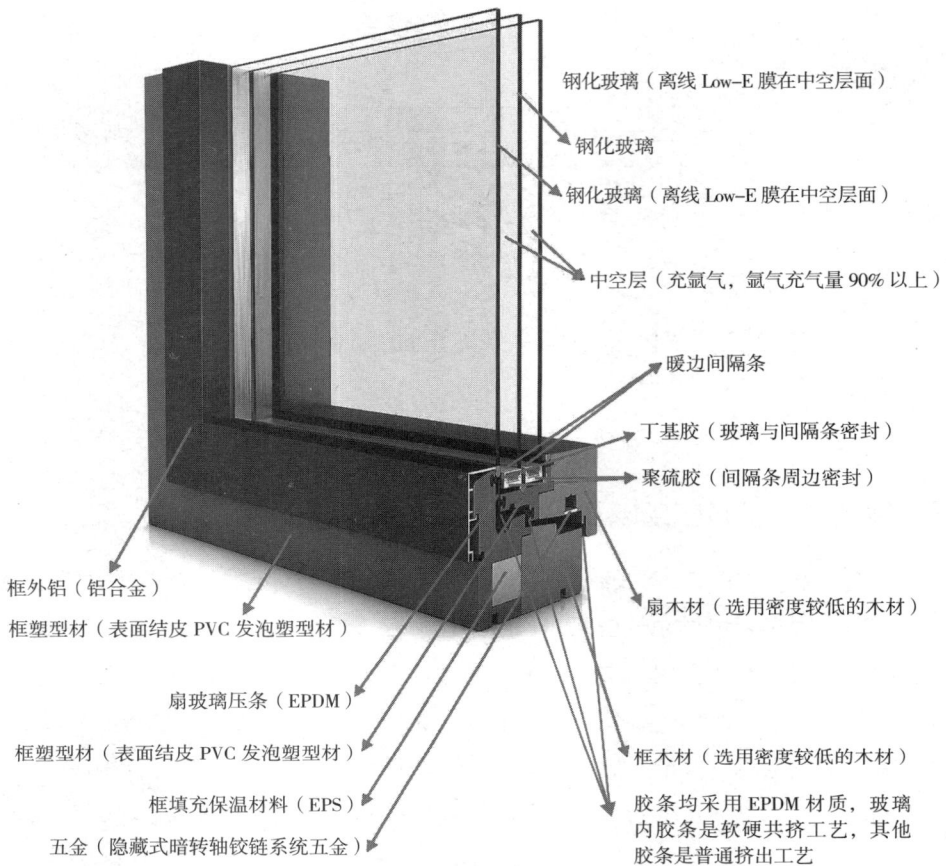

钢化玻璃（离线 Low-E 膜在中空层面）

钢化玻璃

钢化玻璃（离线 Low-E 膜在中空层面）

中空层（充氩气，氩气充气量 90% 以上）

暖边间隔条

丁基胶（玻璃与间隔条密封）

聚硫胶（间隔条周边密封）

扇木材（选用密度较低的木材）

框外铝（铝合金）

框塑型材（表面结皮 PVC 发泡塑型材）

扇玻璃压条（EPDM）

框塑型材（表面结皮 PVC 发泡塑型材）

框填充保温材料（EPS）

五金（隐藏式暗转轴铰链系统五金）

框木材（选用密度较低的木材）

胶条均采用 EPDM 材质，玻璃内胶条是软硬共挤工艺，其他胶条是普通挤出工艺

图5-5　被动窗各部分综合描述

甲方认为没有必要作断热桥处理，线性热桥值为 0.2W/（m·K），已知合肥市供暖度时数 G_t 值为 50kK·h，最低温度为 $-10℃$，试求单位 TFA 门窗热桥的供暖需求和供暖负荷损失。如果进行断热桥处理，线性热桥值为 0.02W/（m·K），试求单位 TFA 门窗热桥的供暖需求和供暖负荷损失。

解：$P_T = l \times \Psi \times \Delta T = 120\text{m} \times 0.2\text{W/（m·K）} \times 30\text{K} = 720\text{W}$，单位 TFA 阳台热桥的供暖负荷 $p_T = \dfrac{720\text{W}}{250\text{m}^2} = 2.88\text{W/m}^2$。

$Q_T = l \times \Psi \times f_t \times G_t = 120\text{m} \times 0.2\text{W/（m·K）} \times 1 \times 50\text{kK·h} = 1\ 200\text{kW·h}$，单位 TFA 阳台热桥的供暖需求 $q_T = \dfrac{1\ 200\text{kW·h}}{250\text{m}^2} = 4.8\text{kW·h/m}^2$。

如果进行断热桥处理，线性热桥值为 0.02W/（m·K），单位 TFA 阳台热桥的供暖负荷 $p_T = \dfrac{72\text{W}}{250\text{m}^2} = 0.288\text{W/m}^2$，单位 TFA 阳台热桥的供暖需求 $q_T = \dfrac{120\text{kW·h}}{250\text{m}^2} = 0.48\text{kW·h/m}^2$

5.2　窗户 U 值

k 值和 U 值的物理含义相同，都是构件的传热性能的参数。国内一般采用 k 值描述窗户的传热性能，国内窗户 k 值一般通过测试获得，且只针对测试样窗。而在实际项目中，即使采用相同的窗框和玻璃材料，由于不同的窗户由不同尺寸的窗框和玻璃组成，每个窗户的热工性能也不尽相同。为了同保温热工性能描述保持一致，在超低能耗建筑中沿用 U 值对窗户的热工性能进行定义。

5.2.1　U 值的计算

安装后整窗的 U 值是根据窗框 U 值、窗框尺寸、玻璃 U 值、玻璃尺寸、暖边条热桥系数以及安装热桥系数计算得出的。其计算公式如下：

$$U_{wi}=\frac{U_f\times A_f+U_g\times A_g+\varphi_s\times l_g+\varphi_i\times l_i}{A_w} \tag{5-2}$$

式中　U_{wi}——安装后整窗的 U 值，W/（m²·K）；

$\quad\quad U_f$——窗框的 U 值，W/（m²·K）；

$\quad\quad U_g$——玻璃的 U 值，W/（m²·K）；

$\quad\quad \varphi_s$——间隔条热桥系数，W/（m·K）；

$\quad\quad \varphi_i$——安装热桥系数，W/（m·K）；

$\quad\quad A_f$——窗框面积，m²；

$\quad\quad A_g$——玻璃面积，m²；

$\quad\quad l_g$——玻璃周长，m；

$\quad\quad l_i$——窗户周长，m；

$\quad\quad A_w$——窗户面积。

如果不考虑窗户的安装热桥，整窗 U 值的计算公式如下：

$$U_w=\frac{U_f\times A_f+U_g\times A_g+\varphi_s\times l_g}{A_w} \tag{5-3}$$

【例 5-2】某窗户尺寸如图 5-6 所示，窗框 U 值为 0.8W/（m²·K），玻璃 U 值为 0.6W/（m²·K），暖边条热桥值为 0.04 W/（m·K）。试求整窗 U 值的大小，如果采用普通安装，安装热桥为 0.2W/（m·K），采用外挂式安装，热桥值为 0.02W/（m·K），试求两种安装方式下窗户的总 U 值各为多少。

解：

$A_g=1.88m\times1.88m=3.534\ 4m²$，$A_w=2m\times2m=4m²$，$l_i=2m\times4=8m$

$A_f=A_w-A_g=4m²-3.534\ 4m²=0.465\ 6m²$，$l_g=1.88m\times4=7.52m$

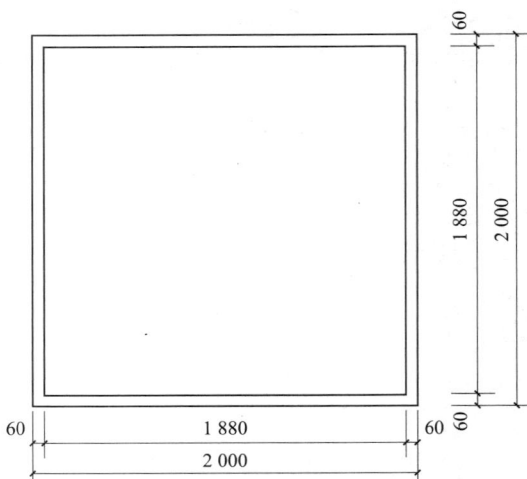

图5-6 某窗户尺寸示意图

$$U_w = \frac{U_f \times A_f + U_g \times A_g + \varphi_g \times l_g}{A_w}$$

$$= \frac{0.8W/(m^2 \cdot K) \times 0.465\,6m^2 + 0.6W/(m^2 \cdot K) \times 3.534\,4m^2 + 0.04W/(m \cdot K) \times 7.52m}{4m^2}$$

$$= 0.698W/(m^2 \cdot K)$$

普通安装：

$$U_{wi} = \frac{U_f \times A_f + U_g \times A_g + \varphi_s \times l_g + \varphi_i \times l_i}{A_w}$$

$$= \frac{0.8W/(m^2 \cdot K) \times 0.465\,6m^2 + 0.6W/(m^2 \cdot K) \times 3.534\,4m^2 + 0.04W/(m \cdot K) \times 7.52m + 0.02W/(m \cdot K) \times 8m}{4m^2}$$

$$= 1.098W/(m^2 \cdot K)$$

外挂式安装：

$$U_{wi} = \frac{U_f \times A_f + U_g \times A_g + \varphi_s \times l_g + \varphi_i \times l_i}{A_w}$$

$$= \frac{0.8W/(m^2 \cdot K) \times 0.465\,6m^2 + 0.6W/(m^2 \cdot K) \times 3.534\,4m^2 + 0.04W/(m \cdot K) \times 7.52m + 0.02W/(m \cdot K) \times 8m}{4m^2}$$

$$= 0.738W/(m^2 \cdot K)$$

5.2.2 窗户分格对 U 值的影响

由上式可以看出，同一材质窗户的 U 值随窗户尺寸变化，因此对窗户进行合理的分格尤为重要。在超低能耗建筑设计中，正确的分格原则是窗户尽可能采用大分格，大玻璃，以减少窗框占比。减少窗框占比不仅可以降低窗户 U 值，而且可以降低造价，因为窗框部分的价格较高（图 5-7）。

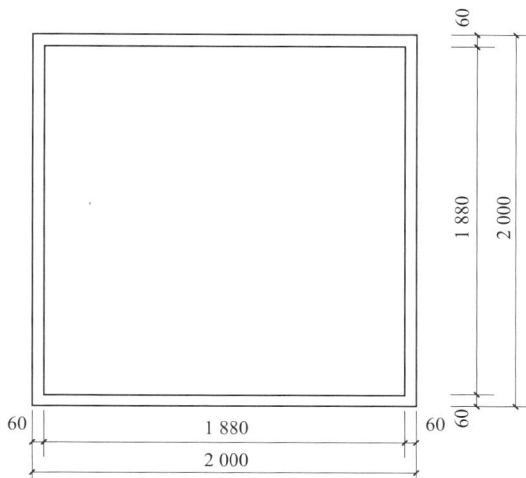

图5-7 某窗户示意图

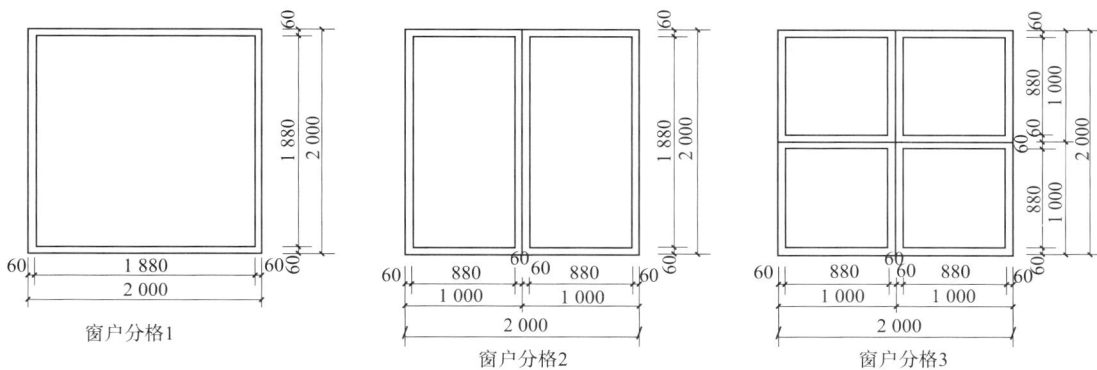

窗户分格1

窗户分格2

窗户分格3

图5-8 某窗户尺寸和分格方式

【例 5-3】某窗户尺寸和分格方式如图 5-8 所示，窗框 U 值为 0.8W/（$m^2 \cdot K$），玻璃 U 值为 0.6W/（$m^2 \cdot K$），暖边条热桥值为 0.04W/（$m \cdot K$）。试求整窗 U 值的大小，如果采用普通安装，安装热桥为 0.2W/（$m \cdot K$），采用外挂式安装，热桥值为 0.02W/（$m \cdot K$），试求三种分格方式下窗户的总 U 值各为多少。

解：（1）窗户分格 1

$A_g=1.88\text{m} \times 1.88\text{m}=3.534\ 4\text{m}^2$，$A_w=2\text{m} \times 2\text{m}=4\text{m}^2$，$l_i=2\text{m} \times 4=8\text{m}$

$A_f=A_w-A_g=4\text{m}^2-3.534\ 4\text{m}^2=0.465\ 6\text{m}^2$，$l_g=1.88\text{m} \times 4=7.52\text{m}$

$$U_w=\frac{U_f \times A_f+U_g \times A_g+\varphi_g \times l_g}{A_w}$$

$$=\frac{0.8\text{W/}（m^2 \cdot K） \times 0.465\ 6\text{m}^2+0.6\text{W/}（m^2 \cdot K） \times 3.534\ 4\text{m}^2+0.04\text{W/}（m \cdot K） \times 7.52\text{m}}{4\text{m}^2}$$

$$=0.698\text{W/}（m^2 \cdot K）$$

普通安装：

$$U_{wi}=\dfrac{U_f\times A_f+U_g\times A_g+\varphi_s\times l_g+\varphi_i\times l_i}{A_w}$$

$$=\dfrac{0.8W/(m^2\cdot K)\times 0.465\,6m^2+0.6W/(m^2\cdot K)\times 3.534\,4m^2+0.04W/(m\cdot K)\times 7.52m+0.2W/(m\cdot K)\times 8m}{4m^2}$$

$$=1.098W/(m^2\cdot K)$$

外挂式安装：

$$U_{wi}=\dfrac{U_f\times A_f+U_g\times A_g+\varphi_s\times l_g+\varphi_i\times l_i}{A_w}$$

$$=\dfrac{0.8W/(m^2\cdot K)\times 0.465\,6m^2+0.6W/(m^2\cdot K)\times 3.534\,4m^2+0.04W/(m\cdot K)\times 7.52m+0.02W/(m\cdot K)\times 8m}{4m^2}$$

$$=0.738W/(m^2\cdot K)$$

（2）窗户分格2

$A_g=1.88m\times 0.88m\times 2=3.308\,8m^2$，$A_w=2m\times 2m=4m^2$，$l_i=2m\times 4=8m$

$A_f=A_w-A_g=4m^2-3.308\,8m^2=0.691\,2m^2$，$l_g=(1.88m+0.88m)\times 2\times 2=11.04m$

$$U_w=\dfrac{U_f\times A_f+U_g\times A_g+\varphi_g\times l_g}{A_w}$$

$$=\dfrac{0.8W/(m^2\cdot K)\times 0.691\,2m^2+0.6W/(m^2\cdot K)\times 3.308\,8m^2+0.04W/(m\cdot K)\times 11.04m}{4m^2}$$

$$=0.745W/(m^2\cdot K)$$

普通安装：

$$U_{wi}=\dfrac{U_f\times A_f+U_g\times A_g+\varphi_s\times l_g+\varphi_i\times l_i}{A_w}$$

$$=\dfrac{0.8W/(m^2\cdot K)\times 0.691\,2m^2+0.6W/(m^2\cdot K)\times 3.308\,8m^2+0.04W/(m\cdot K)\times 11.04m+0.2W/(m\cdot K)\times 8m}{4m^2}$$

$$=1.145W/(m^2\cdot K)$$

外挂式安装：

$$U_{wi}=\dfrac{U_f\times A_f+U_g\times A_g+\varphi_s\times l_g+\varphi_i\times l_i}{A_w}$$

$$=\dfrac{0.8W/(m^2\cdot K)\times 0.691\,2m^2+0.6W/(m^2\cdot K)\times 3.308\,8m^2+0.04W/(m\cdot K)\times 11.04m+0.02W/(m\cdot K)\times 8m}{4m^2}$$

$$=0.785W/(m^2\cdot K)$$

（3）窗户分格3

$A_g=0.88m\times 0.88m\times 4=3.097\,6m^2$，$A_w=2m\times 2m=4m^2$，$l_i=2m\times 4=8m$

$A_f=A_w-A_g=4m^2-3.097\,6m^2=0.902\,4m^2$，$l_g=0.88m\times 4\times 4=14.08m$

$$U_w=\dfrac{U_f\times A_f+U_g\times A_g+\varphi_g\times l_g}{A_w}$$

$$= \frac{0.8W/(m^2 \cdot K) \times 0.902\ 4m^2 + 0.6W/(m^2 \cdot K) \times 3.097\ 6m^2 + 0.04W/(m \cdot K) \times 14.08m}{4m^2}$$

$$= 0.786W/(m^2 \cdot K)$$

普通安装：

$$U_{wi} = \frac{U_f \times A_f + U_g \times A_g + \varphi_s \times l_g + \varphi_i \times l_i}{A_w}$$

$$= \frac{0.8W/(m^2 \cdot K) \times 0.902\ 4m^2 + 0.6W/(m^2 \cdot K) \times 3.097\ 6m^2 + 0.04W/(m \cdot K) \times 14.08m + 0.2W/(m \cdot K) \times 8m}{4m^2}$$

$$= 1.186W/(m^2 \cdot K)$$

外挂式安装：

$$U_{wi} = \frac{U_f \times A_f + U_g \times A_g + \varphi_s \times l_g + \varphi_i \times l_i}{A_w}$$

$$= \frac{0.8W/(m^2 \cdot K) \times 0.902\ 4m^2 + 0.6W/(m^2 \cdot K) \times 3.097\ 6m^2 + 0.04W/(m \cdot K) \times 14.08m + 0.02W/(m \cdot K) \times 8m}{4m^2}$$

$$= 0.826W/(m^2 \cdot K)$$

5.2.3 窗户的内表面温度

窗户的内表面温度同墙体的内表面温度计算原理相同。

窗户的舒适度验证可采用以下公式计算：

$$T_{si} = T_i - \frac{R_{si}}{R_{总}} \Delta T \tag{5-4}$$

式中　T_{si}——围护结构内表面温度；

　　　T_i——室内温度；

　　　R_{si}——内表面热阻；

　　　$R_{总}$——围护结构总热阻；

　　　ΔT——室内外温差。

【例5-4】室内温度20℃，相对湿度50%，室外温度−10℃。窗户的总 U 值为 0.8 W/($m^2 \cdot K$)，求：表面温度为多少？是否满足舒适度要求？

解：因为 $T_i = 20℃$，$T_e = -10℃$，$U = 0.8W/(m^2 \cdot K)$，所以 $\Delta T = T_i - T_e = 30℃$，$R_{总} = 1/U$，$R_{总} = 1.25(m^2 \cdot K)/W$，$R_{si} = 0.13(m^2 \cdot K)/W$

$$T_{si} = T_i - \frac{R_{si}}{R_{总}} \Delta T$$

可得内表面温度：

$$T_{si} = 20℃ - \frac{0.13(m^2 \cdot K)/W}{1.25(m^2 \cdot K)/W} \times 30℃ = 16.88℃$$

$$T_i - T_{si} = 20℃ - 16.88℃ = 3.12℃ \leqslant 3.5℃$$

内表面温度为 16.88℃，且表面温差不大于 3.5℃，满足舒适度要求。

由于窗户存在安装热桥和暖边条热桥两个薄弱位置，所以除了利用内表面温度公式计算平均温度，以验证是否满足舒适性指标外，还需要通过有限元软件计算其薄弱位置的最低温度，以验证是否有结露、发霉风险（图 5-9）。

图5-9　窗户结露照片

5.3　窗户对能源需求的影响

窗户除了有热损失之外，还有太阳得热。在常规的建筑中，窗户的热损失远大于得热，而超低能耗建筑在合理的设计下可以实现供暖期间窗户整体的得热大于热损失。因此，在超低能耗建筑中，如果设计合理，窗户不仅不是建筑的薄弱位置，还有可能成为降低建筑能源需求的重要技术措施。

5.3.1　太阳辐射

太阳辐射属于短波辐射，在通过玻璃时穿透性较强，而室内物理辐射属于长波辐射，穿透玻璃能力较差。因此，白天通过太阳辐射进入到室内的热量远大于通过辐射散失出去的热量。玻璃的太阳得热同太阳辐射的大小有关，太阳辐射量越大，建筑通过玻璃的得热越多。太阳辐射量的大小同季节、天气状况有关。夏季太阳辐射能量大于春秋季和冬季。太阳辐射能量还同太阳高度角以及建筑的朝向有关。太阳高度角越大，太阳的辐射能量越大，但也更易被遮挡。北半球南北朝向的建筑，南向太阳辐射能量最大，东西向次之，北向最少。冬季时太阳高度角较小，通过南向窗户进入建筑的太阳辐射能量相对较多，夏季时太阳高度角较大，如果遮挡位置合适可减少太阳辐射的进入（图 5-10、图 5-11）。

太阳辐射的能量密度用辐照度表示，太阳辐照度是指太阳辐射经过大气层的吸收、散射、反射等作用后到达固体地球表面上单位面积单位时间内的辐射能量，其单位为 W/m²。描述太阳辐射能量的另外一个参数为辐照量，指太阳辐射在地球表面上单位面积的辐射总能量，单位为 kW·h/m² 或 J/m²（表 5-1）。

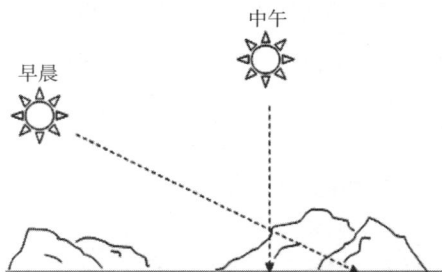

图5-10　一天中不同时间太阳高度角不同

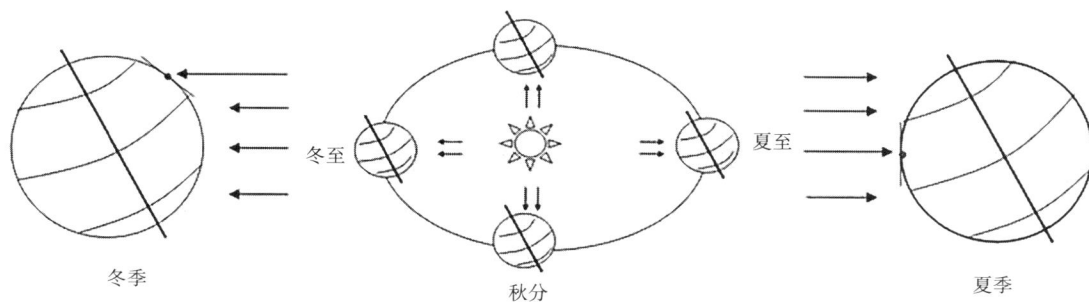

图5-11 一年中不同季节太阳直射位置不同

全国主要城市的辐照量 表5-1

城市	纬度	春、秋分正午12时太阳高度角	冬至日正午12时太阳高度角	12月份平均日太阳辐射量，MJ/m²	年平均日太阳辐射量，MJ/m²
北京	39.8°	50.17°	26.8°	17.217	13.709
哈尔滨	45.75°	44.22°	20.85°	13.888	10.522
长春	43.9°	46.07°	22.7°	16.228	13.166
乌鲁木齐	43.78°	46.19°	22.82°	15.276	7.692
银川	38.5°	51.47°	28.1°	18.923	15.941
太原	37.8°	52.17°	28.8°	16.894	13.701
济南	36.7°	53.27°	29.9°	15.771	13.845
兰州	36.05°	53.92°	30.55°	15.766	10.696
西安	34.3°	55.67°	32.3°	13.277	10.200
郑州	34.8°	55.28°	31.10°	14.381	12.277
合肥	31.87°	58.1°	34.73°	13.24	10.927
武汉	30.6°	59.37°	36.0°	11.768	9.404
成都	30.67°	59.3°	35.93°	10.249	6.302
杭州	30.23°	59.74°	36.37°	11.563	10.425
重庆	29.5°	60.47°	37.1°	8.402	3.531
拉萨	29.67°	60.3°	36.93°	23.85	25.025
南昌	28.6°	61.37°	38°	13.358	10.609
福州	26.1°	63.87°	40.5°	12.097	10.86
贵阳	26.6°	63.37°	40°	9.579	6.421
昆明	25°	64.97°	41.6°	15.75	15.736
广州	23.17°	66.8°	43.43°	11.66	13.355
南宁	22.82°	67.15°	43.78°	12.838	11.507
海口	20.0°	69.97°	46.6°	12.94	10.792
上海	31.4°	58.57°	35.2°	13.447	11.437

城市	纬度	春、秋分正午 12 时太阳高度角	冬至日正午 12 时太阳高度角	12 月份平均日太阳辐射量，MJ/m²	年平均日太阳辐射量，MJ/m²
南京	32.05°	57.95°	34.5°	13.316	12.047
苏州	31.32°	58.68°	35.25°	12.497	11.247
无锡	31.6°	58.4°	34.95°	12.613	11.352
常州	31.8°	58.2°	34.77°	12.712	11.441
南通	32°	58°	34.5°	13.378	12.04
徐州	34.27°	55.73°	32.3°	13.769	12.392

5.3.2　遮阳及其他折减因素

窗户的太阳得热量除了和太阳辐照量有关以外，还同窗户的遮阳情况以及其他的因素有关（图 5-12）。影响窗户太阳得热的因素有遮阳、非垂直辐射、灰尘。折减系数的计算公式如下：

$$r=r_d \times r_n \times r_s \tag{5-5}$$

式中　r——玻璃的遮阳系数；

　　　r_d——灰尘折减系数，一般为 0.95；

　　　r_n——非垂直辐射折减，一般为 0.85；

　　　r_s——遮阳折减。

固定遮阳对建筑得热的影响比较复杂，需要考虑窗户正前方遮挡物、两侧遮挡物以及上部遮挡物对建筑物理的影响，同时需要考虑不同纬度、不同季节和时间的太阳高度角。该数据一般通过软件进行计算，此处不再叙述。

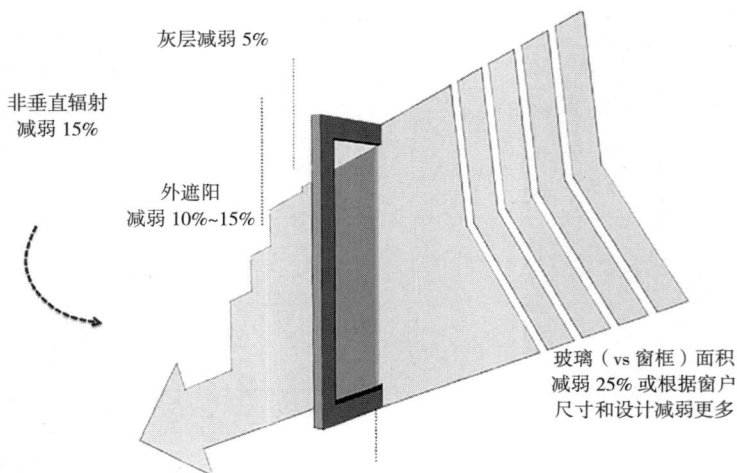

灰层减弱 5%

非垂直辐射减弱 15%

外遮阳减弱 10%~15%

玻璃（vs 窗框）面积减弱 25% 或根据窗户尺寸和设计减弱更多

图5-12　影响因素

活动外遮阳相比固定遮阳效果更好也更灵活。常见的活动外遮阳的折减系数如表 5-2 所示。

常见的活动外遮阳的折减系数

表5-2

遮阳类型	三层隔热玻璃		双层隔热玻璃	
	外	内	外	内
百叶窗、垂直百叶	0.06	0.7	0.07	0.6
百叶窗、45° 百叶	0.1	0.75	0.12	0.65
卷帘 / 透光板，白色	0.24	0.6	0.25	0.5
卷帘 / 透光板，灰色	0.12	0.8	0.14	0.75
金属薄片	—	0.6	—	0.5

5.3.3 得热计算

窗户的得热除与太阳辐射能量的大小以及遮阳的折减系数有关外，还与玻璃的得热系数有关。

窗户得热需求的计算公式为：

$$Q_S = r \times g \times A_g \times G_s \tag{5-6}$$

式中 Q_S——窗户的太阳得热需求，$kW \cdot h$；

r——折减系数，无量纲；

A_g——玻璃面积，m^2；

G_s——太阳辐照量，$kW \cdot h/m^2$；

g——玻璃的太阳得热系数。

窗户的热负荷的计算公式为：

$$P_S = r \times g \times A_g \times E_s \tag{5-7}$$

式中 P_S——窗户的太阳得热负荷，W；

r——折减系数，无量纲；

g——玻璃的太阳得热系数。

A_g——玻璃面积，m^2；

E_s——太阳辐照度，W/m^2。

【例 5-5】合肥市某建筑，TFA 为 $250m^2$，共有南向门窗 $30m^2$，玻璃占比为 70%，g 值为 0.5，固定遮阳和周边建筑的遮挡折减系数为 0.6，已知合肥市供暖期间南向辐照量 G_s 值为 $300kW \cdot h/m^2$，辐照度为 $80W/m^2$，试求单位 TFA 南向门窗的得热需求和得热负荷。

解：$Q_S = r \times g \times A_g \times G_s = 0.6 \times 0.5 \times 30\text{m}^2 \times 70\% \times 300\text{kW} \cdot \text{h/m}^2 = 1\ 890\text{kW} \cdot \text{h}$

单位 TFA 南向门窗的得热需求 $q_S = \dfrac{Q_S}{A_{TFA}} = \dfrac{1\ 890\text{kW} \cdot \text{h}}{250\text{m}^2} = 7.56\text{kW} \cdot \text{h/m}^2$

$P_S = r \times g \times A_g \times E_s = 0.6 \times 0.5 \times 30\text{m}^2 \times 70\% \times 80\text{W/m}^2 = 504\text{W}$

单位 TFA 南向门窗的得热负荷 $p_S = \dfrac{P_S}{A_{TFA}} = \dfrac{504\text{W}}{250\text{m}^2} = 2.016\text{W/m}^2$

5.3.4 窗户热损失计算

窗户的热损失计算公式与保温的相同。计算时需要采用窗户的总 U 值，即考虑窗户安装热桥之后的 U 值。由于不同窗户的 U 值不同，窗户的热损失计算可先计算所有窗户的平均 U 值，再代入公式进行计算。

保温对建筑负荷的影响的计算公式为：

$$P_T = A_w \times U_w \times \Delta T \tag{5-8}$$

式中 P_T——窗户传热损失，W；

      A_w——窗户面积，m^2；

      U_w——窗户总 U 值，$\text{W/}(\text{m}^2 \cdot \text{K})$；

      ΔT——室内外温差，K。

保温对建筑需求的影响的计算公式为：

$$Q_T = A_w \times U_w \times f_t \times G_t \tag{5-9}$$

式中 Q_T——窗户传热损失，$\text{kW} \cdot \text{h}$；

      A_w——窗户面积，m^2；

      U_w——窗户总 U 值，$\text{W/}(\text{m}^2 \cdot \text{K})$；

      f_t——温差折算系数，一般为 1；

      G_t——供暖或制冷度时数，$\text{kK} \cdot \text{h}$。

【例 5-6】合肥市某建筑，TFA 为 250m^2，共有南向门窗 30m^2，平均 U 值为 $0.8\text{W/}(\text{m}^2 \cdot \text{K})$，已知合肥市供暖度时数 G_t 值为 $50\text{kK} \cdot \text{h}$，最低温度为 $-10℃$，试求单位 TFA 南向门窗传热损失需求和负荷。

解： $P_T = A_f \times U_f \times \Delta T = 30\text{m}^2 \times 0.8\text{W/}(\text{m}^2 \cdot \text{K}) \times 30℃ = 720\text{W}$

$Q_T = A_f \times U_f \times f_t \times G_t = 30\text{m}^2 \times 0.8\text{W/}(\text{m}^2 \cdot \text{K}) \times 1 \times 50\text{kK} \cdot \text{h} = 1\ 200\text{kW} \cdot \text{h}$

单位 TFA 南向门窗的热损失负荷：$p_T = \dfrac{P_T}{A_{TFA}} = \dfrac{720\text{W}}{250\text{m}^2} = 2.88\text{W/m}^2$

单位 TFA 南向门窗的热损失需求：$q_T = \dfrac{Q_T}{A_{TFA}} = \dfrac{1\ 200\text{kW} \cdot \text{h}}{250\text{m}^2} = 4.8\text{kW} \cdot \text{h/m}^2$

5.3.5 窗户的热平衡

窗户的热平衡指窗户的热损失和太阳得热之间的差值，如果差值大于零，则窗户热损失大于窗户得热，建筑窗户属于不利构件，可适当减少面积，如果差值小于零，则窗户热损失小于窗户得热，建筑窗户属于有利构件，增加窗户面积不会对能源需求有不利影响。窗户的热平衡采用以下公式计算：

对供暖需求的影响：

$$\Delta Q = Q_T - Q_S \qquad (5-10)$$

对供暖负荷的影响：

$$\Delta P = P_T - P_S \qquad (5-11)$$

窗户热平衡计算中一般分为四个朝向分别计算，以南北朝向的建筑为例，在计算热平衡时，分别计算东、南、西、北四个方向的窗户热平衡。通过对窗户各个方向的热平衡进行验算，从而提供不同朝向窗户尺寸设计的建议。

【例 5-7】合肥市某建筑，TFA 为 250m²，共有窗户面积 120m²，初步设计为各个朝向窗户面积相等，玻璃占比为 70%，g 值为 0.5，固定遮阳和周边建筑的遮挡折减系数为 0.6，平均 U 值为 0.8W/（m²·K），已知合肥市供暖度时数 G_t 值为 50kK·h，试求各个朝向窗户的热平衡，并给出窗户面积的优化建议。

辐照量	东向窗	西向窗	南向窗	北向窗
G_s（kW·h/m²）	160	170	300	85

解：东、西、南、北向窗各 30m²，玻璃 21m²，g 值为 0.5，r 值为 0.6，U 值为 0.8W/（m²·K），G_t 值为 50kK·h，各个朝向窗户热损失 $Q_T = A_f \times U_f \times f_t \times G_t = 30m² \times 0.8W/（m²·K）\times 1 \times 50kK·h = 1\,200kW·h$，单位 TFA 窗户的热损失需求 $q_T = \dfrac{Q_T}{A_{TFA}} = \dfrac{1\,200kW·h}{250m²} = 4.8kW·h/m²$。

东向窗：　　$Q_S = r \times g \times A_g \times G_s = 0.6 \times 0.5 \times 21m² \times 160kW·h/m² = 1\,008kW·h$

单位 TFA 南向门窗的得热需求 $q_S = \dfrac{Q_S}{A_{TFA}} = \dfrac{1\,008kW·h}{250m²} = 4.032kW·h/m²$

西向窗：　　$Q_S = r \times g \times A_g \times G_s = 0.6 \times 0.5 \times 21m² \times 170kW·h/m² = 1\,071kW·h$

单位 TFA 南向门窗的得热需求 $q_S = \dfrac{Q_S}{A_{TFA}} = \dfrac{1\,071kW·h}{250m²} = 4.284kW·h/m²$

南向窗：　　$Q_S = r \times g \times A_g \times G_s = 0.6 \times 0.5 \times 21m² \times 300kW·h/m² = 1\,890kW·h$

单位 TFA 南向门窗的得热需求 $q_S = \dfrac{Q_S}{A_{TFA}} = \dfrac{1\,890kW·h}{250m²} = 7.56kW·h/m²$

北向窗：　　$Q_S = r \times g \times A_g \times G_s = 0.6 \times 0.5 \times 21m² \times 85kW·h/m² = 535.5kW·h$

单位 TFA 南向门窗的得热需求 $q_S = \dfrac{Q_S}{A_{TFA}} = \dfrac{535.5 \text{kW} \cdot \text{h}}{250 \text{m}^2} = 2.142 \text{kW} \cdot \text{h/m}^2$

	Q_T	Q_S	$Q_T - Q_S$
东向窗	4.8	4.032	> 0
西向窗	4.8	4.284	> 0
南向窗	4.8	7.56	< 0
北向窗	4.8	2.142	> 0

由计算结果可知，尽可能增加该建筑的南向窗户，并减少东、西、北向窗户。

5.4　窗户的优化

由上一节计算可知，不同朝向的窗户造成的能源损失是不一样的，一般情况下，在超低能耗建筑南向窗户可以实现得热大于热损失，东西向大致能源需求平衡，北向热损失大于得热。因此，在设计中，可增大南向窗户的面积，减少北向窗户的面积。东西向虽然能源需求可维持平衡，但由于夏季时东西向得热比较高，会增加夏季的能源需求，所以东西向也不建议采用大面积的窗户。

窗户的优化主要是根据各地区的气候条件选择最佳的窗墙比，并优化窗户的分格。

5.4.1　窗户与气候

传统的建筑节能认为窗墙比越小建筑能源需求越低，但通过上一节的计算可以看出，随着窗户的热工性能的提高，可以实现窗户净得热大于热损失，从而改变了窗户是建筑薄弱环节的结论。在实际设计中，由于不同地理位置的气候差异较大，对窗户的要求也不尽相同。比如在北方地区，由于夏季较短，冬季较长且寒冷，建筑以供暖为主，因此需要发挥太阳的得热性能，南向窗户的得热对建筑能源需求的降低尤为重要。在南方地区，冬季较短而夏季较长且炎热，建筑以制冷为主，因此太阳得热对于建筑来说属于不利因素，为获取冬季太阳能量而选择大玻璃窗时，一定要有外遮阳配合，以减少夏季太阳得热，减少空调负荷。

国内共有五个热工分区，分别为严寒、寒冷、夏热冬冷、夏热冬暖和温和地区。其中严寒和寒冷地区窗户的得热对于降低建筑能源需求非常重要，在这两种气候区下，建筑的南向窗户面积可适当增加。在夏热冬暖地区，由于建筑主要能源需求为制冷能源需求，避免太阳得热更为重要，适当缩小窗户面积对建筑能源需求更有利，并高度关注结构遮阳和窗户的活动外遮阳。夏热冬冷和温和地区介于严寒、寒冷以及夏热冬暖地区之间，既需要冬季得热，同时要做好夏季遮阳。针对这两种气候可适当增加南向窗户面积，并设置外遮阳。同时实现冬季得热和夏季遮阳两种功能。

【例5-8】某建筑，TFA为250m²，南向窗户面积为30m²，玻璃占比为70%，g值为0.5，平均U值为0.8W/（m²·K），固定遮阳和周边建筑的遮挡折减系数为0.6，已知供暖期南向辐照量G_s值、供暖度时数G_t值如下表所示，试求各个城市南向窗户的热平衡，并给出窗户面积的优化建议。

位置	G_s，kW·h/（m²·a）	G_t，kK·h/a
哈尔滨	720	125
合肥	300	50
广州	25	4

解：南向窗30m²，玻璃21m²，g值为0.5，r值0.6，U值为0.8W/（m²·K）

哈尔滨：$Q_T = A_f × U_f × f_t × G_t = 30m² × 0.8W/（m²·K）× 1 × 125kK·h = 3\,000kW·h$

单位TFA窗户的热损失需求：$q_T = \dfrac{Q_T}{A_{TFA}} = \dfrac{3\,000kW·h}{250m²} = 12kW·h/m²$

$$Q_S = r × g × A_g × G_s = 0.6 × 0.5 × 21m² × 720kW·h/m² = 4\,536kW·h$$

单位TFA南向门窗的得热需求：$q_S = \dfrac{Q_S}{A_{TFA}} = \dfrac{4\,536kW·h}{250m²} = 18.144kW·h/m²$

合肥：$Q_T = A_f × U_f × f_t × G_t = 30m² × 0.8W/（m·K）× 1 × 50kK·h = 1\,200kW·h$

单位TFA窗户的热损失需求：$q_T = \dfrac{Q_T}{A_{TFA}} = \dfrac{1\,200kW·h}{250m²} = 4.8kW·h/m²$

$$Q_S = r × g × A_g × G_s = 0.6 × 0.5 × 21m² × 300kW·h/m² = 1\,890kW·h$$

单位TFA南向门窗的得热需求：$q_S = \dfrac{Q_S}{A_{TFA}} = \dfrac{1\,890kW·h}{250m²} = 7.56kW·h/m²$

广州：$Q_T = A_f × U_f × f_t × G_t = 30m² × 0.8W/（m²·K）× 1 × 4kK·h = 96kW·h$

单位TFA窗户的热损失需求：$q_T = \dfrac{Q_T}{A_{TFA}} = \dfrac{96kW·h}{250m²} = 0.384kW·h/m²$

$$Q_S = r × g × A_g × G_s = 0.6 × 0.5 × 21m² × 25kW·h/m² = 157.5kW·h$$

单位TFA南向门窗的得热需求：$q_S = \dfrac{Q_S}{A_{TFA}} = \dfrac{157.5kW·h}{250m²} = 0.63kW·h/m²$

	Q_T	Q_S	$Q_T - Q_S$
哈尔滨	12	18.144	＜0
合肥	4.8	7.56	＜0
广州	0.384	0.63	＜0

建议：

哈尔滨：建筑的南向窗户面积可适当增加。

合肥：虽然冬季可实现得热大于热损失，但考虑到夏季，可适当缩小南向窗户面积，并设置外遮阳。

广州：虽然冬季可实现得热大于热损失，但考虑到夏季，可适当缩小南向窗户面积，并设置外遮阳。

5.4.2 窗户分格

国内的窗户习惯采用上亮和下亮，中间的窗户为开启扇。后来窗户的形式增加了，又出现了固定扇和开启扇的组合，这种形式的组合都是通过窗框来实现的。如上所述，窗框的 U 值比玻璃大，所以窗框占比增加不仅会对整窗的 U 值产生不利影响，还会影响采光和得热，并增加造价。在保证建筑美学的条件下，优化窗户分格指将一樘窗户用框分成不同大小的格子，格子用玻璃填充。

超低能耗建筑设计中窗户的分格以玻璃占比最大为优，因为玻璃本身 U 值比窗框低，且太阳得热通过玻璃进入室内。同时玻璃的价格远比窗框的价格低，提高玻璃占比可以大幅度地降低窗户的造价，在同样窗框和玻璃的超低能耗建筑窗户中，由于分格的不同，窗户单价可相差数千元每平方米，合理的分格是建筑师的一项重要任务。

【例5-9】合肥市某建筑，TFA 为 250m²，共有南向窗户面积 30m²，玻璃占比为 70%，g 值为 0.5，固定遮阳和周边建筑的遮挡折减系数为 0.6，已知合肥市供暖期南向辐照量 G_s 值为 300kW·h/m²，供暖度时数 G_t 值为 50kK·h，最低温度为 -10℃，试求两种不同分格方式的窗户热平衡。

	整窗 U 值，W/（m²·K）	玻璃占比
分格 1	1.0	0.6
分格 2	0.8	0.75

解：南向窗 30m²，分格 1 玻璃 18m²，分格 2 玻璃 22.5m²，g 值为 0.5，r 值为 0.6，U 值为 1.0W/（m²·K）和 0.8W/（m²·K）

分格 1：$Q_T = A_f \times U_f \times f_t \times G_t = 30m² \times 1W/(m²·K) \times 1 \times 50kK·h = 1\,500kW·h$

单位 TFA 窗户的热损失需求：$q_T = \dfrac{Q_T}{A_{TFA}} = \dfrac{1\,500kW·h}{250m²} = 6kW·h/m²$

$$Q_S = r \times g \times A_g \times G_s = 0.6 \times 0.5 \times 18m² \times 300kW·h/m² = 1\,620kW·h$$

单位 TFA 南向门窗的得热需求：$q_S = \dfrac{Q_S}{A_{TFA}} = \dfrac{1\,620kW·h}{250m²} = 6.48kW·h/m²$

分格 2：$Q_T = A_f \times U_f \times f_t \times G_t = 30m² \times 0.8W/(m²·K) \times 1 \times 50kK·h = 1\,200kW·h$

单位 TFA 窗户的热损失需求：$q_T=\dfrac{Q_T}{A_{TFA}}=\dfrac{1\,200\text{kW}\cdot\text{h}}{250\text{m}^2}=4.8\text{kW}\cdot\text{h/m}^2$

$$Q_S=r\times g\times A_g\times G_S=0.6\times0.5\times22.5\text{m}^2\times300\text{kW}\cdot\text{h/m}^2=2\,025\text{kW}\cdot\text{h}$$

单位 TFA 南向门窗的得热需求：$q_S=\dfrac{Q_S}{A_{TFA}}=\dfrac{2\,025\text{kW}\cdot\text{h}}{250\text{m}^2}=8.1\text{kW}\cdot\text{h/m}^2$

	q_T	q_S	q_T-q_S
分格 1	6	6.48	−0.48
分格 2	4.8	8.1	−3.3

分格 2 的窗户得热相较于分格 1 更多，在冬季更有利。

5.5　超低能耗建筑门窗及施工

随着技术的发展，超低能耗建筑窗户和幕墙框体材料也不尽相同，目前市面上常见的材质主要是 PVC、铝合金以及铝包木三种。常见的被动窗玻璃有三玻两腔充氩气玻璃以及真空玻璃两种。玻璃隔热条主要是高分子材料的暖边条，一般同玻璃一起使用，此处不再单独介绍。

5.5.1　窗框

超低能耗建筑的常见窗框有 PVC、铝合金以及铝包木三种，三种材质的导热系数不同，为达到被动窗框的低 U 值要求，采取的技术也不尽相同。

1. PVC 窗框

在 PVC、铝合金以及木材三种材料中，PVC 的导热系数介于木材和铝合金之间，但 PVC材料可塑性较强，可通过设置空腔的形式达到降低窗框 U 值的目的（图 5-13~ 图 5-16）。

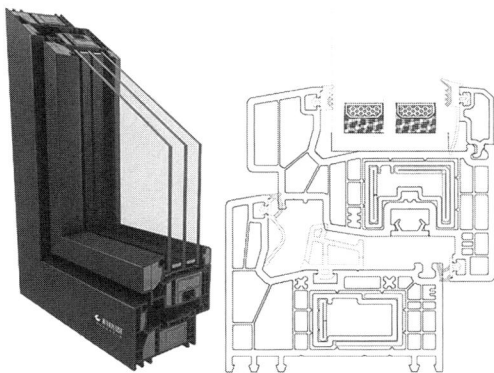

图5-13　PVC-U高分子窗框截面

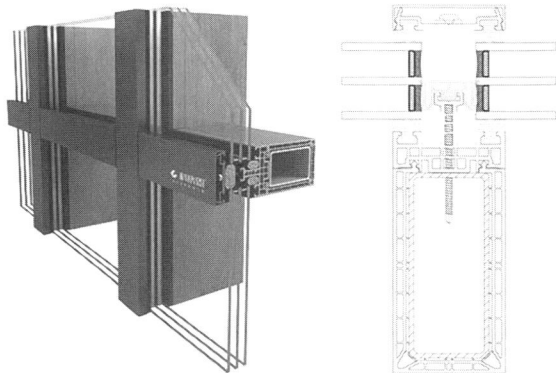

图5-14　PVC-U高分子幕墙截面

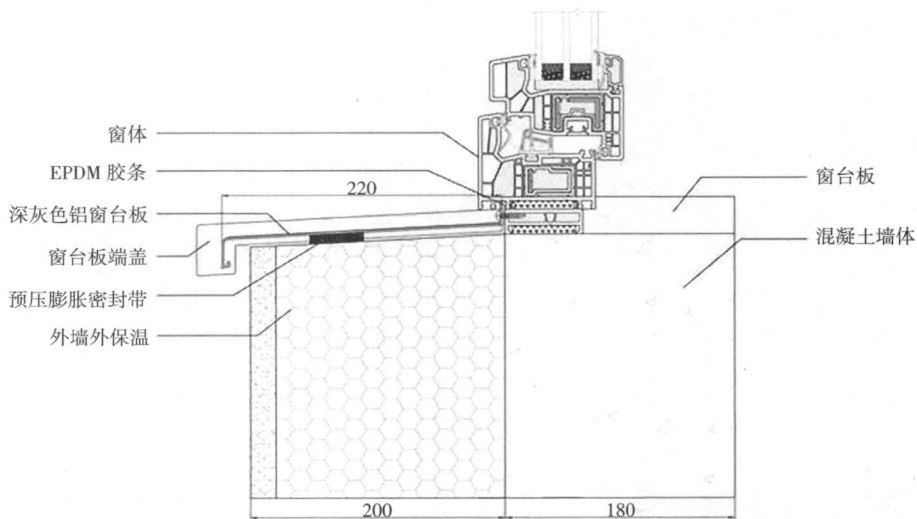

图5-15 PVC-U窗户安装节点图

窗体
EPDM 胶条
深灰色铝窗台板
窗台板端盖
预压膨胀密封带
外墙外保温
窗台板
混凝土墙体
220
200
180

图5-16 PVC-U窗户安装节点及案例

2. 铝合金窗框

铝合金材料的导热系数最大，无法仅通过空腔的形式达到降低 U 值的目的，因此需要采用低导热系数、高强度的断热桥材料连接两边的铝合金窗框（图 5-17~图 5-20）。

3. 铝包木窗框

木材本身是导热系数较低的材料，通过增大窗框的厚度可达到降低 U 值的目的。同时，为了保护木材，在木材外侧加装铝合金结构。此种结构为铝包木结构（图 5-21~图 5-24）。

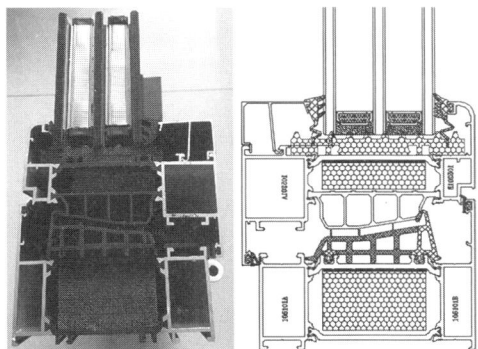

图5-17 铝合金窗框截面

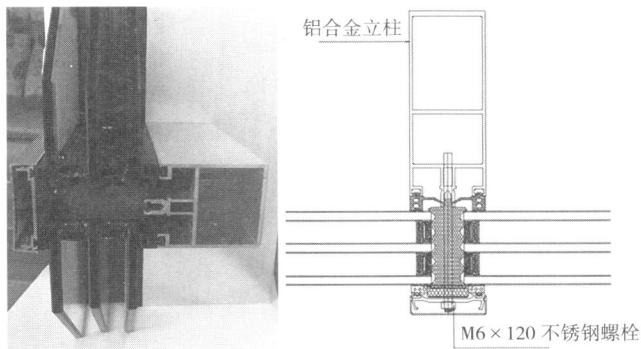

铝合金立柱

M6×120 不锈钢螺栓

图5-18 铝合金幕墙框截面

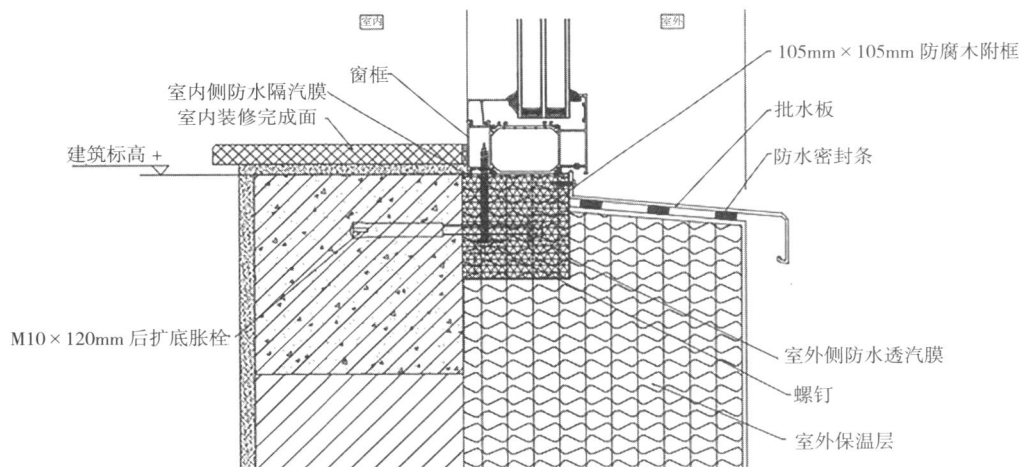

室内 室外

窗框

105mm×105mm 防腐木附框

室内侧防水隔汽膜
室内装修完成面

批水板

建筑标高 +

防水密封条

M10×120mm 后扩底胀栓

室外侧防水透汽膜

螺钉

室外保温层

图5-19 铝合金窗户安装节点图

图5-20 铝合金窗户及幕墙案例

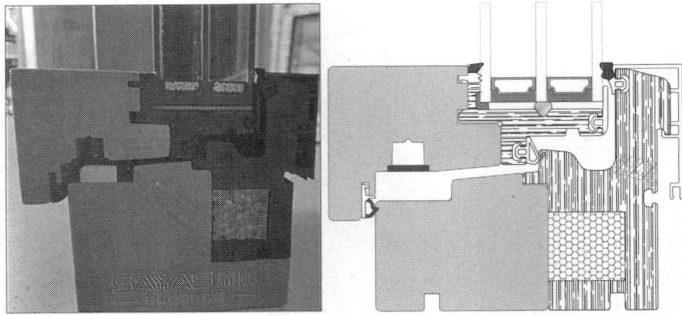

图5-21　铝包木窗框截面

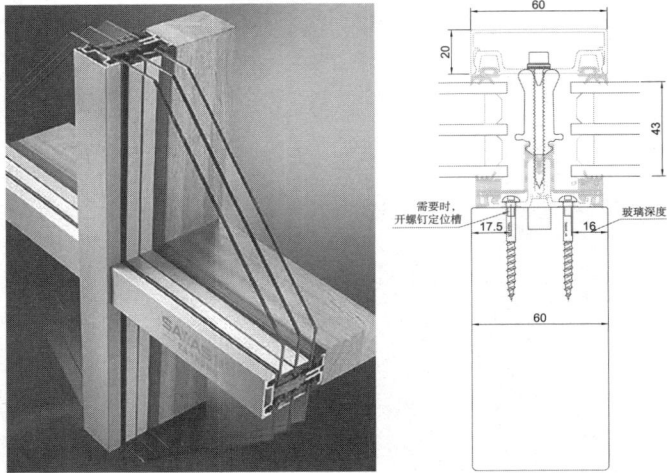

图5-22　铝包木幕墙框截面

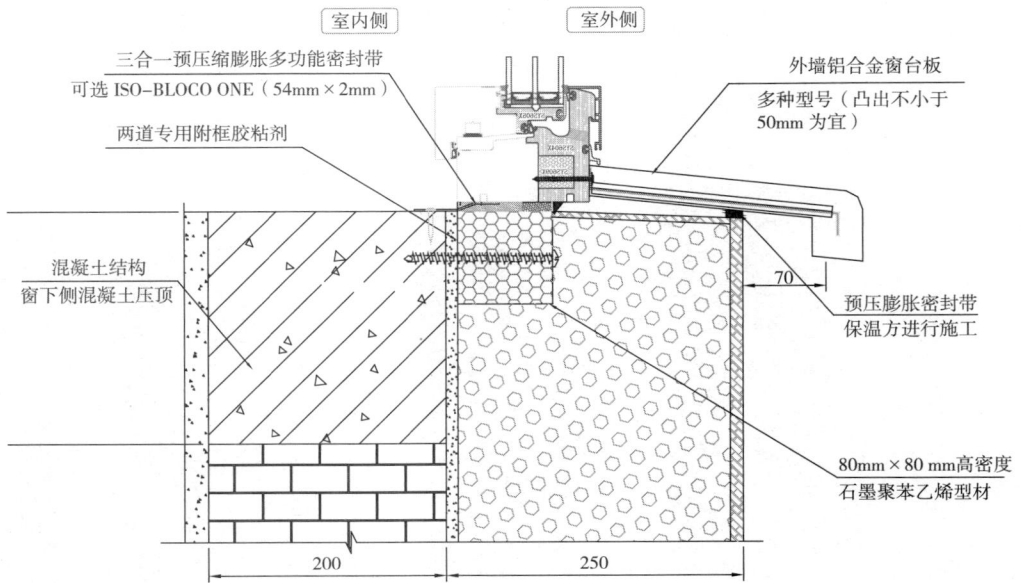

图5-23　铝包木窗户安装节点图

图5-24 铝包木窗户及幕墙案例

5.5.2 玻璃

被动窗常见的玻璃主要是三玻两腔充氩气的 Low-E 玻璃以及真空玻璃两种形式。三玻两腔的超低能耗建筑玻璃目前应用较广，造价相对较低，但比较厚，质量也比较大。真空玻璃相对比较轻薄，但造价较高。

提高玻璃的保温隔热性能，有以下几个途径：

（1）增加 Low-E 膜，减少因辐射而造成的室内热能向室外的传递，提高窗户的保温隔热性能；

（2）增加玻璃和腔体数量，如三玻两腔；

（3）改变腔体内气体成分，如充氩气/氪气，氩氪混合等惰性气体；

（4）将腔体内空气抽走，形成真空；

（5）增大中空玻璃内腔体厚度，但通常在腔体厚度超过 12mm 后，空气层保温性能变化幅度明显降低。

1. 三玻两腔充氩气 Low-E 玻璃

三玻两腔充氩气 Low-E 玻璃的热工性能除了与玻璃和腔体的数量有关，还同空腔内填充的气体有关。三玻两腔玻璃一般的做法为 5Low-E+12Ar+5+12Ar+5Low-E 中空复合钢化玻璃，暖边条内充干燥氩气不少于 90%。三玻两腔玻璃中 Low-E 膜的位置对窗户的热工性能也有较大影响（表 5-3）。

Low-E膜面的位置对节能指标的影响　　　　　表5-3

膜面位置	U 值（夏季），W/（m²·K）	U 值（冬季），W/（m²·K）	遮阳系数
第二面	1.047	1.034	0.3
第三面	1.047	1.034	0.32

膜面位置	U 值（夏季），W/（m²·K）	U 值（冬季），W/（m²·K）	遮阳系数
第四面	1.049	0.990	0.34
第五面	1.049	0.990	0.33

表格来源：韩影. 被动房建筑中窗用玻璃的选择 [J]. 玻璃，2018，45（11）：50-52.

注：

①该结构中 Low-E 玻璃为双银低辐射镀膜玻璃，其辐射率为 0.04，玻璃结构为 10+12A+10+12A+10，两种空腔内部所充的气体为体积比为 90% 的氩气；

②中空玻璃安装后，由外到内，依次为第一、二、三、四、五、六面。

从表中可以看出，Low-E 膜的位置对 U 值影响不大。影响较大的是遮阳系数。因此，针对不同热工条件下玻璃对遮阳系数要求的不同，Low-E 膜的位置也不相同。基本的原理是 Low-E 膜越靠外侧，其遮阳系数越低，对应的玻璃 g 值也越低，越适合南方使用。

2. 真空玻璃

真空玻璃主要由抽气孔、吸气剂、支撑物以及外部封边材料构成（图 5-25~ 图 5-27）。抽气孔也称为泵出端口，通向真空间隙的通道，气体通过真空间隙排出，通道采用耐腐蚀金属盖密封。抽气口使用密封胶补充，以提高耐久性。吸气剂由一个或多个圆盘或芯块组成，通过在白玻角落沉孔存放于真空腔内。在真空玻璃制造过程中激活吸气剂，保持真空腔内的真空度。该吸气剂为非蒸散型吸气剂。支撑物指真空腔内排列的防止玻璃片接触的鼓状结构，由不锈钢制成，直径约 0.5mm，两端同玻璃片接触。边部封边材料由金属和金属间元素及化合物组成的金属焊料。

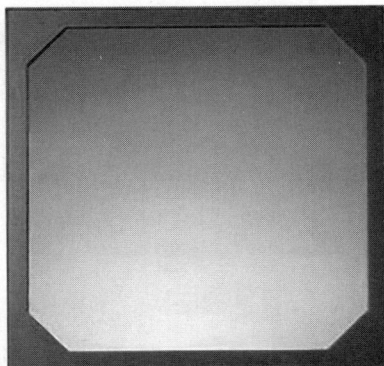

图5-25　真空玻璃

真空玻璃的相关参数如表 5-4 所示。

图5-26　装有真空玻璃的窗框截面图

图5-27　真空玻璃项目案例

真空玻璃性能参数表   表5-4

产品系列	Low-E 玻璃 类型	传热系数 U 值，W/ $(m^2 \cdot K)$	可见光			太阳能 总投 射比（g）	遮阳系 数（S_c）	计权隔 声量， dB
			透过 率，%	室外反 射率，%	室内反 射率，%			
真空玻璃 5TL+0.3V+5T	离线双银	0.44	68	11	12	0.38	0.44	39
	离线单银	0.55	78	12	12	0.58	0.67	39
中空复合真空玻璃 5T+12A+5TL+0.3V+5T	离线双银	0.42	60	17	16	0.37	0.42	40
	离线单银	0.52	70	18	17	0.51	0.59	40
夹胶复合真空玻璃 5T+0.76P+5TL+0.3V+5	离线双银	0.44	65	10	12	0.35	0.4	41
	离线单银	0.54	76	11	12	0.5	0.58	41

备注：5T 表示 5mm 厚白玻，0.3V 表示 0.3mm 厚真空层；

5TL 表示 5mm 厚 Low-E 玻璃；

9A 表示 9mm 厚中空层，0.76P 表示 0.76mm 厚夹胶层。

以上参数，Low-E 膜在真空玻璃第二面。

本表中的热工性能数据是由 Windows7 软件参照《建筑门窗玻璃幕墙热工计算规程》JGJ/T 151—2008 计算得出，仅供参考。

5.5.3 被动门

被动门同样可以为不同材质，由于上一节已经对三种材质进行了较为详细的介绍，此处不再介绍。被动门同被动窗的主要区别在于被动门的门槛需要考虑无障碍设计，同时被动门一般为入户门，对防火防盗和私密性有更高的要求，所以一般不使用玻璃作为内芯材料（图 5-28、图 5-29）。

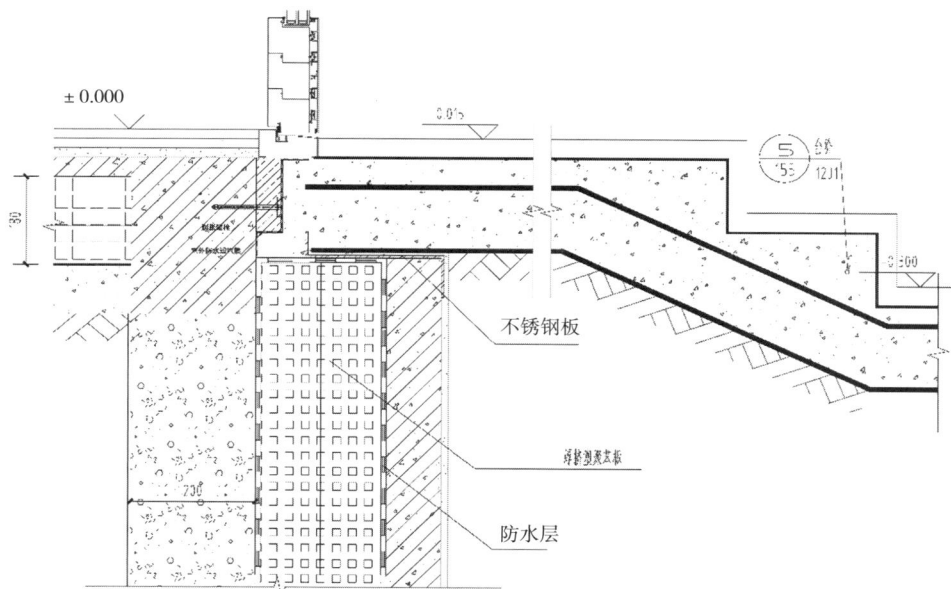

图5-28　门槛节点图

图5-29 被动门案例图

5.5.4 窗户安装

超低能耗建筑窗户施工一般采用外挂式安装，外挂式安装相比普通安装热桥小很多，从热工角度考虑，一般优先选择外挂式安装。但对于部分项目，尤其是工期要求比较紧的项目，或在夏热冬冷地区以南的区域，可以酌情考虑外窗齐平式安装（图5-30）。

齐平式安装方式还可以进行优化，采用"L"形节能附框后可增大保温包裹墙体的厚度，进一步降低热桥（图5-31）。

该安装方式最大的优势是外保温可以提前安装，缩短施工工期，节约成本，避免被动窗与外保温交叉施工，破坏门窗。同时该安装方式有利于后期二次换窗，不破坏外保温。

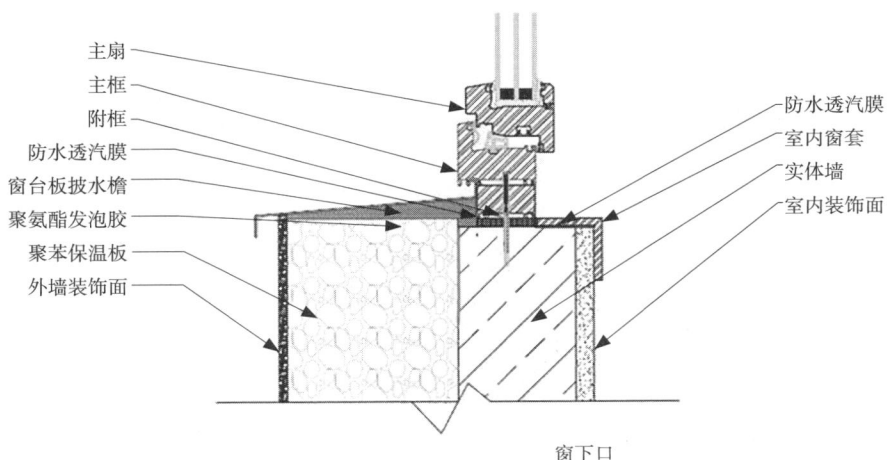

图5-30 外窗齐平式安装

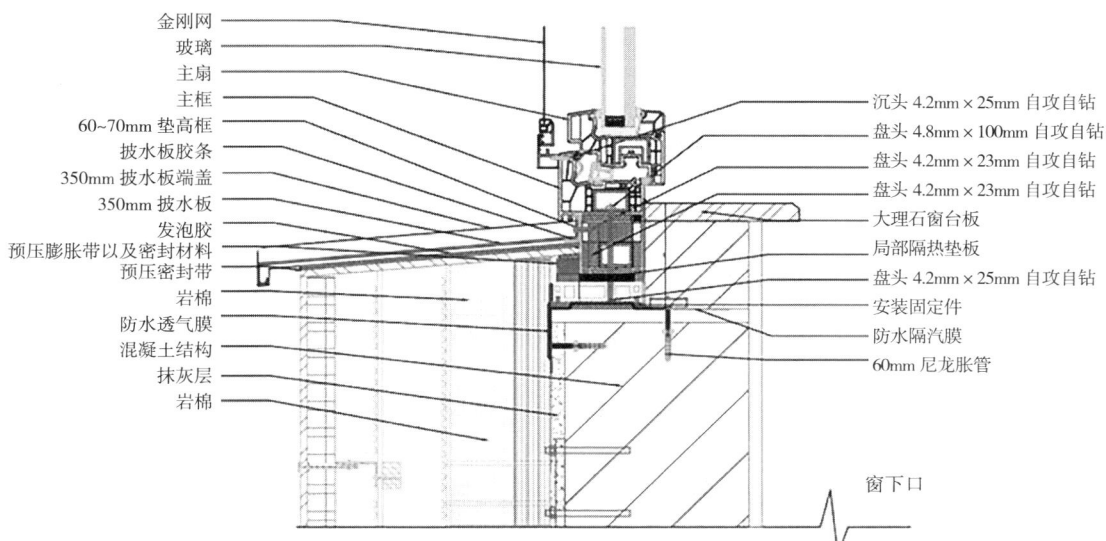

图5-31 "L"形节能附框齐平式安装

课后习题

1. 作为一个超低能耗建筑设计师，您在设计窗户时应该考虑到哪些因素，并给出怎样的优化方案？

2. 请根据您家的窗户的窗框类型以及玻璃类型，估算一下窗户的 U 值，并计算全年的热损失和得热。如果将窗户改成被动窗，每年可节约多少能源？

3. 不同的窗户安装方式，其热桥值差别有多大？请利用热桥模拟软件计算不同安装方式的热桥。

4. 窗户的遮阳对窗户来说是有利因素还是不利因素？应该怎样去看待遮阳对能源需求的影响？

6 热回收新风系统

新风指室外的新鲜空气，建筑通风即建筑室内外空气的交换。为了降低通风的热损失，除了需要保证建筑的气密性防止渗透损失之外，还需要采用带热回收的新风设备实现有组织通风，降低新风的热量损失。在超低能耗建筑中，热回收新风系统是必须采用的技术。热回收新风系统的热回收效率可以达到 80% 以上（图6-1）。

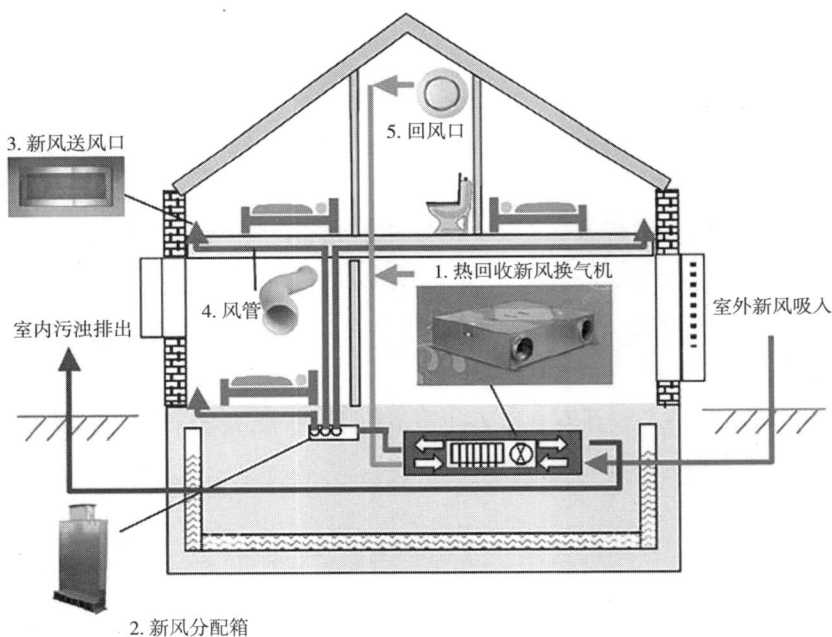

图6-1 热回收新风示意图

6.1 超低能耗建筑通风设计

在国内，一般公共建筑需要设计新风，住宅建筑没有新风要求。如果建筑需要设计成超低能耗建筑，则必须使用带热回收的新风设备。超低能耗建筑的通风设计一般为平衡通风，即新风量同排风量相同，同时超低能耗建筑新风的气流组织同一般建筑的新风设计也不相同。

6.1.1 热回收新风系统的重要性

热回收超低能耗建筑新风系统有以下重要意义：

1. 提供新鲜空气

人的生存需要呼吸，吸进氧气，呼出二氧化碳和体内的其他有毒成分。在高气密性的超低能耗建筑内，新风系统可以提供充足的新鲜空气，满足人体健康的需要。同时，新风系统可以排出室内的二氧化碳和其他挥发性污染物，保证室内空气质量。新风系统也可充分排出室内多余湿气，有效防止湿气损伤和由湿气导致的结露霉变。新风系统还可以通过高效过滤器，在雾霾天有效降低进入室内新风的 PM2.5 之类有害物质的浓度，保证人体健康。

2. 调节空气湿度

有组织的通风相比自然通风有很多好处，其中之一就是改变室内的湿度。比如冬季时室外的空气温度低，水蒸气含量也低，如果这时采用自然通风，室内的湿空气排出，室外的干空气进入，会导致室内很干燥。这也是在冬季会觉得干燥的原因。热回收新风系统除了可以回收热，还可以回收湿，这样就可以避免室内水蒸气大量流失，避免室内空气过于干燥。同时，也可以通过控制新风的速度来调节湿度（图 6-2）。

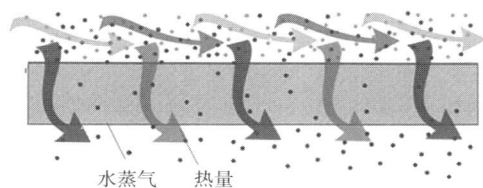
图6-2　全热回收膜可以既回收热量也回收水蒸气

3. 供暖和制冷

超低能耗建筑采用的热回收新风系统通过组合辅助供暖和 / 或制冷盘管，调节进入室内的空气温度。在有些地区，新风系统的辅助供暖就能满足超低能耗建筑非常低的供暖能源需求，省去传统的供暖和制冷设备，节约空间和成本。国内在热回收新风系统的基础上，开发了基于热泵技术的供暖制冷一体机，可以进一步简化系统，节约安装空间。

4. 降低能源需求

新风系统的热回收分为显热回收和全热回收。目前使用较多的是全热回收系统，它除了可以实现 75% 以上的显热回收外，还可以回收 50% 左右的湿，即水蒸气。通过全热回收可以在冬季减少室内水蒸气流失，保证室内的相对湿度，在夏季降低建筑的除湿需求，从而实现节能。另外，全热回收可以减少排风的含湿量，降低严寒地区冬季热交换末端除霜的临界温度，节约除霜所需的能量。

6.1.2 新风量计算

超低能耗建筑的新风量一般通过三种方式计算，最后取最大值作为超低能耗建筑的设计风量，计算时除了需要满足超低能耗建筑推荐的新风量设计值外，还需满足国内相关规范如《民用建筑供暖通风与空气调节设计规范》GB 50736—2012 中对新风量的要求。

1. 按照人员数量确定

根据 PHI（德国被动房研究所）的推荐，居住建筑和办公建筑的新风供应一般按照人均 30m³/h 计算，该值适用于大部分建筑，但对于人员密集的建筑，可适当降低新风量，如学校可按照人均 20m³/h 计算，而对于体育馆，需要提高新风量，可按照人均 60m³/h 计算。人均新风量数据同二氧化碳浓度有关，足量的新风供应可以降低室内二氧化碳浓度。国内一般以 0.1% 作为阈值来控制新风系统的运行。二氧化碳浓度是评价室内空气质量的一个综合指标。当二氧化碳浓度低于 0.1% 时，说明空气质量满足健康要求。当然，如果室内有比较严重的有害挥发物存在，就需要调整新风运行策略。如果国内相关规范对新风量要求大于 PHI 推荐值要求，应按照国内规范标准计算。

2. 按照回风房间确定

所谓按照回风房间确定，就是在有回风需求的房间如厨房、卫生间、设备间等房间，需要满足最小的回风量要求。PHI 推荐值为厨房回风量不低于 60m³/h，卫生间和浴室不低于 20m³/h。国内规范一般按照换气次数进行规定，可根据国内规范进行验算。需要注意的是，新风量不同于油烟机和排气扇的换气次数。由于超低能耗建筑新风系统的回风口一般布置在厨房和卫生间，所以这些区域始终处于负压环境，气味不会传到室内其他房间。当然，如果采用有内循环风的系统，就需要关注异味和细菌的二次传播。超低能耗建筑厨房在烹饪期间有油烟机和补风口联动，可以满足烹饪时的换气次数，而不干扰新风系统的正常运行。一般设计中，由于建筑的全部回风都从卫生间及厨房排出，所以换气次数可满足要求。

3. 按照建筑最小换气次数

PHI 建议的建筑最小换气次数为 0.3/h，该数据表示在标准工况运行情况下的换气次数，最大的换气次数需要在此基础上再乘以 1.3。此数据远低于国内规范的设计值，但要理解这两者的不同。该数据是整个建筑新风系统条件下的换气次数，而并非某个房间在使用时的最大换气次数。正常建筑中，如果厨房油烟机不开，厨房的换气次数实际为 0，虽然它的设计值可能很高。

通过以上三种方法分别计算建筑的设计风量，其中的最大值为建筑的新风设计量。

【例 6-1】合肥市某建筑，TFA 为 250m²，室内净高为 2.5m，5 人居住，共有 1 个厨房，2 个卫生间和 2 个浴室。求该建筑的设计风量。为简化计算，该例题不考虑国内规范对换气次数的要求。

解：最小换气次数设计风量：$V = 250m^2 \times 2.5m \times 0.3h^{-1} \times 1.3 = 244m^3/h$

人均风量：$V = 5 \times 30m^3/h = 150m^3/h$

最小的回风量：$V = 1 \times 60m^3/h + 2 \times 20m^3/h + 2 \times 20m^3/h = 140m^3/h$

取最大值，则该建筑的设计风量为 244 m³/h。

6.1.3 气流组织

气流组织指在建筑内合理地布置送风口、排风口及回风口，提供室内新风、供暖、制冷。想要获得良好的气流组织，需要通过有限元软件进行建模计算后确定送风口、排风口及回风口的位置。超低能耗建筑的气流组织同常规建筑不尽相同，以下是超低能耗建筑气流组织设计时需要考虑的因素（图6-3）。

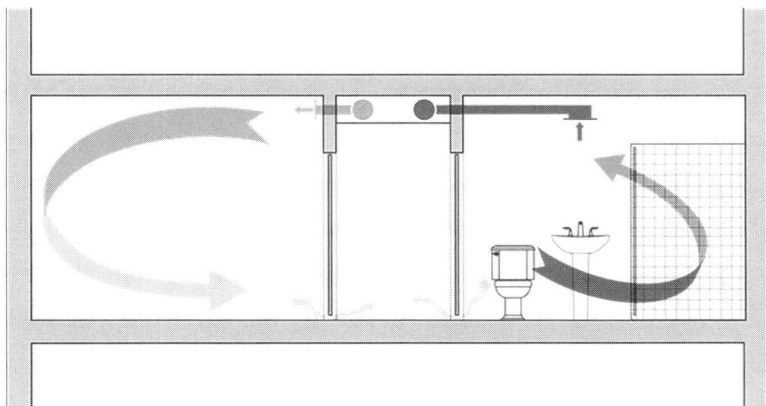

图6-3　被动房的气流组织

（图片来源：[德]PHI《被动房设计师培训教材（通风）》，2015：39.）

1. 送风房间

在居住建筑中，需要在卧室、客厅、书房等人长时间聚集和使用的房间设置送风口，在公共建筑中，有人员长时间工作或者休息的地方都需要设置送风口。按照送风口的位置可分为顶送风和地送风。顶送风口可以布置在楼板上，也可以布置在侧墙上。顶送风和地送风各有优缺点，从节能角度考虑，顶送风优于地送风，从空间利用和噪声角度考虑，地送风优于顶送风。送风口的布置和送风的方式需要暖通工程技术人员经过合理的计算后确定。为了尽量缩短管道长度，PHI 建议在房间入口上方采用喷射风口，利用科恩达效应，增加新风的渗透长度（图6-4）。

2. 回风房间

在居住建筑中，排风口一般选择在卫生间和厨房，在公共建筑中，回风口一般布置在卫生间、厨房或设备间。回风口一般在上部，需要注意的是回风口并非循环风口。回风口指室内的空气通过回风口，经过热回收设备回收热量后排出室外。循环风口一般指空调盘管的循环风进风口或采用辅助内循环的新风系统的循环风进风口（图6-5）。

3. 过渡区域

过渡区域一般为走廊位置等次要空间位置，这些位置并没有严格的送风需求和回风需求，

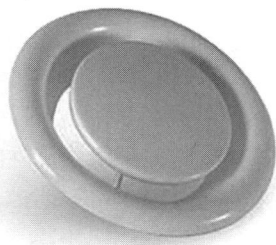

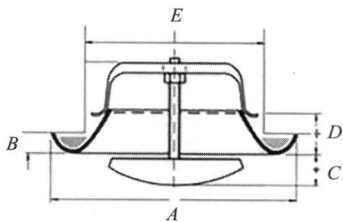

图6-4 可调新风口

图6-5 可调排风口

（图片来源：[德]PHI《被动房设计师培训教材（通风）》，2015：149.）

利用从送风房间排出的空气进行空气置换即可。过渡区域的新风来源于送风房间并最终送到回风房间排出室外，空气质量低于送风房间，优于回风房间。送风房间的空气可通过门下口或过流口流入过渡区域或排风房间（图6-6）。

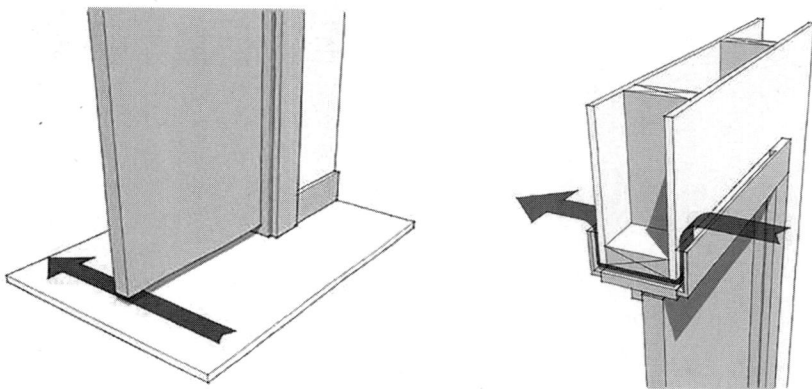

图6-6 通风门缝将送风房间的空气排到过渡区域

（图片来源：[德]PHI《被动房设计师培训教材（通风）》，2015：87.）

4. 循环风口的设置

循环风口一般设置在离空调设备较近的送风房间内，因为循环风最终将再次送入房间。如果空调所在位置就在送风房间，循环风口也可以不单独布置管道，直接从设备所在位置取风，如中央空调以及家用挂机和柜机直接在空调内机位置取风。但是如果空调在设备间或者回风房间，为了不影响室内空气质量，需要单独设计循环风管。在超低能耗建筑设计中，由于新风一体机通常放在卫生间或厨房，需要单独引出循环风管。

5. 室外新风口和排风口的位置

根据《住宅新风系统技术标准》JGJ/T 440—2018，新风系统室外新风口、排风口的选型和布置应符合下列规定：

（1）室外新风口宜选用防雨百叶风口并应设防虫网；

（2）室外新风口和排风口宜选用隔声型风口；

（3）室外新风口应设在室外空气较洁净区域，进风和排风不应短路；

（4）每个住户的室外新风口、排风口不应影响相邻住户；

（5）室外新风口水平或垂直方向与燃气热水器排烟口、厨房油烟排放口和卫生间排风口等污染物排放口及空调室外机等热排放设备的距离不应小于1.5m，当垂直布置时，新风口应设置在污染物排放口及热排放设备的下方；

（6）对分户式新风系统，当新风口和排风口布置在同一高度时，宜在不同方向设置；在相同方向设置时，水平距离不应小于1.0m；

（7）对分户式新风系统，当新风口和排风口不在同一高度时，新风口宜布置在排风口的下方，新风口和排风口垂直方向的距离不宜小于1.0m。

6. 补风阀

除了热回收新风设备本身，由于在厨房烹饪时需要用到油烟机，而超低能耗建筑窗户一般运行时关闭，因此厨房补风设备也是超低能耗建筑中使用比较多的设备。厨房的补风设备可与油烟机以及厨房回风口联动。油烟机打开的同时可打开补风阀并且关闭厨房回风。此设置既可以保证补风阀及时补风，也可以避免油烟对热回收设备的污染（图6-7）。

图6-7　补风阀

6.1.4　管道尺寸

在已知最大设计新风量和通风管道控制流速的条件下，计算新风和排风管道尺寸。新风系统主风管的空气流速宜为2~3m/s；支管的空气流速宜不大于2m/s。新风出口流速不大于1m/s。

管道的尺寸可按照下列公式进行计算：

$$d=2\sqrt{Q/(V\times\pi\times3600)} \qquad (6-1)$$

式中　d——管道直径，m；

　　　Q——管道设计风量，m^3/h；

　　　V——管道内空气流速，m/s。

【例6-2】合肥市某建筑，新风设计量为150m^3/h，共有两个风管，主管风量为100m^3/h，支管风量为50m^3/h。为降低建筑噪声，主风管的空气流速宜为2~3m/s，支管的空气流速宜不大于2m/s，求主管和支管的尺寸。

解：主管尺寸 $d=2\sqrt{Q/(V\times\pi\times3600)}=2\sqrt{(100m^3/h)/(2m/s\times\pi\times3600)}=133mm$

　　支管尺寸 $d=2\sqrt{Q/(V\times\pi\times3600)}=2\sqrt{(50m^3/h)/(2m/s\times\pi\times3600)}=94mm$

管道上的部件包括直管段、弯头、消声器、调节挡板和风口。管道阻力还与管道材质和内表面流体粗糙度有关。弯头损失可以量化为等效长度。在 3m/s 时，90° 的弯头相当于 1.8m 直管道，45° 的转角相当于 0.9m 直管道。

6.2　通风管道的处理

通风管道的处理包含新风管、送风管、回风管以及排风管。为了降低新风的能源需求损失和由新风系统引起的噪声，通风管道需要进行相应的保温、热桥、气密性以及噪声处理。

6.2.1　管道保温

从室外新风口到室内新风机的新风和排风连接管段需要进行保温，以减少对室内温度的影响和降低热损失。如果新风主机安装在室外，则需要对新风机送风管段和排风管到墙体这段管道进行保温。在寒冷地区，保温厚度一般不低于 100mm，在夏热冬冷及以南地区，保温厚度不低于 50mm。为了提高保温的效果，可以在保温层外包裹上铝箔材质的膜，降低管道辐射散热量，同时也保护

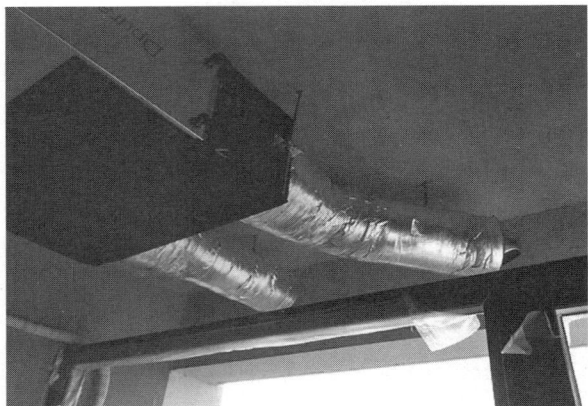

图6-8　管道保温

管道的保温材料。管道的保温材料一般为橡塑保温，也可以采用定制的岩棉或聚苯板。除了对管道进行保温外，还需要降低此处管道的长度，从而降低管道的热损失，这就要求设备尽量靠近外墙放置（图 6-8 ）。

6.2.2　管道断热桥

管道的热桥主要来源于两个位置，位置一为管道穿透墙体的部位，位置二为管道固定的位置。常规的管道穿墙没有处理，管道直接和墙体接触，此种情形下，室内的热量将通过墙体传递到管道继而传到室外，形成热桥。为避免此类热桥出现，需要在墙体开孔时考虑到管道的保温。进风管和排风管应用发泡聚氨酯固定于结构墙体内。预留开孔直径应大于进风管或排风管直径 100mm 以上，进风管或排风管应位于孔洞中央，空隙部位应用发泡聚氨酯填充密实。

在固定管道时，在新风和墙体之间的那段管道外也有保温，固定管卡时，应将管卡包在保温层外侧而非直接包在管道上，进而避免热桥的产生。

6.2.3 噪声处理

在合理设计管道风速、送风口出口风速的条件下，风噪影响可以控制在标准规定范围内。风机主机与连接管道采用柔性接头，也可降低设备噪声的传递。但由于超低能耗建筑隔声效果非常好，为了进一步降低噪声影响以及隔断通过新风管道的传声，需要对房间之间的连通管道进行消声处理。降低管道噪声的处理有两个方式，首先是通过新风管道内空气的风速控制噪声。《民用建筑供暖通风与空气调节设计规范》GB 50736—2012 中 10.1.5 条建议如表 6-1 所示。

风管内的空气流速   表6-1

室内允许噪声级，dB（A）	主管风速	支管风速
25~35	3~4	≤ 2
35~50	4~7	2~3

在超低能耗建筑通风设计中新风系统主风管的空气流速宜为 2~3m/s；支管的空气流速宜不大于 2m/s。室内噪声级在 25~35dB 之间。

对于房间风量较大而管道尺寸由于层高等原因无法进行相应调整的建筑以及设备噪声较大的情况，可采用消声器对管道进行消声。

噪声的计算包括风机噪声、气流噪声、噪声的自然衰减、噪声的混合等，需要分别对每个倍频程的中心频率进行计算，得出各频率下的噪声后，与要求的噪声 NR 曲线进行比较，得出要求的消声量，从而选择出消声设备。

如果项目的管道风速比较大，且无法通过增加管道降低风速，可通过消声器进行降噪，消声器宜布置在主管道以及分支管道入户前。消声器主要用于降低气流噪声以及风机噪声。

如果风机噪声大，则需要在风机出风口附近增加消声器，降低风机噪声，如果室内管道长度不够，噪声衰减不够，则需要通过多布置消声器降低风机噪声。常用的超低能耗建筑新风设备噪声约为 45dB，采用一台消声器可满足降噪的要求。

对于风机噪声和气流噪声同时存在的项目，则需要通过计算分析，确定合理的消声器位置。对于风机噪声不大且管道风速控制在 3m/s 以内的项目，也可不设置消声器。

超低能耗建筑新风系统常用的消声器为阻性消声器，阻性消声器可分为直管式和弯管式。两种消声器均可用于超低能耗建筑新风系统的降噪（图 6-9）。

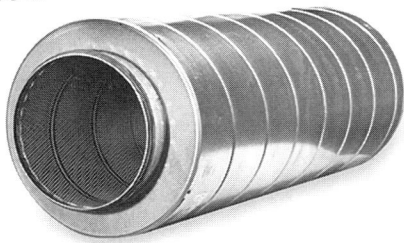

图6-9 直管式消声器

（图片来源：[德] PHI《被动房设计师培训教材（通风）》，2015：150.）

6.3 热回收新风对能源需求的影响

热回收新风系统是超低能耗建筑必须采用的技术，热回收新风系统除了可以为室内提供经过过滤的新鲜空气外，同时也是降低通风能源需求的重要技术措施。超低能耗建筑专用的热回收新风设备要求显热回收效率不小于 75%。这表明采用热回收新风设备后，仅有 25% 的通风能源需求损失，同时由于新风机的新风量要低于开窗换气的通风量，所以实际节省的能源需求更大。

6.3.1 热回收对能源需求的影响

热回收对能源需求的影响同新风量、热回收效率以及气候条件有关。

渗透风对建筑负荷的影响的计算公式为：

$$P_{V,vent}=Q_{vent}(1-\eta)\times c_v\times(T_i-T_e) \tag{6-2}$$

式中 $P_{V,vent}$——通风热损失，W；

Q_{vent}——通风风量，m^3/h；

η——热回收效率；

c_v——空气比热容，$W\cdot h/(m^3\cdot K)$；

$\Delta T=T_i-T_e$——室内外温差，K。

渗透风对建筑能源需求的影响的计算公式为：

$$Q_{V,vent}=Q_{vent}(1-\eta)\times c_v\times G_t \tag{6-3}$$

式中 $Q_{V,vent}$——通风热损失，$kW\cdot h$；

Q_{vent}——通风风量，m^3/h；

η——热回收效率，无量纲；

c_v——空气比热容，$W\cdot h/(m^3\cdot K)$；

G_t——供暖或制冷度时数，$kK\cdot h$。

【例 6-3】合肥市某建筑位于市中心，TFA 为 $250m^2$，建筑净体积为 $600m^3$，新风换气次数为 $0.3h^{-1}$，新风系统的热回收效率为 80%，已知合肥市供暖度时数 G_t 值为 $50kK\cdot h$，最低温度为 $-10℃$，试求单位 TFA 通风的供暖需求和供暖负荷。如果未采用热回收热备，试求单位 TFA 通风的供暖需求和供暖负荷。

解：采用热回收热备：

$$P_{V,vent}=Q_{vent}(1-\eta)\times c_v\times(T_i-T_e)=600m^3\times0.3h^{-1}\times(1-80\%)\times0.33W\cdot h/(m^3\cdot K)\times30K$$
$$=356.4W$$

$$Q_{V,vent}=Q_{vent}(1-\eta)\times c_v\times G_t=600m^3\times0.3h^{-1}\times(1-80\%)\times0.33W\cdot h/(m^3\cdot K)\times50kK\cdot h$$
$$=594kW\cdot h$$

单位 TFA 渗透风量的供暖需求：$q=\dfrac{594\text{kW}\cdot\text{h}}{250\text{m}^2}=2.376\text{kW}\cdot\text{h}/（\text{m}^2\cdot\text{a}）$

单位 TFA 渗透风量的供暖负荷：$p=\dfrac{356.4\text{W}}{250\text{m}^2}=1.425\ 6\text{W}/\text{m}^2$

未采用热回收热备：

$P_{\text{V,vent}}=Q_{\text{vent}}（1-\eta）\times c_v\times（T_i-T_e）=600\text{m}^3\times0.3\text{h}^{-1}\times（1-0）\times0.33\text{W}\cdot\text{h}/（\text{m}^3\cdot\text{K}）\times30\text{K}$
$=1\ 782\text{W}$

$Q_{\text{V,vent}}=Q_{\text{vent}}（1-\eta）\times c_v\times G_t=600\text{m}^3\times0.3\text{h}^{-1}\times（1-0）\times0.33\text{W}\cdot\text{h}/（\text{m}^3\cdot\text{K}）\times50\text{kK}\cdot\text{h}$
$=2\ 970\text{kW}\cdot\text{h}$

单位 TFA 渗透风量的供暖需求：$q=\dfrac{2\ 970\text{kW}\cdot\text{h}}{250\text{m}^2}=11.88\text{kW}\cdot\text{h}/（\text{m}^2\cdot\text{a}）$

单位 TFA 渗透风量的供暖负荷：$p=\dfrac{1\ 782\text{W}}{250\text{m}^2}=7.128\text{W}/\text{m}^2$

从以上案例可以看出，如果不采用热回收新风设备，通风的能源需求损失可达到 12kW·h/（m²·a），而超低能耗建筑的供暖能源需求限值仅有 15kW·h/（m²·a）。

6.3.2　新风系统对一次能源的影响

新风系统风机的耗电属于辅助能源损失。辅助能源损失是指不直接提供建筑所需要的冷热源，但辅助建筑冷热源产生和运输以及节能设备产生的能源损失，如新风风机、风机盘管风机和水泵等的能源损失。该类设备的能源需求虽然不属于建筑制冷制热的能源需求，但属于建筑消耗的能源，该部分能源需求连同供暖制冷能源需求、生活热水能源需求、设备用电能源需求一起都归属于建筑一次能源。

新风系统对一次能源的影响体现在风机能源需求中，该部分能源需求相对于制冷、供暖以及生活热水能源需求占比较小，但仍然不可忽略。因此 PHI 对被动房专用新风设备的风机功率也有节能效率限值，要求其功率除以风量不能高于 $0.45\text{W}\cdot\text{h}/\text{m}^3$。

假设建筑 TFA 为 250m²，风机功率为 100W，假如按全年 8 760h 均 70% 风量进行运行计算，全年能源需求为 $100\text{W}\times70\%\times8\ 760\text{h}=613\ 200\text{W}\cdot\text{h}=613.2\text{kW}\cdot\text{h}$。单位面积新风设备的能源需求为 $\dfrac{613.2\text{kW}\cdot\text{h}}{250\text{m}^2}=2.45\text{kW}\cdot\text{h}/\text{m}^2$，即新风设备每年需要消耗 $2.45\text{kW}\cdot\text{h}/\text{m}^2$ 的电量，该数据还需要乘以电的一次能源系数，按照 1.3 计算，结果为 $3.18\text{kW}\cdot\text{h}/\text{m}^2$。按照 PHI 的可再生一次能源标准，建筑总的一次能源限值为 $60\text{kW}\cdot\text{h}/\text{m}^2$，新风风机的一次能源占比约为 5%。

6.4　新风系统热回收部件及施工

热回收新风系统中的热回收部件是超低能耗建筑新风系统的重要部件，其热回收效率和节能性将直接影响建筑的能源需求。热回收部件按工作原理可分为板翅式、转轮式和溶液吸收式三种。超低能耗建筑分户热回收新风部件以板翅式全热回收居多。

6.4.1　热回收效率计算（图6-10）

热回收效率是新风机的最重要指标，也是项目选型的主要依据。热回收效率的测试与风机四个口的温度有关，一般采用以下公式：

$$\eta = \frac{T_{RA} - T_{EA} + \dfrac{P_{el}}{Qc_v}}{T_{RA} - T_{OA}}$$ （6-4）

式中　η——热回收效率；

T_{RA}——回风口温度，℃；

T_{EA}——排风口温度，℃；

T_{OA}——新风口温度，℃；

P_{el}——风机功率，W；

Q——新风量，m³/h；

c_v——空气比热容，W·h/（m³·K）。

需要注意的是，该计算公式没有采用送风口和新风口的温差，而是采用回风口和排风口的温差代表热回收的能力，同时考虑了风机本身所产生的热。

【例6-4】某风机风量 V=120m³/h，送风口温度 T_{SA}=18.2℃，回风口温度 T_{RA}=20.0℃，新风口温度 T_{OA}=0.0℃，排风口温度 T_{EA}=4.5℃，设备功率 P=40W，试求该设备的热回收效率以及该设备是否满足超低能耗建筑设备要求。

解：

$$\eta = \frac{T_{RA} - T_{EA} + \dfrac{P_{el}}{Qc_v}}{T_{RA} - T_{EA}} = \frac{20℃ - 4.5℃ + \dfrac{40W}{120m³/h \times 0.33W·h（m³·K）}}{20℃ - 0℃} = 83\%$$

η 大于 75%，满足超低能耗建筑设备要求。

6.4.2　热回收新风设备

热回收新风设备按照热回收形式可分为显热回收设备和全热回收设备。显热回收设备指只进行热量回收的设备。全热回收设备既可以回收热量也可以回收空气中的水蒸气。在超低能耗建筑项目中，一般采用全热回收的设备（图6-11、图6-12）。

除此以外，热回收新风机根据安装形式分为集中式、分户式和分体式，一般在新建

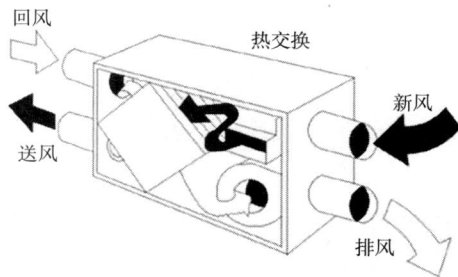

图6-10　热回收新风系统原理图

（图片来源：北京住总集团有限责任公司.被动式超低能耗绿色建筑节能工程施工技术规程：QB/BUCC/005—2016 [S].北京，2016：35.）

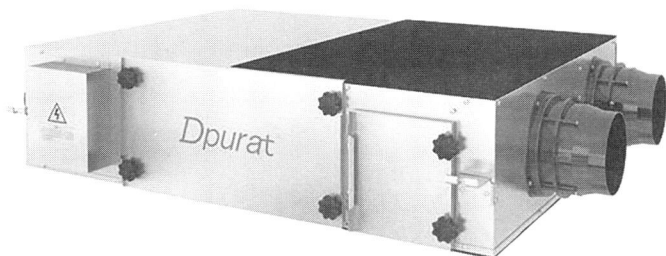

图6-11　热回收新风机设备

图6-12　热回收机芯

公共建筑中均采用集中式新风机。整个建筑、整个一层或者某个区域采用一套新风系统称为集中式新风系统或半集中式新风系统。集中式新风系统可同时增加供暖、制冷以及除湿单元，用来承担建筑的供暖、制冷以及除湿负荷。该系统的优势是集中控制，造价相对较低，缺点是运行不灵活（图6-13）。

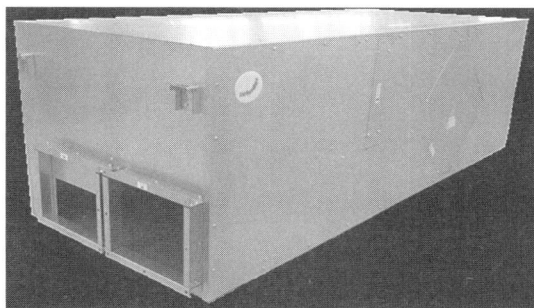

图6-13　集中式热回收新风设备

在新建居住建筑中一般也采用分户式热回收新风设备，以户为单位，每户安装一套热回收新风系统，分户式热回收新风系统也可以通过增加供暖、制冷和除湿单元来承担建筑的供暖、制冷以及除湿负荷。分户式新风系统相比集中式新风系统更加灵活，用户可根据自己的需要开启和关闭新风系统，新风以及空调系统的耗能也可以独立核算（图6-14）。

对于建筑改造或已建成但无新风系统的建筑，也可以额外增加新风系统，为了不对吊顶以及室内装饰进行破坏，可采用无管道的分体式新风系统。分体式新风系统，一种外形同空调相似，也可以和空调系统整合在一起；另外一种则为单通道的热回收新风系统（图6-15）。

以上是常见的热回收新风设备，在热回收新风设备的使用过程中，还需要根据室内外温湿度调整新风系统的运行模式。一个理想的热回收新风系统需要在新风设备中设置旁通管路，

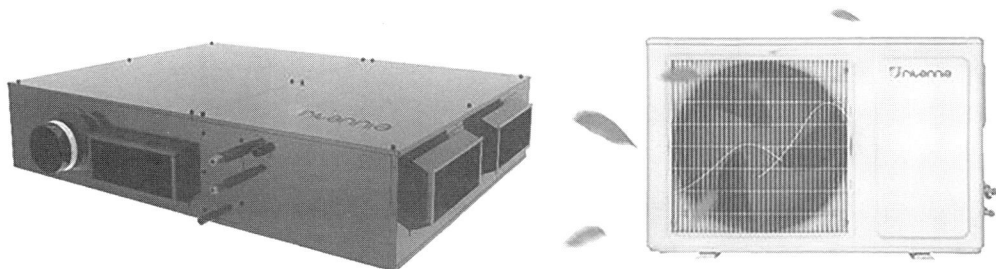

图6-14　分户式新风一体机

图6-15　两种不同形式的分体式热回收新风设备

根据室内外温湿度提供温差控制以及焓差控制两种控制模式。例如在夏季，根据焓差控制，在室外空气焓值低于室内空气焓值时，可以通过旁路进行通风，将室外的冷空气不经过热回收直接送到室内，以达到节能的目标（图6-16）。

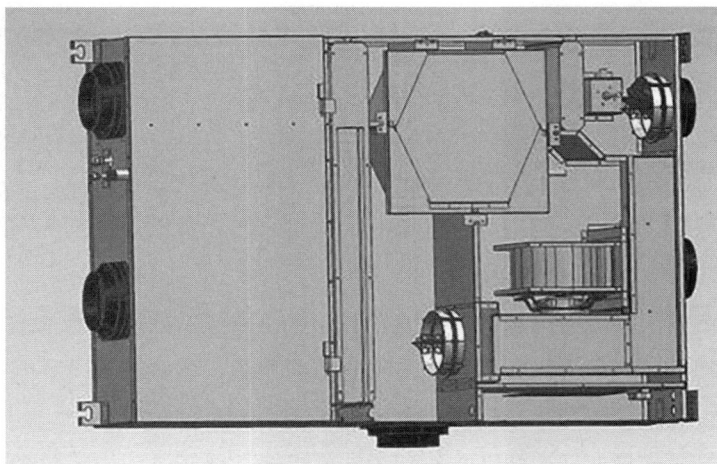

图6-16　带旁路的热回收新风设备

课后习题

1. 如果在您自己家装一套新风系统，请计算新风量以及管道尺寸并给出不同房间的新风布置。

2. 新风噪声对室内环境影响有多大？一般如何处理？

3. 新风系统哪些部位需要做保温，哪些部位需要进行气密性处理，哪些部位需要进行断热桥？

4. 根据您的设计，请计算热回收新风系统每年可节约多少能量。

7 超低能耗建筑的空调系统

7.1 概述

在中欧气候条件下，符合超低能耗建筑标准的居住建筑基本可以利用热回收新风系统满足室内居住舒适度的需要。但是，我国幅员辽阔，有多个气候带，严寒地区室外温度可低于零下30多摄氏度，需要辅助制热；而夏热冬冷地区，春夏过渡季和夏季处于湿热环境中，需要辅助除湿和制冷。所以，在超低能耗建筑中，虽然制冷负荷很小，但仍需要设计相应的空调系统，以满足室内舒适度的要求。

超低能耗建筑空调系统的选择必须因地制宜。中央空调系统可以采用对热交换以后的新风进行除湿，并利用热泵预热回热后送到室内，在室内利用 VAV 多联机调节温度。居住建筑可以采用分体式微空调进行除湿和调节室内温度，运行灵活，造价低。国内也有制冷、除湿和辅助加热一体机，形式多样。

7.2 湿空气的物理性质及处理过程

7.2.1 湿空气的物理性质

作空调分析时，经常用到的湿空气的参数有四个：温度（t）、相对湿度（φ）、含湿量（d）和焓（i）。另外，湿空气还具有一定的压力（P），在不同的环境下，其数值往往表现为当地的大气压，或者高于大气压的正压和低于大气压的负压。

1. 压力 P

湿空气的压力即所谓的大气压力，等于干空气的分压力与水蒸气的分压力之和，即：

$$P=P_g+P_q \tag{7-1}$$

$$P_g \times V=M_g \times R_g \times T$$

$$P_q \times V=M_q \times R_q \times T$$

式中　P_g——干空气压力，Pa；

P_q——水蒸气压力，Pa；

M_g——干空气的质量，kg；

M_q——水蒸气的质量，kg；

R_g——干空气的气体常数，R_g=287J/（kg·K）；

R_q——水蒸气的气体常数，R_q=461J/（kg·K）；

T——空气的绝对温度，K。

水蒸气分压力 P_q 与湿空气中水蒸气含量成正比，即水蒸气含量越多，其分压力也越大。在一定温度条件下，空气容纳水蒸气的能力是有限度的。湿空气的温度越高，它允许的最大水蒸气含量也越大。当空气中水蒸气的含量超过最大允许值时，多余的水蒸气会以水珠形式析出，这就是结露现象，此时水蒸气达到饱和状态，所对应的湿空气称为饱和湿空气。未饱和空气还具有吸收水蒸气的能力，我们周围的大气通常都是未饱和空气。

2. 温度 t

在空调中，通常采用摄氏温度 t，有时也用绝对温度 T，两者的关系是：

$$T=273.15+t \approx 273+t$$

式中　T——绝对温度，K；

　　　t——摄氏温度，℃。

1）露点温度 t_l

露点温度指空气在水蒸气含量和气压都不改变的条件下，冷却到饱和时的温度。形象地说，就是空气中的水蒸气变为露珠时的温度叫作露点温度。露点温度本是个温度值，它跟湿度有什么关系呢？这是因为当空气中水蒸气已达到饱和时，气温与露点温度相同，当水蒸气未达到饱和时，气温一定高于露点温度，所以露点温度与气温的差值可以表示空气中的水蒸气距离饱和的程度。夜间空气温度降低，低于露点温度时，空气中的水蒸气会有一部分析出，形成露水。这说明温度的降低能够使空气中原来未达饱和的水蒸气变成饱和水蒸气，多余的水蒸气就会析出。空调工程中，常利用这一原理使空气达到冷却除湿的目的。

2）湿球温度 t_s

湿球温度是指在绝热条件下，大量的水与有限的湿空气接触，水蒸发所需的潜热完全来自于湿空气温度降低所放出的显热，系统中空气达到饱和状态且系统达到热平衡时系统的温度。通俗来讲，湿球温度就是当前环境仅通过蒸发水分所能达到的最低温度。热力学湿球温度也称绝热饱和温度（图7-1）。

3. 含湿量 d

含湿量指 1kg 干空气所含有的水蒸气质量，单位为 kg/（kg·干

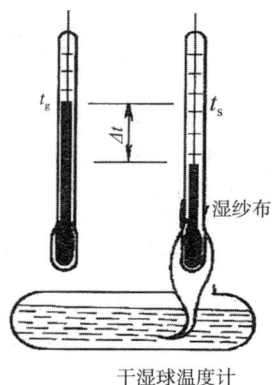

图7-1　干湿球温度计

（图片来源：https://tieba. baidu.com/p/3992046489?red_ tag=0112388060&traceid=）

空气）或 g/（kg·干空气），即：

$$d=\frac{1\,000m_q}{m_g}\tag{7-2}$$

式中　m_q——水蒸气的质量，kg；

　　　m_g——干空气的质量，kg；

　　　d——含湿量，kg/（kg·干空气）。

含湿量可以确切地表示空气中实际含有的水蒸气量的多少。空调中常用含湿量的变化来表示空气被加湿或减湿的程度。含湿量与水蒸气分压力的关系：

$$d=0.622\frac{P_g}{P-P_q}\tag{7-3}$$

在一定的大气压力 P 下，d 仅与水蒸气的分压力 P_q 有关，P_q 越大，d 越大。

4. 相对湿度 Φ

相对湿度指空气中的水蒸气分压力与同温度下饱和水蒸气分压力之比。即：

$$\Phi=\frac{P_q}{P_{qb}}\tag{7-4}$$

式中　P_{qb}——饱和水蒸气分压力，Pa。

Φ 表示空气接近饱和的程度。Φ 值小，说明空气干燥，远离饱和状态，吸收水蒸气的能力强；Φ 值大，则说明空气潮湿，接近饱和状态，吸收水蒸气的能力弱。$\Phi=100\%$ 为饱和空气，$\Phi=0$ 则为干空气。相对湿度可近似用湿空气的含湿量与同温度下饱和含湿量之比来表示，即：

$$\Phi\approx\frac{d}{d_b}\tag{7-5}$$

相对湿度是空调中的一个重要参数，相对湿度的大小对人体的舒适和健康、工业产品的质量都会产生较大的影响。

5. 焓（比焓）h

焓是用来表示物质能量状态的一个参数，热力过程中焓的变化 Δh 等于定义比热 c_p 乘以温度差 Δt。

$$\Delta h=c_p\Delta t\tag{7-6}$$

式中　c_p——空气的定压比热，kJ/（kg·℃）。

干空气的定压比热为 1.01kJ/（kg·℃），水蒸气的定压比热为 1.84kJ/（kg·℃）。湿空气的焓指的是 1kg 干空气的比焓和 $d$kg 水蒸气的比焓的总和，单位为 kJ/（kg·干空气）。0℃的水变成 0℃水蒸气的汽化潜热为 2 500kJ/kg，如果取 0℃时干空气和 0℃时水蒸气的焓值为 0，则包含 1kg 干空气的湿空气的焓为：

$$h=1.01t+（2\,500+1.84t）d\tag{7-7}$$

【例 7-1】假定空调房间室内空气的干球温度为 25℃，空气含湿量为 0.012 1 kg/（kg·干空气），请问空气的焓值是多少？

$$h=1.01t+（2\,500+1.84t）d$$

=1.01kJ（kg·℃）×25℃+（2 500+1.84×25℃）×0.0121kg/（kg·干空气）=56.06kJ/kg

6. 显热、潜热和全热

显热：主要表现在由于空气干球温度的变化而发生的热量转移上，比如湿空气干球温度的升高或降低而引起的热量变化，为比热和温度差的乘积 $c_p\Delta t$；将固态、液态或气态的物质加热，只要它的形态不变，物质的温度就升高，加进热量的多少在温度上能显示出来，即不改变物质的形态而引起其温度变化的热量称为显热。

潜热：将液态的水加热，水的温度升高，当达到沸点时，虽然热量不断地加入，但水的温度不升高，一直停留在沸点，加进的热量仅使水变成水蒸气，即由液态变为气态。这种不改变物质的温度而引起物态变化（又称相变）的热量称为潜热，其计算公式为：（2 500+1.84t）Δd。当空气的含湿量 d 不变，既不发生水分的蒸发，也不发生结露，湿空气的潜热是不变的。

全热：湿空气的全热为显热和潜热之和。一般状态下，焓值与全热值相同。

7.2.2 湿空气的处理过程

为了实现不同的空气处理过程，需要使用不同的空气热、湿处理设备，根据工作特点的不同，热、湿处理的设备分为两大类：直接接触式和表面式。喷水室、各类加湿器等设备属于第一类；表面式空气换热器属于第二类。直接接触式设备的特点是与空气进行热、湿交换的介质直接和被处理的空气接触。表面式热、湿交换设备的特点是与空气进行热、湿交换的介质不和被处理的空气直接接触，热、湿交换是通过处理设备的表面进行的。在工程实际应用中，有时也将这两类设备组合起来使用，喷水式表面冷却器就是这样一种设备。

喷水室能够实现多种空气处理过程，具有一定的空气净化能力，根据水温的不同，可以得到升温加湿过程、等温加湿过程、降温升湿过程、绝热加湿过程、减焓加湿过程、等湿冷却过程和减湿冷却过程七种典型的空气处理过程（图7-2）。

表面式空气换热器，俗称表冷器，包括空气加热器和表面冷却器两类。空气加热器用热水或水蒸气作为热媒，而表面冷却器则以冷水或制冷剂为冷媒，后者通常被称为水冷式或直接蒸发式表面冷却器。能实现等湿加热过程、等湿冷却过程和减湿冷却过程三种空气处理过程（图7-3）。

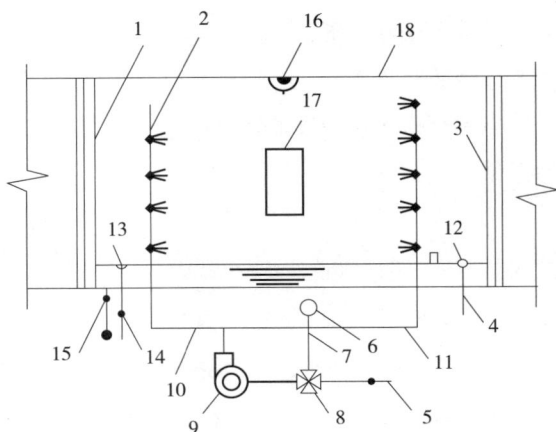

图7-2 喷水室的构造

1—前挡水板；2—喷嘴和排管；3—后挡水板；4—底池；5—冷水管；6—滤水器；7—循环泵；8—三通阀；9—水泵；10—供水管；11—补水管；12—浮球阀；13—溢水器；14—溢水管；15—泄水管；16—防水灯；17—检查门；18—外壳

（图片来源：吴小虎，等.建筑设备（第三版）[M].北京：中国建筑工业出版社，2019.）

1. 空气的冷却处理

经过冷却处理后，空气终状态的温度和焓都比初状态有明显的降低。空气通过冷却器时，状态变化有两种可能：等湿冷却和减湿冷却。当冷媒（冷水或制冷剂）的温度足够高，使得空气冷却器空气侧传热面的温度值高于空气的露点温度时，空气在冷却过程中含湿量不变，即为等湿冷却过程。当冷媒的温度相当低，以至于空气冷却器空气侧传

图7-3　表面式换热器
（图片来源：http://www.dzkeao.com/news/515.html）

热面的温度值低于空气的露点温度，这时空气中的水蒸气会凝结、析出，并附着在空气冷却器传热面上，空气的温度、含湿量和焓值都要下降，这就是减湿冷却过程，此时空气终状态的相对湿度通常在 90% ~95% 范围内。

2. 空气的加热处理

空气的加热过程，即热媒（热水、电热或制冷剂）或电通过空气加热器的换热面传热给空气，使空气的温度升高。在此过程中，空气的含湿量保持不变，空气经过加热器后的状态变化是等湿升温过程。

3. 空气的加湿处理

空气的加湿方法很多，除利用喷水室加湿外，还有喷蒸汽加湿、电加湿、直接喷水加湿和水表面自然蒸发加湿等。这些加湿方法可以分成两大类：

一类是将蒸汽混到空气中进行加湿，空气的干球温度不变，叫作等温加湿，在空调工程中，比较普遍使用的是干式蒸汽加湿器和电加湿器。另一类是水分吸收空气中的显热而蒸发加湿，空气的焓值保持不变，为等焓加湿，主要设备有喷水室（循环水）、高压喷雾加湿器、离心加湿器、超声波加湿器、表面蒸发式加湿器等。

4. 空气的减湿处理

空气的减湿方法有很多，可以分为以下几种：加热减湿、通风减湿、冷却减湿、液体吸湿剂吸收减湿、固体吸湿剂吸附减湿、干式减湿和混合减湿等。

加热减湿：用空气加热器和电加热器将空气温度升高，空气的相对湿度便能降低，此空气处理过程表现为等湿升温过程，空气处理前后的含湿量保持不变。虽然单纯加热可以起到降低相对湿度的作用，但不能减少空气的含湿量。这种方法简单、经济、运行费用低；缺点是室内温度会升高，适用于对温度要求不高的场所。

冷却减湿：可以利用制冷系统制备冷水供应喷水室或表面冷却器来冷却、干燥空气，也可利用冷冻减湿设备——冷冻去湿机来降湿。冷却降湿的机理是让湿空气流经低温表面，使空气温度降低至露点温度以下，湿空气中的水蒸气冷凝而析出。

5. 空气的过滤

空气调节系统中，新风因室外环境中有尘埃而被污染，回风则由于室内人员的活动、工作和工艺过程而被污染。因此，空气的处理过程还应包括空气的过滤。常用的空气过滤器一般为粗效过滤器、中效过滤器、亚高效过滤器和高效过滤器。亚高效过滤器和高效过滤器一般具有净化、杀菌消毒等功能。

当被过滤空气中含尘浓度以计重（质量）浓度来表示时，则效率为计重效率；以计数浓度来表示时，则为计数效率。最常用的表示方法为用过滤器进、出口空气中的尘粒浓度表示的计数效率：

$$\eta=\frac{(N_1-N_2)}{N_1}=1-\frac{N_2}{N_1} \tag{7-8}$$

式中　N_1——过滤器进口气流中的尘粒浓度，粒/L；

　　　N_2——过滤器出口气流中的尘粒浓度，粒/L。

不同效率的过滤器串联工作时，其总效率：

$$\eta=1-(1-\eta_1)(1-\eta_2)\cdots(1-\eta_n) \tag{7-9}$$

式中　η_n——第 n 个过滤器的效率。

【例 7-2】一台组合式空气处理机组，新风入口处设三级空气过滤器，第一级初效过滤器的过滤效率为 0.2（尘粒径 0.5μm），第二级中效过滤器的过滤效率为 0.45（尘粒径 0.5μm），第三级高效过滤器的过滤效率为 0.999（尘粒径 0.5μm），室外大气含尘浓度为 $M=100\times10^4$PC/L（尘粒径 0.5μm），请问总过滤效率是多少？空气处理机组出口处的含尘浓度是多少？

根据总效率公式：$\eta=1-(1-\eta_1)(1-\eta_2)\cdots(1-\eta_n)$

其中：$\eta_1=0.2$，$\eta_2=0.45$，$\eta_3=0.999$

$\eta=1-(1-\eta_1)(1-\eta_2)(1-\eta_3)$

$=1-(1-0.2)(1-0.45)(1-0.999)$

$=1-0.8\times0.55\times0.001=0.999\,56=99.956\%$

出口处的含尘浓度：

根据 $\eta=\frac{(N_1-N_2)}{N_1}=1-\frac{N_2}{N_1}$

$N_2=N_1-N_1\cdot\eta=(100\times10^4)$ 粒/L$-(100\times10^4)$ 粒/L$\times0.999\,56=0.044\times10^4$PC/L

7.3　空调系统的分类

一个完整的空调系统一般包括三个部分：冷热源；输送冷热媒的管路系统；空气处理设备（末端）和分配（送回风管路及风口）系统。

空调系统主要包括以下几种形式：

1. 按空气处理设备的位置来分

集中系统：集中进行空气的处理、输送和分配。主要的系统形式为：单风管系统，双风管系统，变风量系统。

半集中系统：除了有集中的中央空调器外，还设有分散在各被调房间内的二次设备（空调末端）。其主要形式为：末端再热式系统，风机盘管系统。

分散系统：每个房间的空气处理，分别由各自的整体式空调机组承担。主要的系统形式为：单元式空调器，窗式空调器，分体式空调器等。

2. 按负担室内负荷所用的介质种类来分

全空气系统：指空调房间的室内负荷全部由经过处理的空气来负担的空调系统。其主要的系统形式为：一次回风系统，二次回风系统。

空气—水系统：空调房间的热、湿负荷同时用经过处理的空气和水来负担，其主要的形式为：风机盘管加新风系统，新风加冷辐射吊顶空调系统。

全水系统：房间的空调负荷全部由水作为冷（热）工作介质来承担的系统称作全水空调系统。由于水携带能量（冷量或热量）的能力要比空气大得多，所以无论是夏天还是冬天，在空调房间的空调负荷相同的条件下，只需要较小的水量就能满足空调系统的要求，从而克服了风道占据建筑空间的缺点，因为这种系统是用管径较小的输送冷（热）水的管道代替了较大断面尺寸的输送空气的风道。

制冷剂系统：将制冷系统的蒸发器直接设置在室内，来承担空调房冷热负荷。其主要的形式为：多联机系统（VRV），单元式空调器，窗式空调器，分体式空调器。

3. 按集中系统（全空气系统）处理的空气来源分类

封闭式系统：系统所处理的空气全部来自空调房间，没有室外空气补充。系统形式为：再循环空气系统。

直流式系统：系统处理的空气全部来自室外，经处理后送入室内，然后全部排出室外。系统形式为：全新风系统。

混合式系统：系统运行时混合一部分回风。系统形式为：一次回风系统，二次回风系统。这种系统比较常见。

在工程设计中，应根据建筑物的用途、规模、使用特点、热湿负荷变化情况、参数及温湿度调节和控制的要求、所在地区气象条件、能源状况、空调机房的面积和位置、初投资和运行维修费用等多方面因素来选择。

对于使用时间不同的房间、空气洁净度要求不同的房间、温湿度基数不同的房间、空气中含有易燃易爆物质的房间、负荷特性相差较大的房间以及需要同时供热和供冷的房间和区域，宜分别设置空调系统。

空间较大、人员较多的房间以及房间温湿度允许波动范围小，噪声和洁净度要求较高的工艺性空调区，宜采用全空气空调系统。当各房间热湿负荷变化情况相似，采用集中控制，各房间温湿度波动不超过允许范围时，可集中设置共用的全空气空调系统；若某些房间不能达到室温参数要求，可采用变风量或风机盘管等系统。

当负荷变化较大，多个房间合用一个空调系统，各房间需要分别调节室内温度，尤其是需要全年送冷的内区空调房间，在经济技术条件允许时，可采用全空气变风量空调系统。风机应采用变频调节，并且采取小新风量要求的措施。

空调房间较多，各房间要求单独调节，且建筑层高较低的建筑物，宜采用风机盘管加新风系统。有条件时，也可采用多联式空调系统。

7.4 空调系统冷热源

空调系统的冷热源，是指空调制冷和制热设备，并且通过空调机房内的管道将制冷、制热设备和水泵、水处理、定压等一系列设备组合成的设备。

冷热源对外界的热量传递和循环分为蒸发器循环和冷凝器循环，如果空调冷媒是水的话，相应地分为冷冻水循环（接蒸发器）和冷却水循环（接冷凝器）。冷冻水循环为建筑内部的空调管路系统和建筑物内部的空气进行热交换，带走室内的热量；冷却水循环为室外循环，和空气进行热交换，将热量传递到室外空气中。

7.4.1 空调冷热源的分类

1. 冷源按照制冷方式分类

冷源按照制冷方式分为蒸汽压缩式制冷和吸收式制冷。蒸汽压缩式冷水机组包括四个主要组成部分：压缩机、蒸发器、冷凝器、膨胀阀，从而实现了机组制冷制热效果。吸收式制冷是利用某些具有特殊性质的工质对（如：水/溴化锂），通过一种物质对另一种物质的吸收和释放，产生物质的状态变化，并伴随吸热和放热的过程。吸收式制冷装置由发生器、冷凝器、蒸发器、吸收器、循环泵、节流阀等部件组成，工作介质包括制取冷量的制冷剂和吸收、解吸制冷剂的吸收剂，二者组成工质对。

2. 冷源按驱动方式分类

电力驱动冷水机组（图7-4）：按压缩机的形式分为活塞式压缩机冷水机组、离心式压缩机冷水机组、螺杆式压缩机冷水机组，近年来的新技术还有涡旋式压缩机和磁悬浮压缩机。

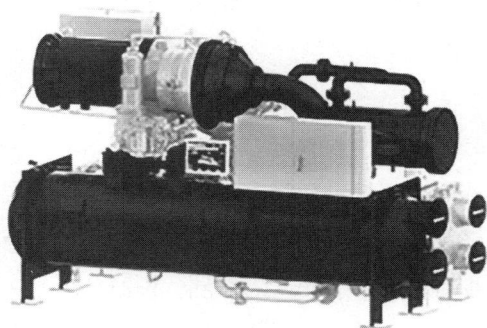

图7-4 电力驱动离心式压缩机冷水机组
（图片来源：http://www.luckme.cn/mkwesllsjz/wct1.shtml）

热能驱动吸收式冷水机组：分为热水型溴化锂吸收式制冷机、直燃型溴化锂吸收式冷热水机组、烟气型溴化锂吸收式冷热水机组。

3. 冷源按冷凝器冷却方式分类

冷源分为水冷式、风冷式和蒸发冷却式三种（图7-5、图7-6）。

图7-5　冷却塔

（图片来源：http://www.99114.com/
picture/133734788.html）

图7-6　风冷机组

（图片来源：http://www.51sole.com/photo/hkjum1162623_3.html）

水冷式制冷机组：冷凝器接冷却塔，通过冷却塔喷淋和空气进行热交换。

风冷式制冷机组：冷凝器直接裸露在空气中，与空气进行热交换。

4. 冷源按能量利用方式分类

冷源分为单冷型、热泵型、热回收型及单冷、冰蓄冷双功能型等。

5. 冷源按结构形式分类

冷源分为模块式冷水机组、整装式冷水机组、多机头式冷水机组等。

6. 热源的分类

1）化石能源燃料：

燃煤、燃油、燃气锅炉，由热电厂提供城市或区域集中供热管网。

余热——烟气、热废气或排气、废热水、废蒸汽、热的固体或液体等。

2）天然能源或可再生能源：

太阳能和风能发电提供电加热，太阳能光热蓄热系统，地热资源等。

7.4.2　热泵的简介

热泵（Heat Pump）是一种将低位热源的热能转移到高位热源的装置，也是备受关注的新能源技术。它不同于人们所熟悉的可以提高位能的机械设备——"泵"，热泵通常是先从自然界的空气、水或土壤中获取低品位热能，经过电力做功，然后再向人们提供可被利用的高品位热能。热泵的工作原理使它可作为空调系统的冷热源，在夏季供冷，冬季供热。按照提取热量的来源不同分为空气源热泵、水源热泵、地源热泵三类。

1. 空气源热泵（风冷热泵）

空气属于天然冷热源，空气源热泵属于可再生能源。其特点是在夏季向较高温的室外空气散热，为建筑供冷，在冬季则从较低温的室外空气中吸取热量，为建筑供热。

空气源热泵供热的 COP 值（能效比）大约为 3。由于随室外气温的提高，其 COP 值会不断加大，因此，在我国室外冬季平均温度较高的地区，其冬季的总体 COP 值会相对较高。但是随着室外气温的下降，其 COP 值将下降。

2. 水源热泵

水源热泵机组属于可再生能源。所利用的水资源可分为地下水、地表水等。通过对地下水、地表水的换热，夏季向低于冷凝器温度的地下水、地表水进行散热，进而为建筑供冷；在冬季则从高于蒸发器温度的地下水、地表水中吸取热量，进而为建筑供热。地下水、地表水热泵都属于对天然能源的利用。

3. 土壤源热泵

土壤源热泵是利用地下常温土壤温度相对稳定的特性，通过深埋于建筑物周围土壤中的管路与建筑物内部完成热交换的装置。冬季从土壤中取热，向建筑物供暖；夏季向土壤排热，为建筑物制冷。土壤源热泵属于可再生能源，它的一个重要的原则是：就全年而言，必须做到向土壤散热和从土壤中取热的平衡。

多联式空调系统（又叫作变制冷剂流量空调系统，简称 VRV）：属于空气源热泵的一种。它是由一台室外机通过配管连接两台或两台以上室内机，室外侧采用风冷换热形式、室内侧采用直接蒸发换热形式的一次制冷剂空调系统。多联机系统目前在居住建筑、中小型建筑和大型公共建筑中得到了广泛的应用。近年来，为了适应住宅的需求，厂家推出了户式多联机（图 7-7、图 7-8）。

户式空气源热泵冷热水机组系统：采用单台名义制冷量不大于 50kW 的空气源热泵机组作为冷热源，通过制冷剂—水换热装置产生冷、热水，冬天为住宅的供暖设施和生活热水提

图7-7　商用多联机
（图片来源：http://scjtjd.com/displayproduct.
html?id=3063742232462787）

图7-8　户式多联机
（图片来源：http://scjtjd.com/displayproduct.
html?id=3063742232462785）

供热源，夏季为用户的空调末端设备提供冷源。有的机组为热回收式空气源热泵，可以在夏季制冷的同时回收冷凝热，还可提供生活热水。

户式水、地源热泵：当住宅或小型建筑的场地允许埋设土壤交换管道，或者建筑旁边有稳定的水源时，可以不采用空气换热，而采用小型水、地源热泵，为建筑提供空调冷水。

7.5　常用空调末端的类型

空调处理设备（末端），是利用冷热媒对室内空气进行制冷、加热、加湿、除湿、过滤杀菌等处理的设备，并将经过处理的空气送至人员活动空间。包括：各式风机盘管、组合式空气处理机组、多联机的室内机、变风量空气处理机组等。

（1）风机盘管：它是最常用的空调末端设备，是由小型风机、电动机和盘管（空气换热器）等组成的空调末端设备。盘管管内流过冷冻水或热水时与管外空气换热，使空气被冷却、除湿或加热来调节室内的空气，包括：立式明装、卧式暗装、壁挂式、立柜式、卧式明装等（图7-9）。

（2）组合式空气处理机组是由各种空气处理功能段组装而成的一种空气处理设备，包括各种不同需求的功能段的灵活组合：新风、回风、排风、空气混合、均流、过滤、热回收、冷却、加热、去湿、加湿、消毒杀菌、送风机、回风机、喷水、消声、热回收等功能段（图7-10）。

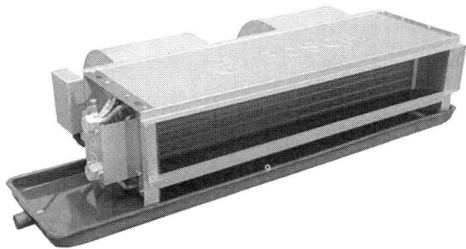

图7-9　风机盘管
（图片来源：http://www.jiancai365.cn/cp_481128.htm）

图7-10　组合式空气处理机组
（图片来源：http://www.cn716.com/sellmarket/sell13280995.shtml）

（3）毛细管辐射空调系统：系统以水作为冷媒载体，通过均匀紧密的毛细管席（一般管体尺寸为4.3mm×0.8mm，间距为10、20、40mm）辐射传热。毛细管辐射空调系统采用3.35mm×0.5mm的PPR塑料毛细管组成的间隔为10~30mm的网栅，犹如人体中的毛细管，与周围环境成功地进行了传热交换，达到自身温度调节的目的（图7-11）。

（4）热回型收新风换气机：空气热回收设备从回收原理上主要分为板翅式、转轮式、热管式，是一种高效节能的通风装置。根据能量回收的性质，分为全热回收型和显热回收型。其功能是利用室内外空气的温度差和湿度差，产生热量和水蒸气的交换，使新风能有效获取

图7-11　毛细管辐射空调系统

（图片来源：http://zxc.99114.com/s_50886516_111329766.html）

排风中的热量和水分（全热型）或热量（显热型），从而降低新风预处理的能耗。对于超低能耗建筑来讲，要求新风/排风热回收效率：冬季显热效率≥75%，全热效率≥70%。

7.6　超低能耗建筑空调系统的气候适应性

中国的气候区跨度很大，从东北的严寒地区到海南岛的夏热冬暖地区，甚至在同一个气候区都有明显的差别。气候特征就是当地不同季节的温度、湿度、太阳辐射、昼夜温差、四季的长短及室外风向、风速等因素，它决定着建筑的冷热需求。空调和新风系统的配置方案，要适应当地的气候特征。下面简要分析一下中国主要的气候区及有代表性的城市。

1. 东北地区

东北地区包括东三省和内蒙古东北部，属于严寒地区，四季分明，夏季温热多雨，冬季寒冷干燥。每年有5~7个月平均气温在0℃以下，并经常出现-30℃的严寒天气；夏季短暂而温暖，月平均气温在10℃以上，高者可达18~20℃。东北地区超低能耗建筑冬季热需求远远大于夏季冷需求。夏季昼夜温差大，很多建筑不需要空调，利用自然通风降温即可满足室内舒适度。冬季必须供热，冬季白天可充分利用太阳辐射得热。夏季冷需求很小且时间短，部分公共建筑在夏季中午室外温度较高时有制冷的需求，夜间不需要制冷，无除湿的需求。新风系统冬季热回收效率高，节能效果明显。

2. 西北地区

中国西北地区包括陕西省、甘肃省、青海省、宁夏回族自治区、新疆维吾尔自治区5个省及自治区，地跨严寒和寒冷地区，气候干旱。冬季严寒而干燥，夏季高温，降水稀少。西北地区面积辽阔，各地气候有不小的差异。如西安：年极端最高气温为35~41.8℃；极端最低气温为-20~-16℃。全年以7月最热，1月最冷，气候干燥，降水主要集中在夏秋两季。西北地区超低能耗建筑全年冬季热需求大于夏季冷需求。冬季需要供热系统，白天可充分利用太阳辐射得热，气候干燥，需要加湿。夏季干热，需要制冷，但不需要除湿，甚至需要加湿。这种气候条件适于采用蒸发式制冷技术和辐射技术。夏季昼夜温差大，很多建筑夜间利用自然通风就可达到较好的舒适度。

3. 华北地区

华北地区属于寒冷地区，包括北京市、天津市、河北省、山西省和内蒙古自治区中部。四季分明，光照充足，冬季寒冷干燥且较长，夏季高温潮湿，降水较多。春秋季较短，温暖干燥，气候舒适。如北京：冬季寒冷干燥，1月份平均温度降到 −6~3℃，夏季炎热潮湿，7月份日平均温度约 24~33℃，最高温度达到 40℃以上。5月属于初夏时节，天气炎热干燥，6月、7月随着降水增多，天气潮湿，空气的含湿量为 10~20g/（kg·干空气），除湿需求明显。建筑全年热需求和冷需求同样重要，冬季需要供暖，且一定程度上需要加湿，夏季需要制冷和除湿，因湿负荷明显，新风采用全热回收是比较有意义的。

4. 夏热冬冷地区

夏热冬冷地区主要是指长江中下游及其周围地区。最冷月平均温度满足 0~10℃，最热月平均温度满足 25~30℃。大部分夏热冬冷地区夏季闷热、潮湿，冬季湿冷，气温日较差小，年降水量大，日照偏少。如上海：1月份最冷平均温度为 3~9℃，7月份平均温度为 28~35℃，夏天长达 4 个半月，冬季大概 3 个月，春秋稍短。建筑全年冷需求大于热需求，7月、8月天气潮湿，空气的含湿量为 15~20g/（kg·干空气），有明显除湿需求。由于室外温度和保温厚度不如北方，中国南方，尤其是长江流域的建筑在冬季有明显的热需求，社会上也一直有发展集中供热的呼声。夏热冬冷地区建筑的空调系统一般兼顾冬季供热和夏季供冷，同时，该地区夏季潮湿，尤其是每年 6~7 月的梅雨季节，虽然室外温度并不高，但持续阴雨，空气湿度很大，空调系统要承担大量的除湿的功能。

5. 夏热冬暖地区

夏热冬暖地区主要是指我国的南部，包括海南全境，广东大部，广西大部，福建南部，云南小部分以及香港、澳门与中国台湾地区。夏热冬暖地区最冷月平均温度大于 10℃，最热月平均温度满足 25~29℃，日平均温度 ≥ 25℃的天数为 100~200 天，基本无冬季，春秋季短暂，夏季漫长，炎热潮湿。如广州：冬季温暖，1月份平均温度降到 10~19℃，温度降到 10℃以下的时间很短暂。夏季炎热潮湿，7月份平均温度达到 27~34℃。5月至 9月多雨潮湿，空气的含湿量为 15~25g/（kg·干空气），除湿需求很大。建筑全年大部分时间属于冷需求，且夏季空调除湿负荷大，冬季一般不需要供热。

6. 西藏地区

西藏属于严寒和寒冷地区，高原形成了复杂多样的独特气候。冬季寒冷干燥，日照多，辐射强，即使在寒冷的冬季，西藏的白天仍然暖意融融，只有晚间温度降至 0℃以下。西藏的气候最明显的特点便是日夜温差大，一天之内最高温度可达 28℃，最低温度可降至 10℃（以 8 月份为例）。西藏的太阳能资源丰富，以拉萨为例：拉萨的日照时间长，年日照时数在 3 000 小时以上，有"日光城"之称，可充分利用太阳能供暖、提供生活热水或太阳能发电（光伏）。冬季需要供热，夏季一般不需要制冷和除湿。

7.7 超低能耗建筑的冷热需求及一次能源消耗量

超低能耗建筑全年能耗计算中，建筑热负荷和冷负荷是重要的两项计算结果。其目的就是根据冷热负荷的计算，选择冷热源系统、空气处理末端、冷热水输送系统、空气输送系统等所有设备的参数。

7.7.1 超低能耗建筑的空调负荷

超低能耗建筑夏季空调冷负荷应计算建筑得热量，应包括下列各项：

（1）通过围护结构传入的热量；

（2）通过透明围护结构进入的太阳辐射热量；

（3）人体散热量；

（4）照明散热量；

（5）设备、器具及其他内部热源的散热量；

（6）食品或物料的散热量；

（7）门窗渗透和外门开启时由室外空气带入的热量；

（8）伴随各种散湿过程产生的潜热量；

（9）空调区与邻室的夏季温差大于 3℃时，通过隔墙、楼板等内围护结构传入的热量。

夏季附加冷负荷，宜按下列各项确定：空气通过风机、风管温升引起的附加冷负荷；冷水通过水泵、管道、水箱温升引起的附加冷负荷。

冬季空调系统的热负荷应根据建筑物下列散失和获得的热量确定：

（1）围护结构的耗热量；

（2）加热由门窗缝隙渗透和外门开启时进入室内的冷空气的耗热量；

（3）新风耗热量；

（4）扣除通过外窗太阳辐射获得的热量；

（5）扣除室内灯光、设备等形成的稳定散热量；

（6）供暖区与邻室的不供暖房间温差大于 3℃时，通过隔墙、楼板等内围护结构传入的热量。

7.7.2 一次能源消耗量计算

超低能耗建筑的年一次能源总需求包括供暖、供冷、照明、生活热水、新风输送、电梯等项，应按下列公式求和计算：

$$E_p^T = E_p^h + E_p^c + E_p^{lig} + E_p^w + E_p^s + E_p^e \qquad (7-10)$$

式中　E_p^T——单位面积年一次能源总需求，$kW \cdot h/(m^2 \cdot a)$；

E_p^h——单位面积年供暖一次能源需求，$kW \cdot h/(m^2 \cdot a)$；

E_p^c——单位面积年供冷一次能源需求，$kW \cdot h/(m^2 \cdot a)$；

E_p^{lig}——单位面积年照明一次能源需求，$kW \cdot h/(m^2 \cdot a)$；

E_p^w——单位面积年生活热水一次能源需求，$kW \cdot h/(m^2 \cdot a)$；

E_p^s——单位面积年新风输送一次能源消耗量，$kW \cdot h/(m^2 \cdot a)$；

E_p^e——单位面积年电梯一次能源消耗量，$kW \cdot h/(m^2 \cdot a)$。

供暖年一次能源需求应根据下列公式计算。

当使用生物质燃料、天然气、液化气、燃料油时：

$$E_p^h = \frac{f \times Q_h}{(\eta_1 \times \eta_2)} \qquad (7-11)$$

当使用热泵供热时：

$$E_p^h = \frac{f \times Q_h}{\eta_e}$$

供冷年一次能源需求，应按下列公式进行计算：

$$E_p^c = \frac{f \times Q_c}{\eta_e} \qquad (7-12)$$

照明年一次能源需求，应按下列公式进行计算：

$$E_p^{lig} = f \times Q_{lig}$$

生活热水年一次能源需求，应按下列公式进行计算：

$$E_p^w = f \times Q_w$$

电梯热水年一次能源需求，应按下列公式进行计算：

$$E_p^e = f \times Q_e$$

通风热水年一次能源需求，应按下列公式进行计算：

$$E_p^s = f \times Q_s$$

式中　Q_h——建筑供暖年耗热量，$kW \cdot h/(m^2 \cdot a)$；

Q_c——建筑供冷年耗热量，$kW \cdot h/(m^2 \cdot a)$；

f——一次能源 PE 换算系数，参见本教材第 1.2.5 节中"常用能源形式的一次能源系数"确定；

η_1——热力管网效率，按管网实际或设计效率取值；

η_2——锅炉效率，按锅炉实际或设计效率取值；

η_e——供暖（冷）系统的性能系数（能效比），根据设备厂家提供的设计工况下制冷机组或热泵机组的制冷或制热的性能系数确定。

【例 7-3】 某建筑 A，年供暖耗热量为 Q_h=28kW·h/（m^2·a），年供冷耗热量为 Q_c=10.2kW·h/（m^2·a）。空调冷热源均为地源热泵，设计工况下，地源热泵机组的供冷平均能效比为 η_e=3.6，供热平均能效比为 η_e=4.0。年生活热水供热量为 Q_w=10.5kW·h/（m^2·a），其中采用太阳能热水系统供热为 8kW·h/（m^2·a），辅助热源电力供热 2.5kW·h/（m^2·a）。照明电耗为 Q_{lig}=5kW·h/（m^2·a），电梯电耗为 Q_e=3kW·h/（m^2·a）。建筑本体光伏发电量为 4kW·h/（m^2·a），可用于照明。新风电耗为 Q_s=1.6kW·h/（m^2·a），计算该建筑的一次能源消耗量。

解：一次能源消耗量的计算过程：

根据 1.2.5 节"常用能源形式的一次能源系数"确定，各一次能源 PE 转换系数为：供暖、制冷、家庭用电 f=2.6，光伏发电 f=0。

供暖年一次能源消耗量：$E_p^h = \dfrac{f \times Q_h}{\eta_e} = \dfrac{2.6 \times 28\text{kW·h/（}m^2\text{·a）}}{4} = 18.2\text{kW·h/（}m^2\text{·a）}$。

供冷年一次能源消耗量：$E_p^c = \dfrac{f \times Q_c}{\eta_e} = \dfrac{2.6 \times 10.2\text{kW·h/（}m^2\text{·a）}}{3.6} = 7.37\text{kW·h/（}m^2\text{·a）}$。

生活热水年一次能源消耗量，其中太阳能热水一次能源系数 f=0，辅助电热水能耗消耗量：$E_p^w = f \times Q_w = 2.6 \times 2.5\text{kW·h/（}m^2\text{·a）} = 6.5\text{kW·h/（}m^2\text{·a）}$。

照明年一次能源消耗量，其中太阳能光伏一次能源系数 f=0，电网电力能耗消耗量：$E_p^{lig} = f \times Q_{lig} = （5-4）\times 2.5\text{kW·h/（}m^2\text{·a）} = 2.5\text{kW·h/（}m^2\text{·a）}$。

电梯年一次能源消耗量：$E_p^e = f \times Q_e = 2.6 \times 3\text{kW·h/（}m^2\text{·a）} = 7.8\text{kW·h/（}m^2\text{·a）}$。

通风系统年一次能源消耗量：$E_p^s = f \times Q_s = 2.6 \times 1.6\text{kW·h/（}m^2\text{·a）} = 4.16\text{kW·h/（}m^2\text{·a）}$。

该建筑一次能源消耗总量为：

$E_p^T = E_p^h + E_p^c + E_p^{lig} + E_p^w + E_p^s + E_p^e = （18.2+7.37+6.5+2.5+7.8+4.16）\text{kW·h/（}m^2\text{·a）} = 46.53\text{kW·h/（}m^2\text{·a）}$。

7.7.3 超低能耗建筑空调冷热源的性能系数

制冷机组的性能系数 COP（Coefficient Of Performance），是名义工况下的压缩机制冷量和消耗的电功率比值，简称能效比：

$$COP = \frac{Q}{N} \qquad (7-13)$$

式中　Q——名义工况下制冷机组的制冷量，kW；

N——名义工况下制冷机组的耗电量，kW。

跟普通节能建筑相比，超低能耗建筑应采用高能效等级设备产品。根据《近零能耗建筑技术标准》GB/T 51350—2019，当采用分散式房间空气调节器作为供暖热源时，其制冷季能源消耗效率应符合表 7-1 的规定。

分散式房间空气调节器能效指标   表7-1

类型	制冷季能源消耗效率，（W·h）/（W·h）
单冷型	5.4
热泵型	4.5

当采用空气源热泵作为供暖热源时，机组在冬季设计工况下的性能系数 COP 应符合表 7-2 的规定。

空气源热泵机组性能系数（COP）   表7-2

类型	低环境温度名义工况下的性能系数（COP）
热风型	2.00
热水型	2.30

采用多联式空调（热泵）机组时，其在名义制冷工况和规定条件下的制冷综合性能系数 [IPLV（C）] 按表 7-3 选用。

多联式空调（热泵）机组制冷综合性能系数[IPLV（C）]   表7-3

类型	制冷综合性能系数 [IPLV（C）]
多联式空调（热泵）	6.0

采用电机驱动的蒸汽压缩循环冷水（热泵）机组时，其在名义制冷工况和规定条件下的性能系数 COP 选用如表 7-4 所示。

冷水（热泵）机组的制冷性能系数 COP   表7-4

类型	性能系数（COP），W/W
水冷式	6.00
风冷或蒸发冷却	3.40

7.8 超低能耗建筑空调方案

超低能耗建筑冷热源的选择要遵循"因地制宜，技术适宜"的原则，应根据项目所在地的气候特点、周边的能源状况、太阳能、土壤和地下水资源等综合考虑，同时还要根据建筑的性质、功能分区、运行管理特点、冷热湿负荷的特征、安装空间等因素综合考虑。

（1）严寒地区，当采用分散供暖时，可使用燃气供暖炉；当采用集中供暖时，宜以地源热泵、

工业余热或生物质锅炉为热源,并采用低温供暖方式;

（2）寒冷地区、夏热冬冷地区宜采用地源热泵或空气源热泵;夏热冬暖地区宜采用磁悬浮机组等更高能效的供冷系统;

（3）应优先选用高能效等级的产品,并应提高系统能效;

（4）应有利于直接或间接利用自然冷源;

（5）应考虑多能互补集成优化;

（6）应根据建筑负荷灵活调节;

（7）应优先利用可再生能源;

（8）应兼顾生活热水需求,并尽可能利用太阳能供应热水;

（9）循环水泵、通风机等用能设备应采用变频调速;

（10）应根据建筑冷热负荷特征,优化确定新风再热方案或采取适宜的除湿技术。

供热供冷应优先利用可再生能源,减少化石能源的使用。可再生能源主要包括太阳能、地源热泵及空气源热泵等。除满足供热和新风处理要求外,应优先采用太阳能热水系统,满足供热或生活热水需求。采用太阳能光伏系统,可直接进一步降低建筑能源消耗。

建筑暖通空调系统的负荷变化幅度较大,满负荷运行时间占比不高,进行变负荷调节时往往为变速调节,而各种变速调节形式中,变频调速的节能效果最佳。

由于超低能耗建筑冷热源系统输入能量变小,从集中系统转向更为灵活的分散系统形式,更有利于分区调节和降低运行能耗,因此超低能耗建筑居住建筑宜采用分户式的独立的系统。主要考虑两个方面:一是集中式冷热源的自身能耗、输送能耗,市政和项目二次热力网运行损耗和初期投资等因素;二是居住建筑灵活分散的使用需求,适应多种运行管理模式。但也应该依据"因地制宜"的原则,充分利用项目周边低品位的余冷余热,经过经济和技术分析并且合理的话,也可采用集中的冷热源方式。还可以利用太阳能光热辅助供暖、光伏或者风电辅助供暖等措施。超低能耗建筑居住建筑空调新风基本分为四种形式。

7.8.1 超低能耗建筑专用热泵型环境控制一体机

热泵型新风环境控制一体机（Integrated Environment Control Unit Combined Heat Pump with Outdoor Air）,是以热泵作为冷热源,具有新风热回收功能,通过集成控制单元,实现室内温湿度、新风量、空气洁净度有效控制的一体式机组（IECU）。它包括室内机和室外机,是超低能耗建筑住宅项目中应用较多的设备,集新风、排风、热回收、热泵空调、空气过滤功能于一体,安装简单,运行模式丰富（图7-12）。

运行模式分为新风模式、净化模式、制冷制热模式、制冷/制热模式+新风模式、除湿模式等。

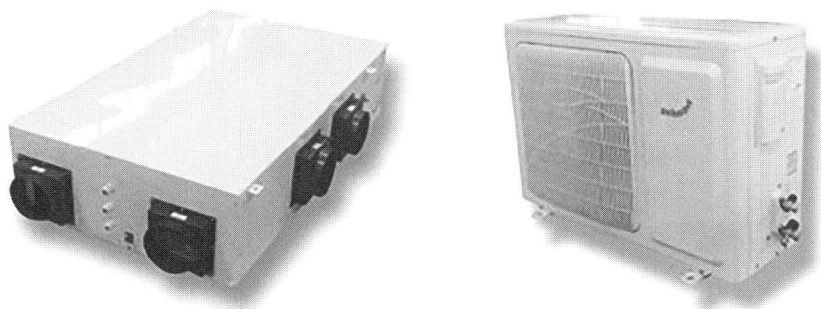

图7-12   超低能耗建筑专用热泵型环境控制一体机

（图片来源：http://www.zehnder.com.cn/Products/Product/8.html?id=44#pos）

7.8.2   空气源／地源热泵冷热水系统加全热回收新风换气机

户式空气源热泵冷（热）水机组，夏季空调水温为7/12℃，冬季制热水温为45/40℃。机组自带水力模块或者外置水泵，室外主机与室内机通过水系统管道进行连接，室内采用风机盘管（冬季可接地暖），加热／制冷室内循环空气。空气源热泵根据机组本身的自动控制运行。

新风系统，采用全热回收新风机组：新风送入，污风排出，全热回收，室内二氧化碳控制（新风量），新风空气过滤（新风PM2.5控制），室内循环风（循环风PM2.5控制）。人均新风量不小于30m³/h。新风机组功能：全热回收，冬季显热回收效率≥75%。

7.8.3   集中供热和分体空调加全热回收新风换气机

超低能耗建筑的发展方向，应是提倡采用分散的冷热源，可逐步替代高耗能的城市集中供热。但是如果项目周边有市政热源可提供供暖热水，采用传统的集中供热方式，需要分析以下几点：

投资分析：应估算整体的投入，包括：市政管网的接入费用、一次水管网、二次水管网、换热站、管道井、室内地暖或散热器系统安装、土建成本、管理成本等。

运行费用：因超低能耗建筑的冬季热负荷极低，因此应按实际的运行能耗和热量消耗计算。但现在很多城市的供暖费用还是按照面积来计算，这对于超低能耗建筑的住户来讲是个极大的浪费。因此，采用市政集中供暖，一定要解决能耗计量的问题。

当供暖热源为燃气时，考虑分散式系统具有较高能效，且适应居住的使用习惯，便于控制，因此，此时采用户式燃气热水炉是一种较好的技术方案，可以产生热水，通过散热器、风机盘管进行供暖，或通过低温地板辐射供暖。

至于冷源，可采用传统的户式空调，其配机容量和制冷量跟传统节能建筑比，大为降低。户内设独立新风机组，可采用全热回收新风换气机。

7.8.4 户式多联式空调加全热回收新风换气机

小型的户式多联机，可提供夏季制冷和冬季制热，最小的型号的制冷量为 8kW，近年来得到应用。为了适应各房间极低的冷热负荷，室内机需要开发更小制冷量的机型。户内设独立新风机组，可采用全热回收新风换气机。

7.8.5 超低能耗建筑住宅厨房的补风系统

超低能耗建筑以节能为目的，同时不应降低人体舒适度要求。厨房在做饭时会产生大量的油烟和水蒸气，且瞬时通风量大，应设独立的排油烟补风系统。为降低厨房通风造成的冷热负荷，室外补风管道引入口应设保温密闭型电动风阀，且电动风阀应与排油烟机联动。厨房宜安装闭门器，避免厨房通风影响其他房间的气流组织和送排风平衡。设计中应对补风管道尺寸进行校核，避免补风口流速过高造成的噪声问题。补风管道应保温，防止结露。补风口尽可能设置在灶台附近，缩短补风距离（图7-13）。

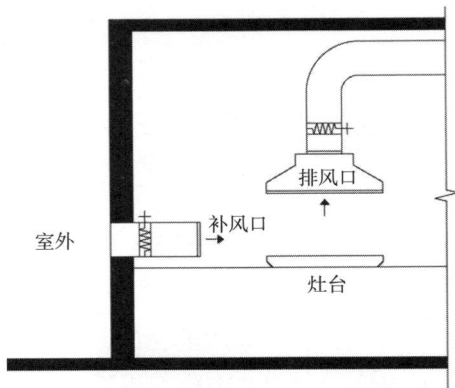

图7-13　厨房补风示意图

（图片来源：中华人民共和国住房和城乡建设部《被动式超低能耗绿色建筑技术导则（试行）（居住建筑）》，2015.）

7.8.6 公共建筑空调方案

公共建筑包含办公建筑、学校、医院、旅馆、商业餐饮、会展等不同功能的建筑。公共建筑的空调方案，常用的包括：风机盘管加新风系统、全空气系统、辐射供冷供热加新风除湿系统、多联式空调加新风系统。新风系统一般分为集中式新风系统和分散式新风系统，采用何种形式，应综合考虑使用时间、区域管理、造价、噪声、安装空间、控制系统等几个因素。

7.8.7 空调系统的保温材料

常用空调保温材料：

玻璃棉：玻璃棉属于不燃材料（A级），是一种人造无机纤维，纤维和纤维之间为立体交叉，互相缠绕在一起，呈现出许多细小的间隙。因此，玻璃棉可视为多孔材料，具有良好的绝热、吸声性能。

岩棉：不燃材料（A级），其防火、抗老化及抗化学性能良好，易吸水，施工时必须注意做好防潮处理。

橡塑海绵保温材料：橡塑海绵具有柔软、耐屈挠、耐寒、耐热、为难燃材料（B1级）、防水导热系数低、减振、吸声等优良性能。同时，施工方便，外观整洁美观，没有污染，是一种高品质的新型绝热保温材料。

7.9 超低能耗建筑空调系统的控制和监测

7.9.1 超低能耗建筑的监测系统

超低能耗建筑应设置能源管理平台，按照建筑、系统、设备、空间等维度对建筑用能进行全面检测，对建筑室内外环境和建筑各项能耗进行记录。定期提供用能分析报告、能耗账单等标准化及定制化报告，对运行状态进行记录。宜配备移动客户端，实现对建筑物的高效监管。

（1）应监测建筑室内环境、人员数量和使用方式以及室外环境参数等信息；

（2）应监测电、自来水、蒸汽、热水、热 / 冷量、燃气、油或其他燃料等的消耗量；

（3）当采用可再生能源时，应对其单独进行监测；

（4）应对网络机房、食堂、开水间、制冷机房、换热机房和锅炉房等部位的用能实行重点监测；

（5）用于计费结算的电、水、热 / 冷、蒸汽、燃气等表具，应符合国家现行有关标准的规定；

（6）制备生活热水消耗的热量和燃料量应单独监测。

7.9.2 超低能耗建筑的自动控制系统

超低能耗建筑的楼宇自控系统应以供需平衡为目的，根据末端房间需求实时调节冷热源的供给，降低设备使用时间及能耗输出，延长设备使用寿命，最终提高系统运行效率并节约能源。楼宇自控系统应实现管理、控制及传感执行等功能。

房间控制系统应具备下列功能：

（1）应在一个系统内集成并收集温度、湿度、风速、空气质量、照明、遮阳、人体存在等与室内环境控制相关的物理量。

（2）应包含房间的遮阳控制、照明控制、制冷、供暖和新风末端设备控制，相互之间具有联动关系。

（3）通过预置的程序自动控制照明、遮阳、暖通空调设备，使房间重新回到舒适与能源效率的平衡状态。

（4）当有多种能源供给时，自控策略和调节措施应根据系统能效对比实施相应的切换。采用可再生能源系统时，应优先利用可再生能源的供给。

严寒及寒冷地区应采取防冻保护：新风温度过低时，转轮热交换装置排风侧容易出现冷凝水结冰，堵塞蓄热体气流通道或者阻碍蓄热体旋转。在排风侧安装温度传感器，当排风温度低于限定值时，降低转轮转速或开启旁通阀门。

只有在热回收装置减少的新风能耗足以抵消热回收装置本身运行能耗及送、排风机增加的能耗时，运行热交换装置才是节能的。因此，应采用最小经济温差（焓差）控制新风热回收装置的旁通阀。当夏季工况下室外新风的温度（焓值）低于室内设计工况，或者冬季工况下室外新风的温度（焓值）高于室内设计工况时，不启动热回收装置，开启旁通阀。

（1）应根据室内二氧化碳浓度的变化，调整相应的风机转速及新风阀开度；

（2）应在新风入口处监测新风流量；

（3）应设置压差传感器检测过滤器两侧压差变化；

（4）严寒和寒冷地区的新风热回收装置应具备防冻保护功能；

（5）应根据最小经济温差（焓差）控制新风热回收装置的旁通阀。

7.10　超低能耗建筑空调系统的运行

7.10.1　过渡季节

一般是指春秋季，室内外温、湿度较为舒适，此时空调系统应停止运行。超低能耗建筑在过渡季应尽量采用自然通风。白天自然通风可带走室内的余热余湿，夜间采用自然通风，可以使建筑的围护结构充分"蓄冷"，再加上超低能耗建筑良好的热惰性，白天即使室内存在少量的余热余湿，室内温度也不会有大的变化，可保持舒适度。

7.10.2　超低能耗建筑的供暖制冷季

超低能耗建筑供暖制冷季比普通节能建筑要短。确定超低能耗建筑的供暖、制冷开始和结束的时间，要根据当地的气候特征和超低能耗建筑本身的因素：室外太阳辐射得热、室外环境的风力和风向、昼夜温差变化、建筑围护结构的热惰性、使用情况等。

超低能耗建筑空调通风系统的全年运行方案，应根据系统的冷（热）负荷及能源供应等条件，经技术经济比较确定。

当空调通风系统采用间歇运行方式时，应根据气候状况、空调负荷情况和建筑热惰性，确定开机、停机时间。对作息时间固定的建筑，应在非工作时间内降低空调运行控制标准。

多台并联运行的同类设备，应根据实际负荷情况，自动调整运行台数，输出的总容量应与需求相匹配。具备调速功能的设备输出能力宜采用自动控制。冷水机组出水温度宜根据室外气象参数和除湿负荷的变化进行设定。

当空调通风系统的使用功能和负荷分布发生变化，或空调通风系统温度不平衡时，应对空调水系统和风系统进行平衡调试。

空调通风系统中的热回收装置应定期检查维护，并应对热交换效率进行评估。当设备的热交换效率显著下降时，应更换或升级设备。

空气过滤器的前后压差应定期检查，当压差不能直接显示或远程显示时，宜增设仪器仪表。通风系统新风量和排风量应根据建筑物的功能进行调节。

对人流密度相对较大且变化较大的场所，宜采用新风需求控制，应根据室内二氧化碳浓度值控制新风量。

7.10.3　超低能耗建筑空调系统如何应对呼吸道疫情

2020年初，突如其来的一场新型冠状病毒肺炎疫情迅速蔓延全国，引起了人们对建筑空调新风系统的思考和检讨。突发重大疫情状态下，要制定一套公共建筑新风系统"平疫转换"的运行模式。调整运行模式，使其能阻断病毒的传播，并维持基本的功能，不能简单地、一刀切地关断新风空调系统。人员密集场所内紧闭门窗更是错误的做法，这样会导致人员空气不流通，温湿度、二氧化碳超标，反而对健康不利，甚至助长病毒的传播。平时运行状态下，对超低能耗建筑的新风系统也要局部调整，使其能减少普通呼吸道疾病（如流感）的传播，发挥杀菌消毒的作用。

公共建筑的集中新风机组，不论是回风和新风混合后送入室内，还是排风和新风的热回收段，均存在泄漏或交叉污染的风险。为阻隔病毒（新冠病毒、流感等）的传播，应在回风端增设高效过滤器或送风端增设杀菌消毒段。

（1）关闭回风系统，全新风直流送风，自然排风，维持室内风量平衡；

（2）如机组有旁通，可通过旁通直送新风，室内污风直排；

（3）检修机组，防止回风大量泄露引起交叉污染；同时开启消杀段，保证送回风的有效过滤和消毒；

（4）调整控制系统：修改新风的供给和风机的变频逻辑，人员经常停留的房间应采用高换气次数，使用频率不高的房间在不使用时也宜维持低换气次数。

课后习题

1. 湿空气包含哪些成分？湿空气的主要参数有哪些？空气温度的几种类型的区别是什么？

2. 空调工程中，湿空气的热湿处理都有哪些过程？

3. 简述空调系统的分类。

4. 空调机组的性能系数的定义是什么？简述建筑一次能源消耗量包括哪些内容。

5. 简述热泵型新风环境控制一体机的主要功能。

6. 超低能耗建筑房间控制系统应具备哪些功能？

7. 某建筑 B，年供暖耗热量为 Q_h=23kW·h/（m²·a），年制冷耗热量为 Q_c=12kW·h/（m²·a）。空调冷热源为空气源热泵，设计工况下地源热泵机组的制冷平均能效比 η_e=3.2，供暖平均能效比 η_e=2.8。采用太阳能热水系统供热为 7kW·h/（m²·a），热水器辅助电力供热为 2kW·h/（m²·a）。照明电耗 Q_{lig}=6kW·h/（m²·a），建筑本体光伏发电量为 3kW·h/（m²·a），可用于照明。新风电耗 Q_s=1.4kW·h/（m²·a），计算该建筑的一次能源消耗量。

8 热水供应系统

近年来，随着人民生活水平的不断提高，对热水的需要日益增长，在高端住宅、酒店、饭店及大型公共建筑中大多设置集中热水系统。

超低能耗建筑倡导的核心为舒适、节能，那么超低能耗建筑的热水系统与其他建筑的热水系统的区别是什么呢？那就是节能、节水。在设计热水系统时，首先，热源要尽量使用可再生能源，比如太阳能、空气源热泵、水源热泵、废热等。在用水定额的取值上采用平均日用水定额。

8.1 热水供应系统的分类、组成和供水方式

8.1.1 热水供应系统的分类

建筑内部的热水供应系统按热水供应范围，可分为局部热水供应系统、集中热水供应系统。

1. 局部热水供应系统

采用各种小型加热器在用水场所就地加热，供局部范围内的一个或几个用水点使用的热水系统称局部热水供应系统。例如家用的燃气热水器、电热水器、小型即热式热水器（小厨宝），供给厨房、浴室、洗手盆等用水。

局部热水供应系统的优点是：输送管道短，热损失小，设备、系统简单，造价低。维护管理方便、灵活，增设比较容易。缺点是：加热效率低，制水成本高，每个用水场所均需设置加热装置。

局部热水供应系统适用于热水用量小且较分散的建筑，如小型饮食店、理发店等。

2. 集中热水供应系统

在热水机房将水集中加热后，通过热水管网输送到整幢或几幢建筑的热水系统称集中热水供应系统。

集中热水供应系统的优点是：加热及换热设备集中设置，便于维护管理，加热设备效率高，热水成本较低，使用较为方便、舒适。缺点是：设备系统较为复杂，投资较大，需要有专门

的维护管理人员，管网长，热损失较大，改建、扩建较为困难。

集中热水供应系统适用于热水用量较大且用水点较集中的建筑，如宾馆、公共浴室、医院、疗养院、游泳馆等建筑。

8.1.2 热水供应系统的组成

热水供应系统的组成因建筑类型、热源情况、用水要求、加热和储存设备等情况的不同而异。如图 8-1 所示是典型的集中热水供应系统，其主要由热媒系统、热水供水系统、附件三部分组成。

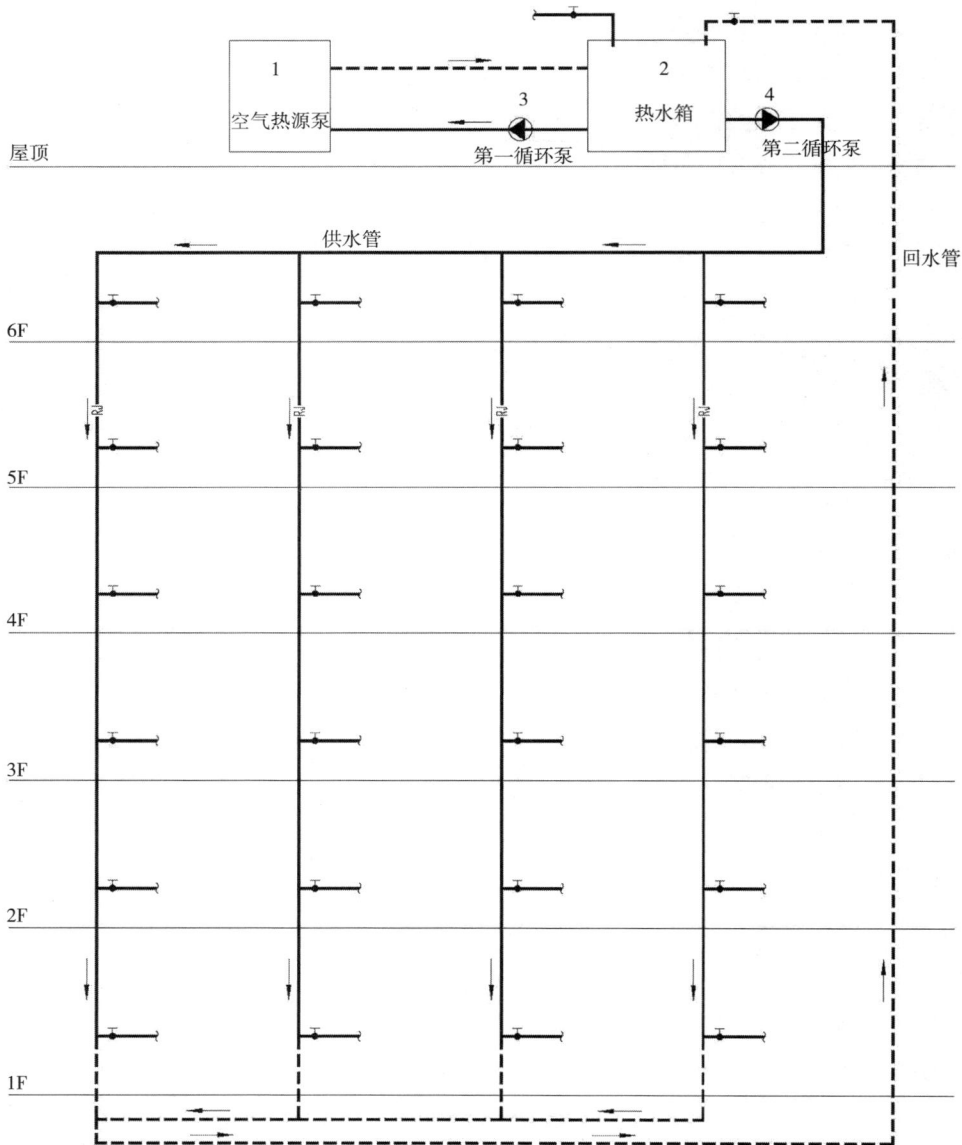

图8-1 热媒为空气源热泵的集中热水系统

1. 热媒系统（也称第一循环）

热媒系统由热源、水加热器和热媒管网组成，由锅炉（或太阳能集热器、空气源热泵、水源热泵）产生的蒸汽（或高温热水）通过热媒管网输送到换热器进行换热，热媒的循环由循环泵提供动力。

2. 热水供水系统（也称第二循环）

热水供水系统由供水管网和回水管网组成，被加热到一定温度的热水，从水加热器（水箱）中出来经供水管网送至各个热水用水点，而水加热器（水箱）的冷水由冷水管网补给，为保证各个用水点随时都有规定水温的热水，在立管和水平干管上设置回水管，使一定量的热水经过循环水泵流回水加热器以补充管网所散失的热量。

3. 附件

附件包括热水的控制附件及管道的连接附件，如温控阀、减压阀、自动排气阀、膨胀管、管道伸缩器、闸阀、水嘴等。

8.1.3 热水供水方式

（1）按热水加热方式的不同，有直接加热和间接加热之分，如图8-2所示。

直接加热也称一次换热，是以燃气、燃油、燃煤为燃料的热水锅炉，把冷水直接加热到所需热水温度，或者是将蒸汽或高温热水通过穿孔管或喷射器直接通入冷水混合制备热水。

间接加热也称二次换热，是将热媒通过水加热器（如板式换热器、导流型容积换热器）把热量传递给冷水达到加热冷水的目的，在加热过程中热媒与被加热水不直接接触。

超低能耗建筑常用的水源热泵、空气源热泵等可再生低温能源制备生活热水属于间接换热。

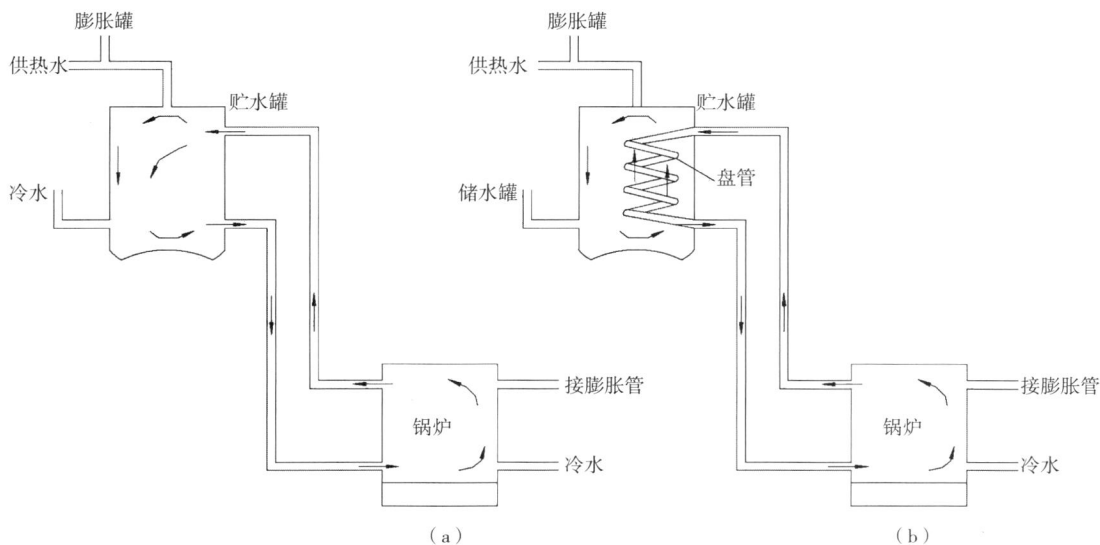

图8-2 直接换热与间接换热
（a）直接换热；（b）间接换热

（2）按供回水管网压力工况，可分为开式和闭式两类。

开式热水供应方式，即在所有配水点关闭后，系统内的水仍与大气相通，如图 8-3 所示。开式系统水压稳定，供水安全可靠，开式水箱容易受外界污染。

闭式热水供水方式，即在所有配水点关闭后，整个系统与大气隔绝，形成密闭系统，如图 8-4 所示。闭式热水供水方式具有管路简单、水质不易受外界污染的优点，但供水水压稳定性较差，安全可靠性较差。

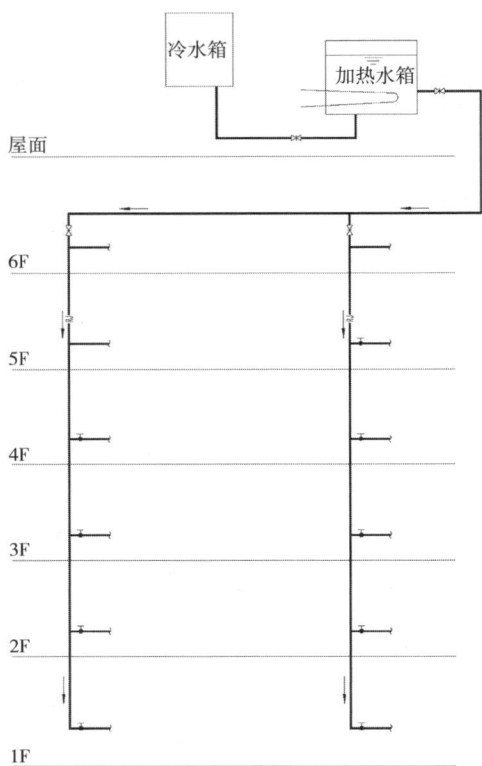

图8-3　开式热水供水方式

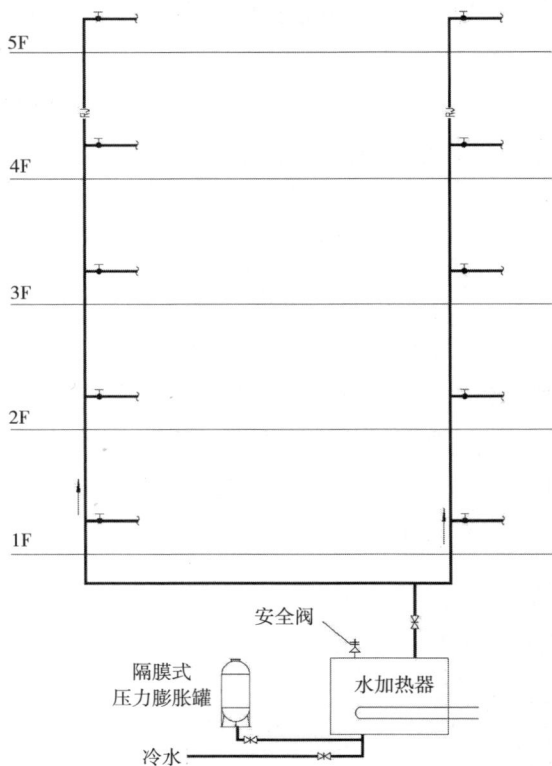

图8-4　闭式热水供水方式

（3）按热水管网设置循环管网的方式不同，有全循环、半循环、无循环之分，如图 8-5 所示。

全循环供水方式，是指热水干管、立管、支管都设置相应的循环管道，保持热水循环，各配水嘴均能随时打开提供符合设计水温要求的热水。该方式适用于对热水供应要求比较高的建筑，如高级宾馆、高级住宅等，但这种循环较为复杂，为了同程，会造成循环立管增多，很少使用。

半循环方式，是指干管、立管设置相应的循环管道，保持热水循环，各配水嘴随时打开均能提供符合设计水温要求的热水。该方式适用于全日制供应热水的建筑和定时供应热水的建筑，使用比较普遍。

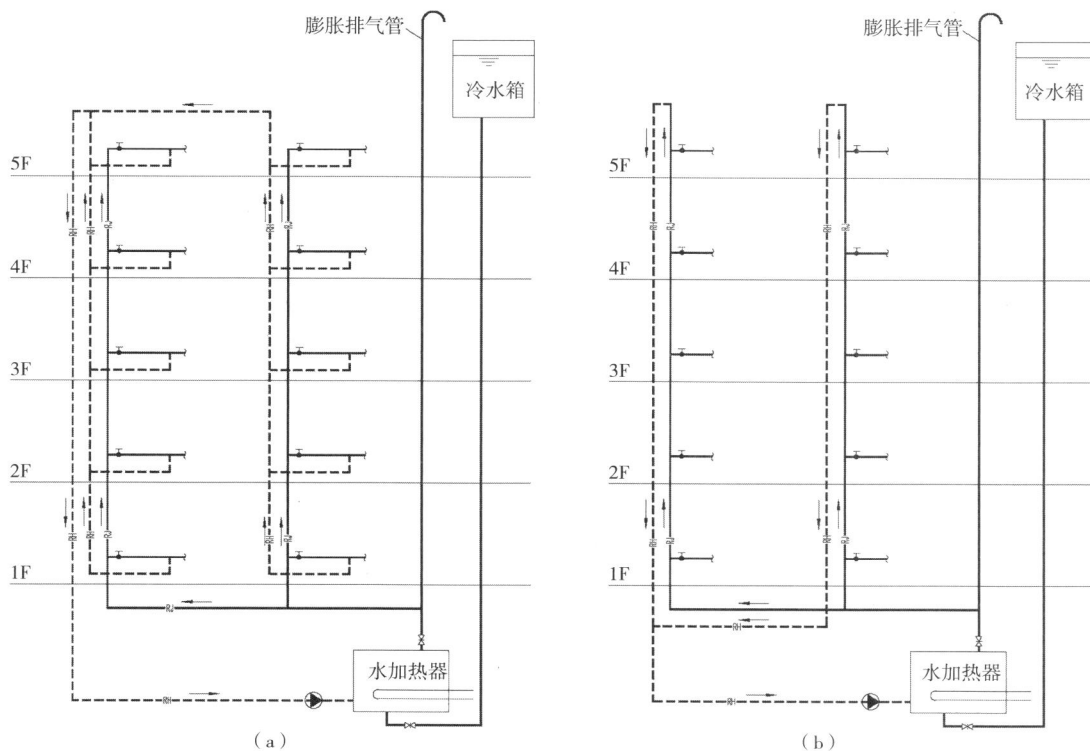

图8-5 循环管的不同方式
（a）下供上回全循环；（b）下供下回半循环

　　无循环供水方式，是指在热水管网中不设任何循环管道。对于热水供应系统较小，使用要求不高的定时热水供应系统，如家庭电热水器供水、燃气热水器供水等，可采用此方式。

　　但鉴于超低能耗建筑侧重节能，超低能耗建筑集中热水系统需要采用全循环或半循环，至少保证立管及干管的循环，无循环在设计过程中尽量不要使用。

　　（4）按热水配水管网水平干管的位置不同，可分为下行上给供水方式和上行下给供水方式。

　　至于选择何种形式，应根据建筑物用途、热源供给情况、热水用量和卫生器具的布置情况进行技术和经济比较后确定，加热设备在地下室的，多采取下供上回的方式，如果设备在屋顶，多采取上供下回的方式。

8.2 热水供应系统的热源、加热设备和贮热设备

8.2.1 热源

　　首先利用可再生能源，如空气源热泵、水源热泵、太阳能，再考虑工业余热、废热，当无以上热源可以利用时，也可采用燃气热水机组进行供热，不得已的情况下再采用电能制取

热水。当项目很小，设置整套集中热水供应系统不经济时，也可以采用电热水器制取热水。不能为了利用可再生能源设置很多设备，造成一次性投入增加，维护、保养复杂。

8.2.2 加热设备

1. 燃气热水器

燃气热水器有直流快速式和容积式之分。直流快速式热水器一般安装在用水点就地加热，可随时点燃并可立即取得热水，供一个或几个配水点使用，常用于厨房、浴室、医院手术室等局部热水供应。容积式燃气热水器具有一定的储水容积，使用前应预先加热，可供几个配水点或整个管网使用，可用于住宅、公共建筑和工业企业的局部和集中热水供应。

2. 太阳能热水器

太阳能热水器是将太阳能转换成热能并将水加热的装置。其优点是：结构简单、节省燃料、运行费用低、不存在环境污染问题。其缺点是：受天气、季节、地理位置等影响不能连续稳定运行，为满足用户需求，需配置储热和辅助加热设施，占地面积较大，布置受到一定的限制。适用于年日照时数大于 1 400h、年太阳辐照量大于 4 200MJ/m^2 的地区。

太阳能热水器按组合形式分为装配式和组合式两种。装配式太阳能热水器一般为小型热水器，即将集热器、储热水箱和管路由工厂装配出售，适用于家庭和分散场所，目前市场上有多种产品，如图 8-6 所示。

组合式太阳能热水器，即将集热器、储热水箱、循环水泵、辅助加热设备按系统要求分别设置而成，适用于大面积供应热水系统和集中供应热水系统，如图 8-7 所示。

太阳能热水器按热力循环方式分为自然循环和机械循环两种。自然循环热水器是靠水温差产生的热虹吸作用进行水的循环加热，该种热水器运行安全可靠，不需要电和专人管理，但储水箱必须装在集热器上面（目的是要形成自然循环）。

机械循环太阳能热水器是利用水泵强制水进行循环的系统。该种热水器的储热水箱和水

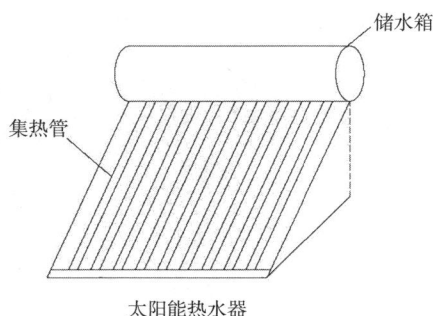

图8-6　装配式自然循环太阳能热水器

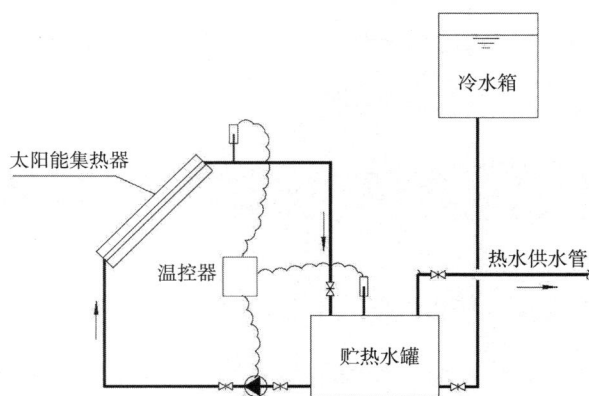

图8-7　直接加热机械循环太阳能热水系统

泵可以放置在任何部位，系统产水量大。为克服天气对水加热的影响，可增加辅助加热设备，如燃气加热、电加热等措施，适用于大面积和集中供应热水场所。

3. 可再生低温能源的热泵热水器

热泵热水器包含水源热泵、空气源热泵两种类型，合理利用水源热泵、空气源热泵等制备生活热水，具有显著的节能效果。

热泵热水器主要由蒸发器、压缩机、冷凝器和膨胀阀等部分组成，通过让工质不断完成蒸发（吸取环境中的热量）—压缩—冷凝（放出热量）—节流—再蒸发的热力循环过程，从而将环境里的热量转移到水中，如图8-8所示。

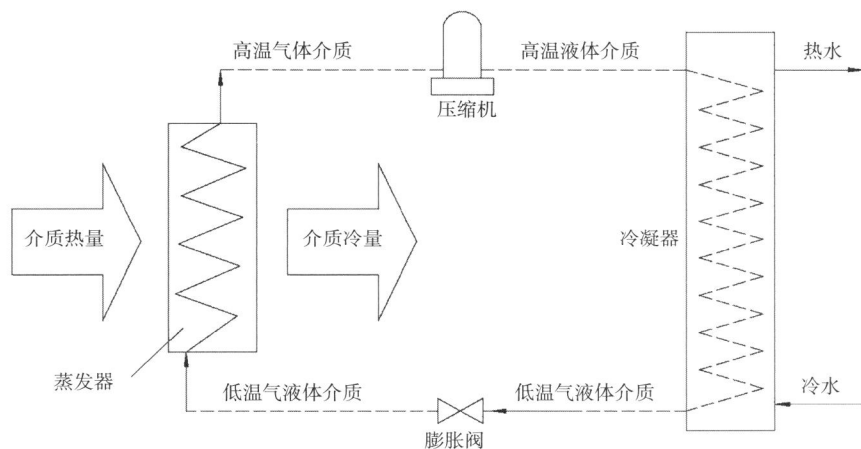

图8-8 热泵水加热系统原理

热泵在工作时，把环境介质中的热量（Q_A）在蒸发器中加以吸收，其本身消耗一部分能量，即压缩机耗电（Q_B），通过工质循环系统在冷凝器中进行放热（Q_C）来加热水，$Q_C = Q_A + Q_B$。由此可以看出，热泵输出的能量为压缩机做的功 Q_B 和热泵从环境中吸收的热量 Q_A。因此，采用热泵技术可以节约大量的电能。其实质是将热量从温度较低的介质中"泵"送到温度较高的介质中去的有趣过程。通俗地说，就是利用电能让热量从低温热源向高温热源移动，自然传热是热量从高温热源向低温热源自动移动，热泵是反方向的。

8.3 热水供应系统的管材、附件

8.3.1 热水管材

热水系统采用的管材管件，应符合现行产品标准的要求，管道的工作压力和工作温度不得大于产品标准标定的允许工作压力和工作温度。

热水管道可采用薄壁不锈钢管、薄壁铜管、塑料热水管、复合热水管等，其中塑料管及复合管可以采用三型无规共聚聚丙烯管（PP-R）、交联聚乙烯管（PE-X）、耐热聚乙烯管（PERT）、铝塑复合管、钢塑复合管（衬塑）。

8.3.2 附件

1. 自动排气阀

为排除热水管道中热水气化产生的气体（溶解氧和二氧化碳），以保证管内热水通畅，防止管道腐蚀，上行下给式系统的配水干管最高处应设自动排气阀。

2. 膨胀管、膨胀水罐和安全阀

在集中热水系统中，冷水被加热后，水的体积要膨胀，如果热水系统是密闭的，在卫生器具不用时，必然会增加系统的压力，有胀裂管道的危险，因此需要设置膨胀管、安全阀或膨胀水罐。

1）膨胀管

膨胀管用于由高位冷水箱向水加热器供应冷水的开式热水系统。

膨胀管上严禁装设阀门，且应防冻，以确保热水供应系统的安全。其最小管径应按表8-1确定。

膨胀管的最小管径　　　　　　　　　　表8-1

热水锅炉或水加热器的加热面积（m²）	< 10	≥ 10 且 < 15	≥ 15 且 < 20	≥ 20
膨胀管的最小管径（mm）	25	32	40	50

2）膨胀水罐

闭式热水系统的日用水量大于 $30m^3$ 时，应设置压力膨胀罐（隔膜式或胶囊式）以吸收储热设备及管道内水升温时的膨胀量，防止系统超压，保证系统安全运行。图 8-9 是隔膜式膨胀水罐的构造示意图。

3）安全阀

闭式热水系统的日用水量不大于 $30m^3$ 时，可采用设安全阀泄压的措施。安全阀的开启压力，一般取热水系统工作压力的1.1 倍，但不得大于水加热器本体的设计压力（一般为 0.6MPa、1.0MPa、1.6MPa 三种规格），安全阀与设备之间，不得装设阀门。

3. 自然补偿管道和伸缩器

热水系统中，管道因受热膨胀而伸长，为保证管网使用安

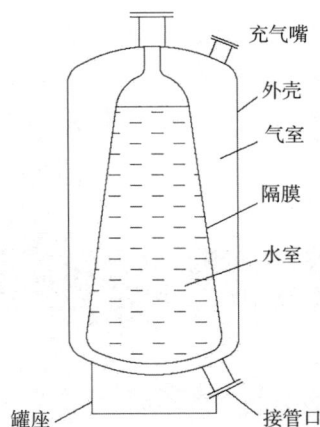

充气嘴
外壳
气室
隔膜
水室
罐座　　接管口

图8-9　隔膜式膨胀水罐构造示意图

全，在热水管网上应采取补偿管道温度伸缩的措施，以避免管道因为承受了超过自身所许可的内应力而导致弯曲甚至破裂。

补偿管道热伸长技术措施有两种，即自然补偿和设置伸缩器补偿。自然补偿即利用管道敷设自然形成的 L 形或 Z 形弯曲管段，来补偿管道的温度变形，如图 8-10 所示。

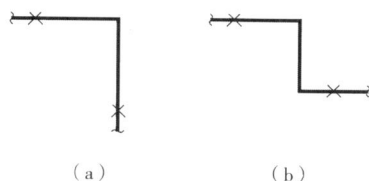

图8-10 自然补偿管道
（a）L 形；（b）Z 形

当直线管段较长，不能依靠管路弯曲的自然补偿作用时，每隔一定的距离应设置不锈钢波纹管、多球橡胶软管等伸缩器来补偿管道伸缩量。

8.4 热水管道敷设、保温

热水管道的布置与敷设，除了满足给（冷）水管网敷设的要求外，还应注意由于水温高带来的体积膨胀、管道伸缩、保温和排气等问题。

8.4.1 热水管道的布置与敷设

为了用户在使用热水时避免放出太多的冷水，浪费水资源，在布置循环管道时要做到：热水配水点保证出水温度不低于 45℃ 的时间，居住建筑不大于 15s，公共建筑不大于 10s。住宅建筑水表井后下游管道长度不宜大于 10m，公共建筑配水支管长度（非循环）不宜大于 7m。

上行下给式配水干管的最高点应设置自动排气阀，下行上给式配水系统可利用最高配水点放气，在热水系统的低点设置泄水装置（泄水阀），也可以利用最下层卫生器具兼做泄水装置。

为保证热水管道中的气体及时排出，避免管道腐蚀，横干管均需要保持有一定的坡度，上行下给式系统不宜小于 0.005，下行上给式系统不宜小于 0.003。

8.4.2 热水管道的保温

热水供应系统中的水加热设备，贮热水器，热水供水干、立管，回水干、立管均应保温，其主要目的在于减少介质在传送过程中的无效热损失。

热水管常用的保温材料为柔性泡沫橡塑、硬质聚氨酯发泡塑料、岩棉、玻璃棉等材料，其保温层厚度根据管径不同而不同，一般为 20~50mm，具体如表 8-2 所示。

管道的保温厚度　　　　　　　　　　表8-2

管道直径 DN（mm）	15 ~ 20	25 ~ 50	65 ~ 100	> 100
保温层厚（mm）	20	30	30	30

水箱保温层一般取 50mm 厚，阀门及其他附件保温材料同管道保温，唯一需要注意的就是阀门及附件外形不规则，要用保温板进行包裹，一定不要留缝隙，仅留阀杆，阀门用阀门罩壳进行外包。

8.5　热水供应系统的计算

热水系统，根据热源的不同，计算也有所不同，下面仅列出与超低能耗建筑节能理念相关的太阳能系统、热泵系统的计算方法。

8.5.1　热水用水定额

生活用水定额应根据建筑的使用性质、热水水温、卫生完善程度、热水供应时间、当地气候条件和生活习惯等因素合理确定。没有经验数据时，可按《建筑给水排水设计标准》GB 50015—2019 第 6.2 节中的平均日定额选取。平均日用水定额：住宅为 25~70L/（人·d），宾馆为 110~140L/（人·d）。

8.5.2　热水水温

1. 热水供水水温

系统不设灭菌消毒设施时，医院、疗养所等建筑的水加热设备出水温度应为 60~65℃，其他建筑水加热设备的出水温度应为 55~60℃，系统设灭菌消毒设施时，水加热设备出水温度应相应降低 5℃。

2. 冷水计算温度

热水供应系统所用冷水的计算温度，应以当地最冷月平均水温确定。

8.5.3　耗热量计算

全日集中热水供应系统的设计小时耗热量

如宿舍、别墅、酒店式公寓、旅馆、医院住院部、养老院、办公楼等建筑。可按式（8-1）计算。

$$Q_h = K_h \frac{mq_r C (t_r - t_1) \rho_r}{T} C_\gamma \qquad (8\text{-}1)$$

式中　Q_h——设计小时耗热量，kJ/h；

　　　m——用水单位数（人数或床数）；

　　　q_r——热水用水定额，L/（人·d）或 L/（人·床）；

t_r——热水温度，℃，t_r=60℃；

t_1——冷水温度，℃；

C——水的比热，kJ/（kg·℃），C=4.187kJ/（kg·℃）；

ρ_r——热水密度，kg/L，一般取 0.98kg/L；

T——每日使用时间；

C_γ——热水供应系统的热损失系数，C_γ=1.10~1.15；

K_h——小时变化系数。

8.5.4 设计小时热水量计算

$$q_{rh}=\frac{Q_h}{(t_{r2}-t_1)\,C\rho_r C_\gamma}\qquad(8-2)$$

式中　q_{rh}——设计小时热水量，L/h；

t_{r2}——设计热水温度，℃。

其他符号意义同式（8-1）。

【例 8-1】郑州某宾馆总计 200 间客房，每个客房可以入住 2 人，宾馆每人最高日用水定额为 150L/（人·d），最冷月冷水计算温度取 5℃，小时变化系数为 3.0，每日使用时间为 24h，设计热水温度为 60℃，试求设计小时耗热量及设计小时热水量。

解：1. 设计小时耗热量 Q_h

已知：m=400 人，q_r=150L/（人·d），t_r=60℃，t_1=5℃，T=24h，K_h=3.0，C=4.187kJ/（kg·℃），C_γ=1.10，ρ_r=0.98kg/L

$$Q_h=K_h\frac{mq_r C\,(t_r-t_1)\,\rho_\gamma}{T}C_\gamma$$

$$Q_h=3.0\times\frac{400\,人\times150L/（人\cdot d）\times4.187kJ/（kg\cdot℃）\times（60-5）℃\times0.98kg/L}{24h}\times1.10$$

$$=1\,861\,854.23kJ/h$$

2. 设计小时热水量（最大小时热水量）q_{rh}

已知：Q_h=1 861 854.23kJ/h，t_{r2}=60℃

$$q_{rh}=\frac{Q_h}{(t_{r2}-t_1)\,C\rho_r C_\gamma}$$

$$=\frac{1\,861\,854.23kJ/h}{（60-5）℃\times4.187kJ/（kg\cdot℃）\times0.98kg/L\times1.10}$$

$$=7\,500L/h$$

8.5.5 空气源热泵系统计算

由于中国幅员辽阔，各地气候条件差距比较大，在使用空气源热泵时，注意以下几点：

（1）最冷月平均气温不低于 10℃ 的地区，可以不设置辅助热源；

（2）最冷月平均气温低于 10℃ 且不低于 0℃ 的地区，宜设置辅助热源或采取延长热泵的工作时间的方法满足使用要求；

（3）最冷月平均气温低于 0℃ 的地区，不宜采用空气源热泵；

（4）辅助热源可以采用电加热或太阳能系统；

（5）当设辅助热源时，宜按当地农历春分、秋分所在月的平均气温和冷水供水温度计算；当不设辅助热源时，应按当地最冷月平均气温和冷水供水温度计算；

（6）空气源热泵供热量按式（8-3）计算确定：

$$Q_g = \frac{m q_r C (t_r - t_1) \rho_r C_\gamma}{T_5} \qquad (8-3)$$

式中　Q_g——空气源热泵设计小时供热量，kJ/h；

q_r——热水用水定额，L/（人·d）或 L/（人·床）；

T_5——热泵机组设计工作时间，h/d，取 8~16h。

其他符号意义同式（8-1）。

【例 8-2】郑州某宾馆总计 200 间客房，每个客房可以入住 2 人，宾馆每人最高日用水定额为 150L/（人·d），最冷月冷水计算温度取 5℃，试求空气源热泵的设计小时供热量。

解：热泵的设计小时供热量 Q_g

已知：m=400 人，q_r=150L/（人·d），t_r=60℃，t_1=5℃，C=4.187KJ/（kg·℃），C_r=1.10，ρ_r=0.98kg/L，热泵工作时间 t_5 取 12h。

$$Q_g = \frac{m q_r C (t_r - t_1) \rho_r C_\gamma}{T_5}$$

$$= \frac{400 \text{人} \times 150\text{L/（人·d）} \times 4.187\text{kJ/（kg·℃）} \times (60-5) \text{℃} \times 0.98\text{kg/L} \times 1.10}{12\text{h}}$$

=1 241 236.15kJ/h

（7）热泵热水供应系统的贮热水箱的有效容积按式（8-4）计算：

$$V_r = k_1 \frac{(Q_h - Q_g) T_1}{(t_r - t_1) C \times \rho_r} \qquad (8-4)$$

式中　V_r——贮热水箱的有效容积，L；

k_1——用水均匀性安全系数，k_1=1.25~1.50；

T_1——设计小时耗热量持续时间，T_1=2~4h。

其他符号意义同式（8-1）及式（8-3）。

【例8-3】根据以上条件，试求热泵贮热水箱的有效容积。

解：热泵贮热水箱的有效容积 V_r

已知：Q_h=1 861 854.23kJ/h，Q_g=1 241 236.15kJ/h，t_r=60℃，t_1=5℃，C=4.187kJ/（kg·℃），ρ_r=0.98kg/L，用水均匀性安全系数 k_1=1.30，设计小时耗热量持续时间 T_1=3h。

$$V_r=k_1\frac{(Q_h-Q_g)T_1}{(t_r-t_1)C\rho_r}$$

$$=1.30\times\frac{(1\ 861\ 854.23-1\ 241\ 236.15)\ kJ/h\times3h}{(60-5)℃\times4.187kJ/（kg·℃）\times0.98kg/L}$$

$$=10\ 725.00L$$

8.5.6　水源热泵

水源热泵选择水量充足、水质较好、水温较高且稳定的地下水、地表水、废热为热源，水源总水量应按供热量、水源温度和热泵机组性能等因素综合确定。水源热泵的计算与空气源热泵一致。

8.5.7　太阳能热水系统

太阳能热水系统根据集热器构造、冷水水质硬度及冷热水压力平衡要求等经比较确定采用直接太阳能热水系统或间接太阳能热水系统，根据集热器的类型及承压能力、集热系统布置方式、运行管理等条件经比较确定采用开式或闭式系统。

1. 平均日耗热量计算

太阳能热水系统的设计热水定额按平均日热水定额确定,平均日耗热量按式（8-5）计算：

$$Q_{md}=q_{mr}mb_1C\rho_r(t_r-t_L^m)\tag{8-5}$$

式中　Q_{md}——平均日耗热量，kJ/d；

q_{mr}——平均日热水用水定额，L/（人·d）或 L/（人·床）；

b_1——同日使用率（住宅建筑为入住率）的平均值应按实际使用工况确定；

t_L^m——年平均冷水温度，℃，可参照城市自来水厂年平均水温值计算。

其他符号意义同式（8-1）。

【例8-4】郑州某宾馆总计200间客房，每个客房可以入住2人，宾馆每人每日平均日用水定额为120L/（人·d），年平均冷水温度取15℃，同日使用率取0.7，试求平均日耗热量。

解：平均日耗热量 Q_{md}

已知：m=400 人，q_{mr}=120L/（人·d），t_r=60℃，t_L^m=15℃，C=4.187kJ/（kg·℃），ρ_r=0.98kg/L，b_1=0.70

$$Q_{md}=q_{mr}mb_1C\rho_r（t_r-t_L^m）$$

$$=120L/（人·d）\times 400 人 \times 0.7\times 4.187kJ/（kg·℃）\times 0.98kg/L\times（60-15）℃$$

$$=6\ 204\ 129.12kJ/d$$

2. 直接太阳能热水系统集热器总面积（m²）按下式计算：

$$A_{jz}=\frac{Q_{md}f}{b_jJ_t\eta_j（1-\eta_1）}$$

式中 A_{jz}——直接太阳能热水系统集热器总面积，m²；

Q_{md}——平均日耗热量，kJ/d；

f——太阳能保证率；

b_j——集热器面积补偿系数，当集热器朝南布置的偏离角 ≤ 15℃，且集热器安装倾角为当地维度的 $\varphi\pm 10°$ 时，可以取值 1，其他情况按国家标准《民用建筑太阳能热水系统应用技术标准》GB 50364—2018 确定；

J_t——集热器总面积的平均日太阳能辐照量，kJ/（m²·d）；

η_j——集热器总面积的平均集热效率；

η_1——集热系统的热损失。

【例 8-5】郑州某宾馆总计 200 间客房，每个客房可以入住 2 人，宾馆每人每日平均日用水定额为 120L/（人·d），平均日耗热量为 6 204 129.12kJ/d，太阳能保证率 f 为 50%，集热器面积补偿系数 b_j=1，集热器总面积的平均日太阳能辐照量 J_t=13 698.63kJ/（m²·d），集热器总面积的平均集热效率 η_j=40%，集热系统的热损失 η_1=20%，试求直接太阳能热水系统集热器总面积。

解：集热器总面积 A_{jz}

已知：Q_{md}=6 204 129.12kJ/d，f=50%，b_j=1，J_t=13 698.63kJ/（m²·d），η_j=40%，η_1=20%。

$$A_{jz}=\frac{Q_{md}f}{b_jJ_t\eta_j（1-\eta_1）}$$

$$=\frac{6\ 204\ 129.12kJ/d\times 50\%}{1\times 13\ 698.63kJ/（m²·d）\times 40\%\times（1-20\%）}$$

$$=707.66m²$$

3. 集热水箱的有效容积按下式计算：

$$V_{rx}=q_{rgd}A_j$$

式中　V_{rx}——集热水箱的有效容积，L；

　　　A_j——集热器总面积，m²，$A_j=A_{jz}$；

　　　q_{rgd}——集热器单位轮廓面积平均日产 60℃热水量，L/（m²·d），根据集热器性能而定，若无资料，根据当地太阳辐照量、集热面积大小，按如下选值：直接太阳能系统 40~80L/（m²·d），间接太阳能系统 30~55L/（m²·d）。

8.6　热水系统节能要点

8.6.1　管道热损失

在运行过程中，管道上的阀门、附件、仪表、紧固件、三通是热损失的关键部位，为了避免热损失，管卡应该在保温层外面固定，确实需要在保温层内部固定时，可以在管子上垫一层隔热毡，再固定紧固件，减少热桥的产生。

布置管道时，供水管与回水管布置得尽量短，循环水温度尽量低，目的是减少沿程热损失。

8.6.2　PHPP 计算软件中各个重要参数

1. 热水定额

PHPP 软件中，居住建筑推荐用水定额为 25L/（人·d），此数值为《建筑给水排水设计标准》GB 50015—2019 第 6.2 章节中平均日定额的最低值，体现了节水、节能的理念。

2. 管道计算

循环管道：管道长度（供水 + 回水）按全部管长取值，保温厚度按表 8-2 选取，保温导热系数根据不同的材料进行取值，每日循环周期可以按 18h/d。

独立的热水管道（非循环）：水龙头的个数按实际取值，每人每天水龙头的开启次数按 6 次选取，每年使用天数为 365 天，每根管道的累计长度按实际长度取值。

3. 一次能源转换

电能的转换系数为 2.6，燃气的转换系数为 1.1，在计算一层能源数值时，将设备的功率乘以能源转换系数，即为一次能源消耗量。

比如某宾馆设置空气源热泵 3 台，每台用电功率为 4kW，能效比是 3.0，则一次能源数值为 3×2.6=7.8kW。

课后习题

1. 热水供应系统按供应范围分哪两类？

2. 热水供应系统主要由哪三部分组成？

3. 热水系统中的第一循环及第二循环分别指的是哪部分？

4. 热水系统按加热方式的不同分哪两种类型？按热水管网运行方式不同，可分为哪两种类型？

5. 热水供应系统中有几种加热设备？

6. 空气源热泵的制热原理是什么？

7. 为了解决热水热胀冷缩问题，保证水加热器及管网正常运行，一般在热水系统中增加什么附件？

9 可再生能源的利用

9.1 可再生能源的概述

9.1.1 可再生能源在超低能耗建筑设计中的要求

可再生能源是指从自然界可以直接获取、可连续再生、永续利用的一次能源。可再生能源作为一种清洁、无污染、可以替代常规化石燃料的能源，符合环境保护和人类可持续发展的要求。

超低能耗建筑设计的原则是"被动优先，主动优化，可再生能源作为补充"。依靠被动式建筑设计手段，先达到较高的建筑本体节能率，在此基础上，辅以可再生能源技术，达到一定的综合节能率或建筑能耗综合值的要求。

可再生能源技术对供暖、制冷、热水、照明等机械设备系统的影响，一方面是降低负荷要求，一方面是产生电力供给。降低负荷要求是对这些系统的前端减量，可以削弱峰值负荷，减少全年能耗；产生电力供给则是覆盖局部或全部设备系统的电力要求，达到部分或全部能源自给自足，甚至产能。

在我国《近零能耗建筑技术标准》GB/T 51350—2019 中，分别规定了超低能耗、近零能耗以及零能耗的指标要求。在超低能耗居住及公共建筑能效指标中，没有具体的对可再生能源利用率的要求，但是，建筑能耗综合值或综合节能率的限定，在一定程度上，也对利用可再生能源技术实现能耗前端减量提出了要求。而在近零能耗居住及公共建筑能效指标中，可再生能源利用率明确要求不小于 10%；在零能耗居住及公共建筑能效指标中，则要求建筑本体和周边可再生能源产能量不小于建筑年终端能源消耗量，实现完全覆盖。

在德国 PHI 的标准中，被动房（超低能耗建筑）classic 级别对于产能没有要求；而被动房 plus 和 premium 级别，对产能都有一定的要求。本书第 1 章已有论述。

由此可见，无论是国内的超低能耗、近零能耗等建筑标准，还是德国的标准体系，均需要对可再生能源进行合理应用。

9.1.2 可再生能源的分类及优缺点（表9-1）

在自然界可不断再生并有规律地得到补充的能源有：水力、生物质能、太阳能、风力、地热、海洋能等。

人类文明早期是使用可再生能源的：烧柴是生物质能，风车、水力磨坊等使用风能和水能，温泉沐浴等使用地热能；18—19世纪能源与工业革命兴起，煤炭、石油等化石能源成为主要利用形式；在21世纪初期，面对化石能源枯竭和环境破坏的问题，对可再生能源，包括太阳能、地热能、风能等的利用再次兴起。

除了地热能、潮汐能之外，人类生产、生活的主要能源均来自太阳能。化石能源和生物质能，主要利用植物的光合作用将太阳能固化下来。其他如风能、水能、潮汐能等、也都是因为太阳光对地球上的空气和水进行加热而形成的。

各种可再生能源的分类及优缺点　　　　　　　　　　　　　　表9-1

能源类型	优点	缺点
太阳能	无处不在，分布普遍； 不需要开采和运输，直接利用； 清洁，对环境无污染； 可以长期持续利用； 能量巨大	收集太阳能的设备表面积较大，成本较高； 受各种因素（季节、地点、气候等）的影响，光强稳定性较差
水能	清洁无污染，可再生，发电比较廉价，水利枢纽可以综合利用	能量不稳定； 水利枢纽淹没耕地，需要移民
风能	不需要运输，不需要开采，清洁、无污染、可再生	利用难度大，受地区和季节影响大，多分布在沿海地区和内地
地热能	资源丰富，可直接利用	分布相对分散，开发难度大，受地质条件限制
生物质能	可再生，可直接利用，使用范围广，包括麦秸、玉米秸、沼气（甲烷）等	用作燃料，会使土壤肥力减退，直接燃烧会污染环境，加剧温室效应
海洋能	可再生，沿海地区能源丰富，以潮汐、海流、温差、盐度梯度等多种形式存在	只分布在沿海地区； 各种形式的开发技术及利用程度差异性大

9.1.3 可再生能源在超低能耗建筑中的具体应用形式

如果超低能耗建筑项目选址在风电、太阳能光伏集中发电的厂址附近，充分利用资源，达到项目本身的可再生能源利用率，是合情合理的明智之举。而在更多的情况下，没有这些周边条件，就只能在场地内利用这些可再生能源。目前，在项目场地内及建筑单体上，应用较多的是太阳能、地热能、生物质能和风能等。

1. 太阳能

我国地处北半球欧亚大陆东部的温带和亚热带，太阳能资源丰富，地理分布西多东少，北多南少。国内各地的太阳辐射年总量约为 3 300~8 400MJ/（$m^2 \cdot a$），平均值约为 5 860MJ/（$m^2 \cdot a$）。

太阳能可以被直接应用于建筑物的加热和照明，还能够用于发电、供暖和制冷等。目前，太阳能在建筑中的主要利用方式为光伏发电技术、光热利用技术、导光技术以及太阳能在建筑空间中的直接应用等。从我国的经济发展水平和居民的经济能力来看，光伏发电成本较高，主要应用在公共建筑中，居住建筑中应用相对较少。光热利用技术，主要是利用太阳能来满足生活热水、供暖，或是直接引入光热来为建筑蓄热等，在公共建筑和居住建筑中都有大量应用。导光技术则是应用光导管或光导纤维，将太阳光直接引入地下或大跨度空间的中部，作为白天的照明。太阳能应用在建筑空间中是最常规的方式，其中，外窗应用较普遍，天井和中庭则在有一定进深的建筑中使用。

2. 地热能

地热能是来自地核的可再生热能。我国地热资源丰富，占全球的 7.9%。根据地热利用温度的高低，可分为高温（>150℃）、中温（90~150℃）和低温（<90℃）三种。高温地热能主要用于发电领域，中低温地热能一般可直接利用于居民生活，如供暖、温室、洗浴等。中低温地热资源在我国各地均有分布。

近些年来，利用浅层地热的地源热泵技术取得了较快的发展，包括利用土壤、地表水和地下水等蕴含的低品位热能。因为地源热泵技术的应用范围较广，因此在超低能耗建筑中，往往用来辅助新风的预冷预热。

3. 生物质能

生物质能是以生物质为能量载体的能源形式。绿色植物通过光合作用，将太阳能储存为生物质能。在锅炉中将生物质直接燃烧，处理方式较为简单（图 9-1）。通过微生物发酵、高温和催化剂、热分解法等，可将生物质转换成沼气、酒精、可燃气体或液体燃料等。

目前，生物质能在我国城市中应用较少，主要应用在农村地区，例如沼气或麦秸、玉米秸等，农村有大量的资源可以利用。合理利用生物质能，有利于保护农村生态环境，促进农村经济的可持续发展（图 9-1）。

4. 风能

风能是太阳辐射造成地表受热不均匀，引起各地温差和气压不同，导致气流运动而产生的能量。我国的风能资源约为 16 亿 kW，可开发利用的风能资源约 2.5 亿 kW。风力发电最需克服的技术难点是其不稳定性。解决方式有：①并网，利用电网蓄电；②采用蓄电池蓄电；③采用"风力—光伏"互补系统；④采用"风力—柴油机"互补系统。

单体建筑上的风能利用一般采用小型或微型风力发电机，这类产品在我国已经有比较成熟的技术，目前主要供偏远农村使用，这类地区没有电网连接，风力发电可以作为补充（图 9-2）。而在我国城镇地区，风力发电应用相对较少。

图9-1 生物质锅炉

（图片来源：http://apbechina.com/article/show_article.php?id=2495）

图9-2 风力发电

（图片来源：https://m.sohu.com/a/244397888_100104420/#read）

9.1.4 可再生能源在超低能耗建筑应用中的具体考虑因素

超低能耗建筑中的可再生能源利用，首先要综合考虑各方面设计条件，合理选用可再生能源的类型，并在此基础上，将可再生能源技术与整体设计的场地布局、单体功能及形式、施工、造价等整合在一起，形成最优的技术路线。具体考虑因素依次如下：

1. 确定超低能耗建筑的合理能效目标

可再生能源的利用技术与常规技术相比，初期投资都较大。不同的建筑能效目标，包括超低能耗、近零能耗及零能耗等。标准越高，所要求的可再生能源利用率也越高；相应地，初期投资也更大。所以，必须在项目初期，确定合宜的建筑能效目标，并在此目标指导下，选择适宜的、性价比最优的可再生能源技术。

2. 根据气候、地理条件合理选择

太阳能、地热能以及风能等可再生能源技术均有一定的适宜区域。在适宜区域内采用这些技术，能获得良好的效果；如果盲目模仿别的项目，在不适宜区域内采用，只能是劳民伤财却收益甚微。比如太阳能利用在西藏地区尤为适用，但在四川盆地等晴天较少的地区则不适用。地源热泵在寒冷地区适用，这个区域冬天的供热和夏天的制冷基本上能保持平衡，包括西藏自治区南部、新疆维吾尔自治区南部和陕西、山西、河南、山东、河北等地。而在东北地区、内蒙古自治区等地，往往地源热泵在使用的前两年效果良好，第三年效果不佳，第四年因为地下结冰，甚至会使庭院里的树发芽开花延迟一个月，这是因为冬季的冷量远远大于夏季的热量，几年累积，地下就结冰了。所以，要根据气候、地理条件合理选择适宜技术。

3. 根据场地条件合理选择

利用可再生能源还要考虑场地条件是否合适。太阳能技术要占用地上较大的面积，需要考虑安放光伏或光热组件的位置以及周边场地及建筑物对太阳能组件是否产生影响。在场地背阴处或高楼林立的遮挡区域肯定是不合适的，必须在日照良好的开阔场地才适用。地源热泵一般需要考虑有较大的场地埋设管道，如果考虑在建筑物主体基础以下埋设管道，则会在造价、结构及施工等方面带来影响。

4. 根据建筑类型合理选择

不同的建筑类型有不同的设计要求，与可再生能源的利用有特殊的契合点，往往使得可再生能源利用技术具有能耗降低、施工简便、增加舒适以及空间品质提升等多方面的收益。例如较大规模的光伏电站，特别适用在钢结构的厂房屋顶上。钢结构屋面具有较大的光能接收面积，其光伏组件的自重较容易被钢结构承载，也容易与钢结构连接，光伏组件本身成为屋顶的隔热屏障，对钢结构表面涂层有很好的保护作用，自产的大量电能可以较好地缓解企业用电紧张；对于既有居住建筑，特别适合利用太阳能板对屋顶、阳台等位置进行节能改造；太阳能热水器因成本低廉，特别适用于热水用量大的居住建筑，其集热管构件和居住建筑的造型容易结合，分户安装的方式也使产权分割清晰；在太阳能导光利用方面，导光筒或采光井特别适用于地下室：白天利用自然光照可以完全替代人工照明，夜晚地下室人工光源照射出来又可以作为地面景观；采光天井特别适用于多层的大进深公共建筑，既可提高室内自然采光，又能利用通风控制措施实现夏季降温和冬季保温；反光板特别适用于普通教室、办公室等采光要求高的建筑，可以提高室内的自然采光效率；生物质能适用于农村建筑；超高层建筑适合利用风力为自身发电。以上均为可再生能源在某些建筑类型上的适用性列举。

5. 根据性价比合理选择

根据既定的超低能耗或近零能耗的建筑能效目标，就可确定可再生能源利用率的限值。结合 PHPP 及其他超低能耗建筑计算软件，在供暖、制冷能耗基本确定的基础上，就可以得出还需可再生能源补充的具体数值。考虑上述气候、地理、场地、建筑类型等因素，往往仍有多个可再生能源方案可供选择。综合对比各方案的增量成本、产能效益以及投资回收期，确定最终的可再生能源利用体系。

6. 超低能耗建筑小区（园区）可再生能源的综合应用

对于超低能耗建筑住宅小区或产业园区等，是在更大的规模上应用可再生能源。群体中的每个单体应用可再生能源时，需要考虑上述五点原则，但更为重要的是，要综合把握能源互补、能源整合的各种可能性。比如住宅小区里，在光照良好的公用景观区域，或者自持物业的屋顶，布置一定量的光伏，可以集中为周边某栋用电量大的自持商业建筑供电；再比如在严寒地区，有些园区中的自持高层办公建筑，冬季采用地源热泵供暖，为了解决冬夏两季向地下输送的冷热量不均衡的问题，可以在景观区域或周边日照良好的楼体上布置一定量的太阳能集热构件，与地源热泵结合，利用太阳能，在冬季为地下土壤提供额外的热量，实现冬夏能量平衡，使得地源热泵长期有效使用。这些能源互补、能源整合的方案，需要在小区、园区等更大的场地、楼体条件上进行调配，技术难度往往更高，要充分考虑技术可行性、综合能源效率以及产权清晰等各方面的问题。

9.1.5　超低能耗建筑典型案例中对可再生能源的利用

1. 秦皇岛"在水一方"C15 号楼（图 9-3）

18 层住宅，总建筑面积为 6 467m²，是中国第一个获得"中德高能效建筑设计标准"认证的项目。运用可再生能源情况：采用了高层太阳能热水系统、地下车库光导照明系统，部分道路采用太阳能路灯。

2. 青岛中德生态园被动房技术中心（图 9-4）

该项目于 2016 年 9 月投入使用，获得德国 PHI 颁发的被动房认证。总建筑面积约 1.38 万 m²。运用可再生能源情况：屋面共布置 200 多块多晶硅电池组件，总装机容量约为 260kWp，年均发电量约为 4.8 万 kW·h，占被动房全年总用电量的 10%~15%。采用地埋管地源热泵系统，两台热回收式地源热泵机组，分别为新风和冷梁提供冷热源。

图9-3　秦皇岛"在水一方"C15号楼
（图片来源：http://www.chinaphi.net.cn/index_t25.html）

图9-4　青岛中德生态园被动房技术中心
（图片来源：http://www.citreport.com/content/45985-1.html）

3. 沈阳建筑大学中德节能示范中心（图 9-5）

建筑面积约 1 600m²，运用可再生能源情况：共计建设光伏屋顶系统及光伏幕墙系统 37.3kW，其中屋顶光伏系统多采用多晶硅太阳能电池组件，光伏幕墙部分铺设组件采用双玻中空单晶硅组件，共为建筑提供约 30% 的用电能耗。采用空气源与地源双源热泵和相变水箱采暖系统，并通过地埋管利用地道风对新风进行预冷预热。

4. 河南五方科技馆（图 9-6）

获得我国近零能耗建筑认证和德国 PHI 认证，总建筑面积为 3 800m²，分为 A 区公共建筑、

图9-5　沈阳建筑大学中德节能示范中心
（图片来源：https://www.sohu.com/a/159849267_782221）

图9-6　五方科技馆

B区住宅建筑。运用可再生能源情况：整体遵循建筑光伏一体化的设计理念，主体建筑屋顶装机容量约为30kW（一备一用），发电量为3.6万kW·h/a。景观亭和大门屋顶使用碲化镉薄膜太阳能产品，装机容量为10kW，发电量为1.2万kW·h/a；A馆的中央空调系统采用土壤源热泵为风机盘管、地暖及新风提供冷热源。主机选用两台模块地源热泵冷热水机组，大机组功率为60kW，小机组功率为30kW。冷热源地埋管设置于楼前，实际施工100m深的土壤源换热井23个。

9.2　光伏发电

9.2.1　光伏发电的系统及分类

1. 光伏发电概况

太阳能发电是指无需热传导，将光能直接转化为电能的发电方式，有光伏、光化学、光感应和光生物发电等类型。其中，光伏发电是主流，也是人们常说的太阳能发电。1954年，美国科学家恰宾和皮尔松制成了能够应用的单晶硅太阳能电池，实现了太阳光能转化为电能的实用光伏发电技术。目前，在欧美、日本等发达国家有大量应用，在我国也发展迅速。

光伏发电系统是固态装置，无需考虑能源供给，无噪声影响，维护简单。除了制造和回收过程，没有其他使用过程中的环境污染。受气象条件影响较大，设备成本高。

光伏发电在超低能耗建筑中的应用主要有以下方面：①作为可再生能源的主要应用形式之一，能够减少一次能源消耗，满足可再生能源利用率及综合节能率等要求；②提高保温隔热性能；③与建筑外观造型的结合。

2. 系统组成及分类特点

光伏发电系统由太阳能电池方阵、蓄电池组、充放电控制器、逆变器、交流配电柜和太阳能跟踪控制系统等设备组成（表9-2、图9-7）。

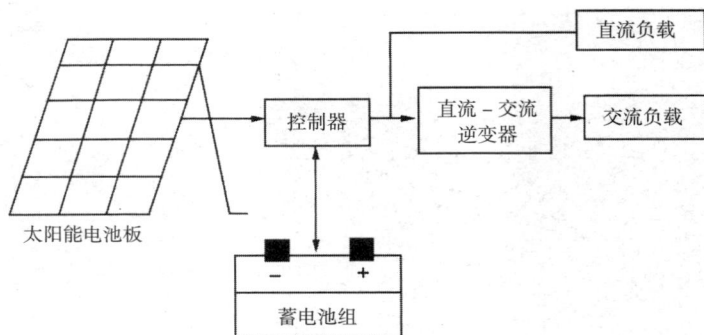

图9-7　光伏发电系统组成图示

1）各部分设备的作用

光伏发电系统组成及作用　　　　　　　　　　　　　　　表9-2

组成	电池板方阵	蓄电池组	控制器	逆变器	跟踪系统
作用	将光能转换成电能，是能量转换的器件	贮存太阳能电池方阵受光照时发出的电能，并可随时向负载供电	自动防止蓄电池过充电和过放电	将直流电转换成交流电	使太阳能电池板能够时刻正对太阳，发电效率达到最佳状态

2）电池板的材料分类及特点（表9-3）

发电板的材料分类及特点　　　　　　　　　　　　　　　表9-3

材料分类	转化效率（量产组件）	成本	外观	稳定性	定制化
晶硅	16～18	低	色差大，不均匀	高	较好
非晶硅	7～10	较高	红褐色	差	好
碲化镉	13～17	低	纯黑色	较高	好
铜铟镓硒	12～16	低	蓝黑色	较高	差

3）光伏发电系统的分类及特点（表9-4）

光伏发电系统的分类及特点　　　　　　　　　　　　　　　表9-4

	工作方式	优点	缺点	适用范围
直流负载独立系统	白天充电，晚上放电	能量损失少，易设计	蓄电池需要维护更换	各种路灯，景观灯
交流负载独立系统	白天充电并供电，晚上蓄电池供电	成本低于架设输电设备	蓄电池需要维护更换，能量损失高，不易设计	市电无法架设到的偏远地区
并网系统	白天供电，晚上不供电	最佳效能且发电效率高，系统无需维护，且易设计；可解决高峰电力不足问题	市电断电时无法使用	市电可架设到的地区

9.2.2 建筑光伏一体化

1. 建筑光伏一体化的类型

建筑光伏一体化（Building Integrated Photovoltaic，简称 BIPV）是一种将太阳能发电（光伏）产品集成到建筑上的技术。主要有以下几种形式：

1）建筑与光伏系统相结合

把封装好的光伏组件（平板或曲面板）安装在居民住宅或建筑物的屋顶上，再与逆变器、蓄电池、控制器、负载等装置相连，或与公共电网相连。

2）建筑与光伏器件相结合

将光伏器件与建筑材料集成化。用光伏组件来建造建筑物的屋顶、外墙、窗户和外遮阳构件，既可作为建材的一部分，也可用以发电，例如光伏屋顶、光伏瓦、光伏玻璃幕墙等。把光伏器件用作建材，应具备建材所要求的条件：外观要求、坚固耐用、一定的强度和刚度、安全性能、施工简便等；若用于窗户、天窗等，需要透光，兼顾室内采光要求；若用于屋顶等构造节点，需要考虑保温隔热、防水防潮的要求。如图 9-8 所示，嘉兴光伏科技展示馆将光伏器件与屋顶、外墙结合，成为建筑外观造型的主要部分。

2. 建筑光伏一体化的主要形式

1）坡屋顶光伏

坡屋顶光伏组件的布置有铺设式、嵌入式和光伏瓦等。

铺设式。光伏组件能够发电，原有的屋面系统起到保温、防水的作用。在屋面和电池板之间可以形成 200~300mm 的空腔，利用通风进行降温。既适用于改建，也适用于新建项目（图 9-9）。

嵌入式。光伏材料成为屋面系统的一部分，具有发电、保温、防水、隔绝噪声、屋顶采光等多种功能，造价相对较高（图 9-10）。

图9-8　嘉兴光伏科技展示馆

（图片来源：http://www.chinaden.cn/news_nr.asp?id=24288）

图9-9　铺设式

（图片来源：https://b2b.hc360.com/supplyself/532566484.html）

图9-10 嵌入式

（图片来源：https://www.sohu.com/a/244188313_782221）

图9-11 光伏瓦

（图片来源：http://www.chinatft.org/index/news/newsshow/id/5089.html）

光伏瓦。每片瓦是一个电池组件，相连形成发电系统。既有传统瓦片屋面的肌理，又有光泽，装饰作用较好，形式感强（图9-11）。

2）平屋顶光伏

平屋顶光伏组件的布置常采用支架式。光伏电池板以斜面接收太阳辐射，可以调整其倾斜角、方位角以及前后光伏件的间距，避免遮挡，提高光电效率。支架式构造简单，成本低廉，灵活性好，应用较广。

3）光伏遮阳板

太阳能光伏技术与遮阳构件结合起来，还可以实现发电、遮阳、装饰等多功能的优化组合。光伏遮阳板与建筑外墙脱离，不影响外墙的保温、防水和降噪。建造成本相对较低，既可用于新建，也适用于改建（图9-12）。

4）光伏幕墙、窗户

利用碲化镉等半透明薄膜覆盖在玻璃表面制成的光伏玻璃，安装在窗户、天窗或幕墙上，既不影响玻璃透光，又可充分利用光伏发电。这种方式用材少、质量轻、外表光滑，有的还可以卷曲，安装方便，很容易集成于建筑构件表面。采用这类组件能够配合建筑设计，形成丰富的外观效果。可以定制不同的颜色、不同的透明度等（图9-13）。

5）墙面不透明部分

在窗间墙、窗下墙位置，设置平行于墙面的不透明光伏电池，与墙面间形成空腔，也具备通风效果。

3.建筑光伏一体化的优点

（1）光伏电池组件一般安装在闲置的屋顶或墙面上，无须额外占用土地，适用于人口密集区域的建筑。

（2）并网系统有光伏发电和公共电网共同给负载供应电力，能够提高供电的可靠性。

图9-12 光伏遮阳板
（图片来源：https://www.sohu.com/a/244188313_782221）

图9-13 光伏幕墙
（图片来源：http://www.chinaden.cn/news_nr.asp?id=24288）

（3）夏季日照强烈，大量制冷设备投入使用，促成了电网用电高峰。这时光伏阵列发电也最多，缓解了高峰电力需求。

（4）由于光伏阵列安装在屋顶、外墙上，一方面吸收太阳能，转化为电能，另一方面，自然通风带走了光伏组件背面空腔的热量。在多方面作用下，大大降低了外墙和屋顶处的室外综合温度，减少了屋顶、墙体得热和室内空调冷负荷，起到节能的作用。

（5）光伏电池的组件化，使得安装简便，且可根据需要，灵活设置发电容量。

9.2.3 超低能耗建筑光伏设计基本步骤

1. 确定光伏发电量目标

根据气候条件、场地条件、甲方意愿、各种可再生能源利用的性价比、认证目标等，综合判断是否适合采用光伏技术，制定出初步的可再生能源利用方案。

在确定采用光伏后，根据项目的可再生能源利用率以及 PHPP 等节能计算软件得出的可再生能源需求，结合光伏发电量占比，确定光伏系统的大致发电量。

2. 确定光伏组件可安装部位

光伏组件的安装位置，首先要考虑项目所在地的光照条件、建筑界面朝向，其次要根据建筑物的功能类型，确定光伏组件的安装位置。

1）按接受光照来分

在任何纬度，只要设置合适的倾斜角度，平屋顶和坡屋顶都适合设置光伏组件。而在墙面、幕墙或外遮阳设置光伏组件，则需要考虑纬度对太阳高度角的影响。高纬度地区（50°以上），南向墙面接受的太阳辐射强度较大，适合布置光伏组件。而在低纬度地区（50°以下），南向墙面接受的太阳辐射强度较小，平行于墙面设置光伏组件效率较低，改为水平遮阳光伏组件可以提高发电效率。低纬度地区东西墙面获得太阳辐射要明显多于南向墙面，可以设置平行于墙面的光伏组件。

2）按建筑类型分

住宅建筑对于自然采光的要求较高，窗户占比较大，实墙面小而分散，安装光伏系统经济性低，不宜在立面安装光伏组件；大型商业建筑或文化建筑中，采光主要靠内部照明，利用墙面获得自然采光的重要性较低，立面多为玻璃幕墙或大面积的实墙面，可利用这些位置安装光伏组件；办公建筑中，主要使用空间对采光要求较高，而辅助空间采光要求不高，这部分空间对应的墙面或幕墙可用于安装光伏组件；住宅建筑采用固定外遮阳较少，而其他应用固定外遮阳较多的建筑类型，均适合利用建筑外遮阳布置光伏组件。

3. 发电量计算及深化设计

《光伏发电站设计规范》GB 50797—2012 第 6.6 条中规定：

光伏发电站发电量预测应根据站址所在地的太阳能资源情况，并考虑光伏发电站系统设计、光伏方阵布置和环境条件等各种因素后计算确定。

光伏发电站上网电量可按下式计算：

$$E_P = H_A \times \frac{P_{AZ}}{E_S} \times K = H_A \times A \times \eta_i \times K \tag{9-1}$$

式中　H_A——水平面太阳能总辐照量，$kW \cdot h/m^2$，峰值小时数；

　　　E_P——上网发电量，$kW \cdot h$；

　　　E_S——标准条件下的辐照度，$kW \cdot h/m^2$；

　　　P_{AZ}——组件安装容量，kWp；

　　　K——综合效率系数；

　　　A——组件安装面积，m^2；

　　　η_i——组件转换效率，%。

综合效率系数 K 包括：光伏组件类型修正系数、光伏方阵的倾角、方位角修正系数、光伏发电系统可用率、光照利用率、逆变器效率、集电线路损耗、升压变压器损耗、光伏组件表面污染修正系数、光伏组件转换效率修正系数。

假设某地水平面太阳能年总辐照量为 5 500MJ/m²，安装面积为 100m²，组件为单晶硅，组件转化效率为 16%，综合效率系数为 0.65，1MJ=0.28kW · h，则年发电量为 5 500MJ/m² × 0.28kW · h/MJ × 100m² × 16% × 0.65=1.6 万 kW · h。

假设此建筑占地面积为 500m²，则 PER 中单位占地面积的可再生能源生产量为 1.6 万 kW · h/a 除以 250m²，得 64kW · h/（m² · a），按照 PHI 的要求，被动房（超低能耗建筑）classic 不要求可再生能源生产量，而被动房（超低能耗建筑）plus 要求不小于 60kW·h/（m²·a），所以本项目在此项指标上已经能够满足被动房（超低能耗建筑）plus 标准。

在设计时要充分考虑到光伏发电的效率和效益，原则上提倡即发即用、余能并网；不具备并网条件时再考虑光伏储能，可有效提高光伏发电的利用率。

应及时与厂家联系，采用厂家参数，确定发电量，并根据发电量、总价格、产品寿命及与建筑外观的结合情况等，横向对比各厂家产品优缺点，选出综合最优方案，推荐给建设方。在建设方认可方案后，继续施工图部分的深化设计。

9.2.4 光伏设计需要注意的问题

1. 遮挡

遮挡问题主要分为以下几种情况：周围其他建筑的遮挡，建筑形体的遮挡以及光伏构件自身的遮挡。为了提高光电效率，应尽可能避免遮挡。复杂的情况需要用日照综合模拟软件进行分析，确定适合布置光伏组件的位置。简单的情况，如没有周边建筑遮挡的平屋面，根据屋顶设备、楼梯间、女儿墙的遮挡以及每行光伏组件自身的遮挡，确定各部分的间距即可。

2. 建筑美观

光伏组件类型、安装位置、安装方式和色泽，须结合建筑功能、外观及周围环境条件进行选择，使之成为建筑的有机组成部分。PV 板的分格尺寸和形式应与建筑整体的比例和尺度相契合，颜色和质感应与建筑的整体风格相统一。

普通光伏组件的接线盒一般粘在电池板背面，处理不当，容易影响建筑物的外观形式，因此 BIPV 建筑中要求将接线盒省去，或结合幕墙等结构形式，将其隐藏起来。

3. 温升

在设计时要充分考虑到电池的工作温度，避免因温度过高而造成能源浪费。目前有水冷却型和空气冷却型的 BIPV 系统。水冷型 BIPV 系统中，冷却水经过太阳能电池加热成为热水，可以供给生活和工业使用。空气冷却型的 BIPV 系统，利用电池板下面的通道通风来降温。

4. 建筑安全

BIPV 自身有一定的荷载，新建或改建建筑均应充分考虑。同时，还应满足相关的防火、防雷、防静电等安全要求。

5. 便于检修维护

一般情况下，建筑物设计寿命是光伏系统寿命的 2~3 倍，光伏系统各组件的构造和形式应便于在建筑围护结构上安装、维护、修理和更换。

9.2.5 建筑直流微电网在超低能耗建筑设计中的应用

光伏产生的直流电直接通过建筑物内的直流微电网输送至直流电器使用，能够减少逆变器的电耗，提高可再生能源的利用效率。直流到交流，再到直流的能量转换环节使得建筑供配电系统复杂，每个转换环节都会降低能源利用效率。而建筑直流微电网是把传统的直流—交流—直流的转换模式简化为直流—直流的直接使用模式。目前，建筑直流微电网的应用因为能够降低能源的消耗，正在成为超低能耗建筑光伏及电气系统设计的热点之一。

1. 建筑直流微电网的发展与超低能耗建筑的发展相契合

建筑直流微电网的发展主要得益于分布式可再生能源的推广以及直流用电设备的增多。近些年来，可再生能源的应用比例持续上升，比如太阳能和风电，未来将大量取代煤电。这些能源的发电形式均是直流电。而分布式能源，相较于集中式能源供应，具有降低输配成本、易于梯度利用、更高的供电效率等优点，正在被大力推广。另一方面，用户侧设备类型也在发生变化，直流用电设备越来越多，包括 LED 照明、计算机、IT 网络、智能家居和智能办公产品、电动自行车及电动汽车等，几乎大部分日常使用的电器都采用直流供电。分布式可再生能源作为供给侧，直流电器作为需求侧，双向推动，促成了建筑直流微电网的发展。

超低能耗建筑本身就要求一定的可再生能源利用率，其中，基于建筑单体或场区环境建成的光伏，就是分布式可再生能源的主要形式。超低能耗建筑所应用的大量电器设备中，除了日常家用电器或办公电器是直流用电外，一些全直流的空调或新风机也开始应用。相对于交流电机，使用直流电机的新风或空调系统，具备节能效率高、噪声低、调速性能好、控温更精确、寿命长等优点。虽然目前价格相对较高，但这些优点都和超低能耗建筑的高节能、高舒适的要求相契合，是未来的发展方向。低压直流电网还能给用户提供更高的安全保障，这也和超低能耗建筑的高标准要求相一致。所以，建筑直流微电网，无论是在能源供给侧，还是电器需求侧，都和超低能耗建筑的发展有很高的契合度。有研究表明，建筑直流微电网系统可以提高能源利用效率约 5%~15%。应用在超低能耗建筑上，这部分节能率是很可观的（图 9-14）。

2. 建筑直流微电网有效应用的必备条件

建筑直流微电网需要在上表各个环节良好配合的基础上，才能达到有效的应用（表 9-5）。

建筑直流微电网的有效应用的必备条件 表9-5

功能	系统组成	要求
供给侧	分布式可再生能源	较高使用量的光伏等发电装置产生直流电
传输	低压直流配电系统	低压直流配电线路及保护设备组成传输系统
需求侧	直流电器	大量使用直流设备，大幅消纳自产电力
蓄能稳压	储能装置	通过蓄能削峰填谷稳压，对集中用能排序错峰
并网	并网接口	在电压或负载功率突变时，保持直流母线电压稳定

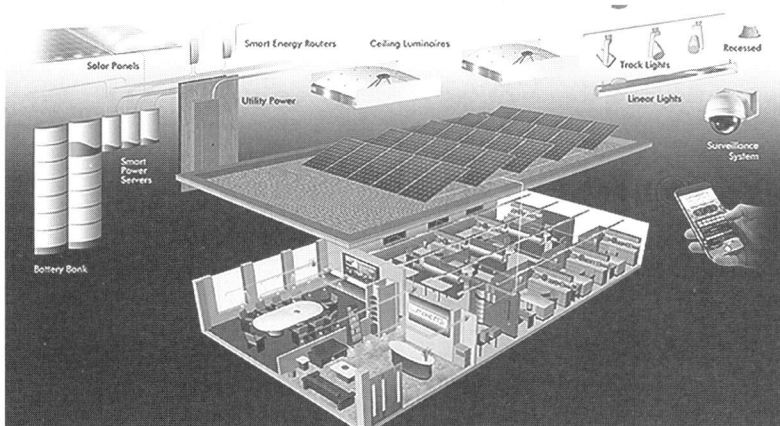

图9-14　建筑直流微电网系统示意图

（图片来源：美国照明工程学会（IES）旧金山分部 2018 年会）

9.3　光热

光热是一种通过转换装置把太阳辐射能转换成热能的重要太阳能利用形式，主要包括太阳能热水器、太阳能热发电、太阳能海水淡化、太阳房、太阳灶、太阳能温室、太阳能干燥系统、太阳能制冷空调等。在超低能耗建筑项目中，太阳能主要用于供暖和生活热水。

太阳能供暖可分为太阳能空气供暖和太阳能热水供暖。太阳能空气供暖又根据是否需要机械设施辅助，分为被动式太阳能供暖和主动式太阳能供暖。被动式太阳能供暖设计是通过建筑物朝向和周围环境的优化布局、内部空间和外部形体的性能化设计以及建筑材料和结构的恰当选择，主要环节无需机械动力辅助就能解决建筑物供暖问题的一项供暖技术。反之，需要借助机械设备获取太阳能的空气采暖技术称为主动式太阳能供暖设计。

9.3.1　被动式太阳能建筑设计

按照集热形式的不同，被动式太阳能利用形式可分为以下几种：①直接受益式；②集热蓄热墙式；③附加阳光间式；④蓄热屋顶池式；⑤对流环路式。

1. 直接受益式

直接受益式是被动式采暖技术中最简单的一种形式。该系统让太阳辐射直接透过玻璃窗进入室内，地面和墙体吸收热量后表面温度逐渐升高，所吸收的热量一部分与室内空气以对流方式换热，另一部分与其他围护结构内表面以辐射的方式进行热交换，第三部分则是通过地板和墙体的热传导作用把热量传入内部蓄存起来，到夜间再逐渐释放出来，使室内保持一定的温度，如图 9-15 所示。直接受益式采暖技术适合冬季需要供暖且晴天多的地区，如华北内陆、西北地区等，缺点是白天光线过强，且室内温度波动较大，需要采取相应的构造措施。

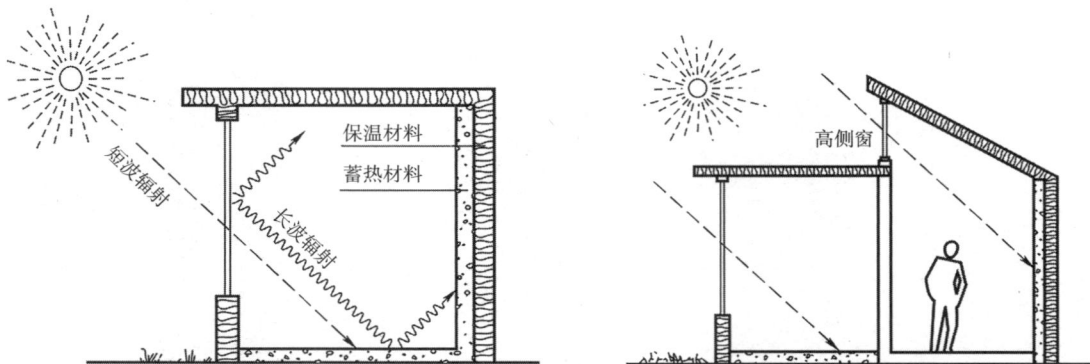

图9-15 普通直接受益式和高侧窗的直接受益式工作原理
（图片来源：http://www.doc88.com/p-9485622455416.html）

2. 集热蓄热墙式

集热蓄热墙又称 Trombe wall，是由法国学者 Trombe 等提出的一种集热方案，在直接受益式太阳窗后面筑起一道重型结构墙，利用重型结构墙的热惰性（蓄热能力和延迟传热的特性）获取太阳辐射热。阳光透过玻璃照射在集热墙上，集热墙外表面通过选择性吸收涂层来增强吸热能力，在其顶部和底部分别开设通风孔，同时增设可开启活门。在冬季，透过透明玻璃的阳光照射在重型集热蓄热墙上，使得墙的外表面温度升高。墙体吸收的太阳辐射热，一部分通过透明玻璃向室外散热；另一部分加热夹层内的空气，由于夹层内空气与室内空气密度不同，使得两侧空气通过上下通风孔形成自然对流，热空气从上通风孔进入室内；第三部分则通过集热蓄热墙体向室内辐射热量，加热墙体内表面空气，通过对流方式使室内升温，如图 9-16 所示。在夏季，利用集热蓄热墙体进行被动式通风，在玻璃盖板上设置通风口，利用空气流动带走室内热量。白天，在集热墙和玻璃之间设置绝热层，绝热层外表面用浅色物质

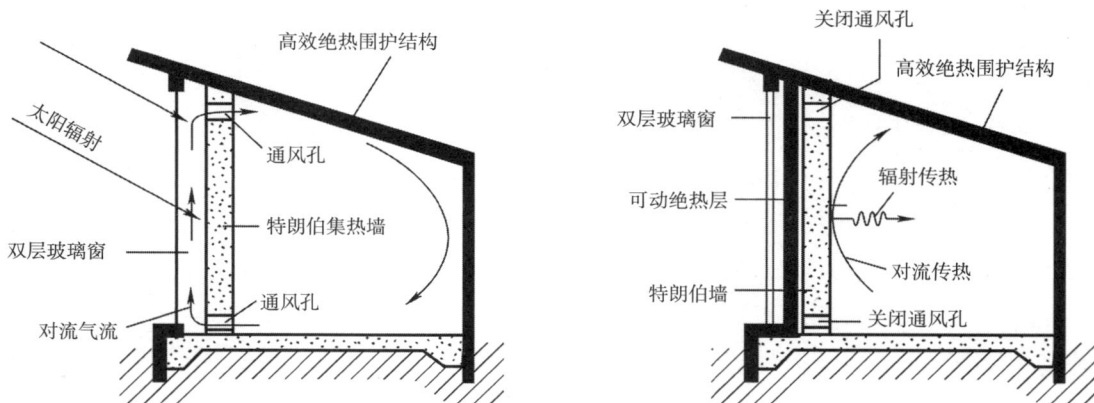

图9-16 Trombe wall在冬季白天（左）和夜间（右）的工作原理
（图片来源：http://www.doc88.com/p-9485622455416.html）

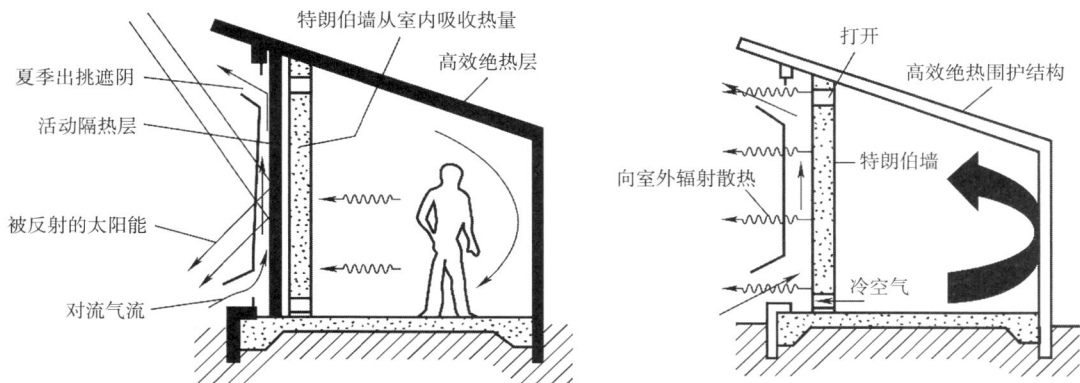

图9-17 Trombe wall在夏季白天（左）和夜间（右）的工作原理
（图片来源：http://www.doc88.com/p-9485622455416.html）

尽可能反射太阳辐射。夜间，玻璃上、下通风孔依然保持开启，但此时，将墙体外挂的绝热层移开，使墙体向室外辐射散热，如图 9-17 所示。集热墙式太阳房非常适用于我国北方太阳能资源丰富、昼夜温差比较大的地区，如西藏自治区、新疆维吾尔自治区等地区，它将大大改善该地居民的居住环境，减少这些地区的供暖能耗。

3. 附加阳光间式

附加阳光间实际上就是在建筑南面设透光玻璃构成阳光间，接受日光照射，阳光间和室内空间由墙或窗隔开，一般在隔墙内和阳光间地板内增设蓄热物质，隔墙上开有门、窗或通风孔洞等，以便空气流通。在冬季白天，当附加阳光间内的温度高于邻室空间内的温度时，通过打开门窗或通风口，使得附加阳光间内的热量通过对流的方式传入相邻的空间，其余时间可关闭门窗或通风口，如图 9-18 所示。

4. 蓄热屋顶池式

蓄热屋顶池式太阳房兼具冬季蓄热和夏季降温两种功能，适用于冬季不太寒冷、夏季较热的地区。该太阳房将装满水的密封塑料袋作为蓄热物质置于屋顶上，并在其上面设置可开

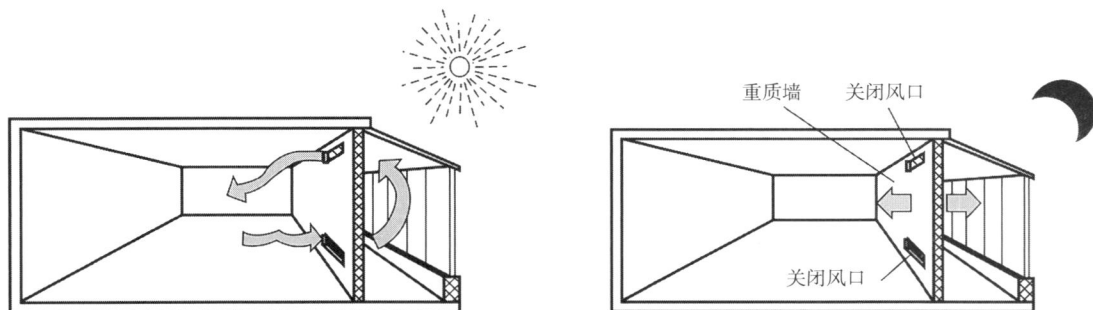

图9-18 附加阳光间白天（左）和夜间（右）工作原理
（图片来源：http://www.doc88.com/p-9485622455416.html）

图9-19　蓄热屋顶池式工作原理

（a）蓄热屋顶池式冬季白天工况；（b）蓄热屋顶池式冬季夜晚工况

（图片来源：王崇杰，薛一冰，等.太阳能建筑设计[M].北京：中国建筑工业出版社，2007：05.）

闭的隔热盖板，冬夏兼顾。冬季日间晴天时，将保温盖板打开，将蓄热物质暴露在阳光下，吸收太阳热，通过辐射和对流传至室内。夜间则关闭隔热盖板，防止热量向外损失，如图9-19（a）所示。夏季保温盖板的开闭情况与冬季相反，在白天盖上隔热盖板以减少热量向室内环境的传入，同时较低温度的水袋还可吸收下面房间的热量，从而降低室内温度；夜间打开隔热盖板，利用天空辐射和对流换热等自然传热过程降低屋顶池内蓄热物质的温度，从而达到夏季降温的目的。该形式适合于冬季供暖负荷不高，同时夏季又需要降温的地区，实际项目中应用还比较少。

5. 对流环路式

该种形式的被动式太阳房由太阳能集热器和蓄热物质（一般为卵石地床）组成，因此也被称为卵石床蓄热式被动太阳房。主要工作原理是利用房间南向的集热器集热，然后将热量传送到地板下面的蓄热体中，最后蓄热体中的热量通过地板传入到室内，详见图9-20。

表9-6所示为几种太阳能空气加热系统的比较。

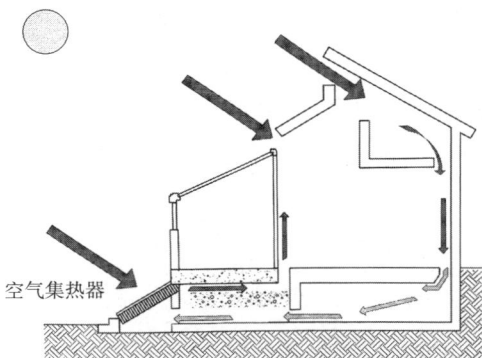

空气集热器

图9-20　对流环路式工作原理

（图片来源：王崇杰，薛一冰，等.太阳能建筑设计[M].北京：中国建筑工业出版社，2007：05.）

太阳能空气加热系统　　　　　　　　　　　　表9-6

系统	优点	缺点
直接受益式	外观好，费用低，效率高，形式比较灵活； 有利于自然采光； 适合于学校、小型办公室场所等	易引起眩光； 可能发生过热现象； 温度波动较大

系统	优点	缺点
集热蓄热墙式	热舒适度高，温度波动小； 易于旧建筑改造，费用适中； 供暖负荷较大时效果很好； 与直接受益式结合限制照度等级效果很好，适合于学校、住宅、医院等	玻璃窗较少，不便于观景和自然采光； 阴天时效果较差
附加阳光间式	作为起居空间有很强的舒适性和很好的景观性，适合居住用房、休息室、饭店等； 可作温室使用	维护费用较高； 对夏季降温要求很高； 效率低
蓄热屋顶池式	集热和蓄热量大，且蓄热体位置合理，能获得较好的室内温度环境； 较适用于冬季需要供暖、夏季需降温的湿热地区，可大大提高设施的利用率	构造复杂； 造价很高
对流环路式	集热和蓄热量大，且蓄热体位置合理，能获得较好的室内温度环境； 适用于有一定高差的南向坡地	构造复杂； 造价较高

9.3.2　主动式太阳能建筑设计

主动式太阳能系统是由太阳能集热器、储热装置、风机或泵、管道、室内散热末端等组成的强制循环太阳能系统，传热工质（水或空气）通过太阳能集热器输送到蓄热器中，系统中的各部分均可通过控制达到需要的室温。主动式太阳能系统对太阳能的利用效率高，日波动小，不仅可以供暖、供热水，还可以供冷，而且室内温度稳定、舒适，在发达国家中应用较为广泛。同时存在着投资大，系统比较复杂，运行管理较为困难等一系列问题，在我国还未能得到推广。

主动式太阳能系统按系统使用类型划分，主要有以下三种形式：①热风集热式供热系统。在朝南或朝西屋面上布置空气集热器，集热器里面的空气被加热，然后通过碎石贮热层由风机送入房间用以供暖，同时系统设置辅助热源和控制调节装置用以保证能源的稳定供给。②供暖兼热水供应系统。热水集热式地板辐射供暖兼生活热水供应系统是在屋顶或南向墙面设置收集太阳能的集热器，热媒水通过集热循环水泵、蓄热水箱、供暖循环水泵、辅助热源、水循环泵、辅助加热换热器和末端设备等向房间传热并提供生活热水，如图9-21所示。③太阳能空调系统。兼有供暖和制冷功能，是一种把太阳能光热和光能转换成其他能源的典型利用。由于空调能源消耗量大，把太阳能的光热和光能合理转换成空调制冷/热的能源供给意义重大，如采用热管式真空管集热器与溴化锂吸收式制冷机相结合的太阳能空调技术，开辟了太阳能热利用的新应用领域。

主动式太阳能系统相比于被动式太阳能系统集换热效率高，系统热量变化波动较小，具有良好、稳定的供暖性能，可提供更为舒适的室内环境，具有良好的发展前景。

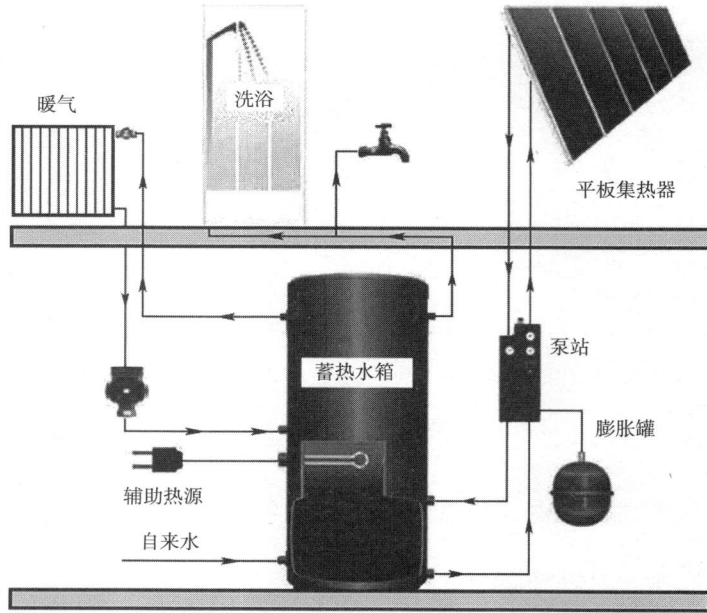

图9-21　循环式热水系统工作原理
（图片来源：http://www.doc88.com/p-9485622455416.html）

9.4　热泵

　　热泵按照热源种类不同可分为空气源热泵、水源热泵、土壤源热泵和太阳能热泵，详见图 9-22。本章节重点介绍几种常见的运用可再生能源作为低位热源的热泵系统。

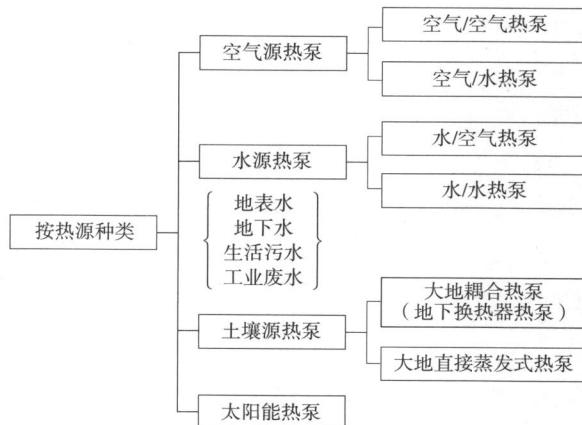

图9-22　热泵基本框图

9.4.1　空气源热泵

空气源热泵机组是以空气作为热泵的低位热源，通过机械做功，把能量从低位热源转移至高位热源的制热 / 制冷装置。热泵机组按照载热介质的不同，可分为空气—空气热泵机组和空气—水热泵机组。空气作为热泵的热源，取之不尽，用之不竭，属于可再生能源，机组在超低能耗建筑项目中应用较为广泛。

空气—空气热泵机组根据结构形式的不同，可分为窗式、挂壁式和柜式，其中柜式空气—空气热泵机组是最常用的商用热泵机组。空气—空气热泵机组的一台室外机可对应一台室内机（一拖一）或多台室内机（多联机或一拖多），代表性产品有分体式热泵空调器和 VRV 热泵系统（图 9-23、图 9-24）。

图9-23　分体式热泵空调器
（图片来源：https://zhidao.baidu.com/question/2207997392026657308.html）

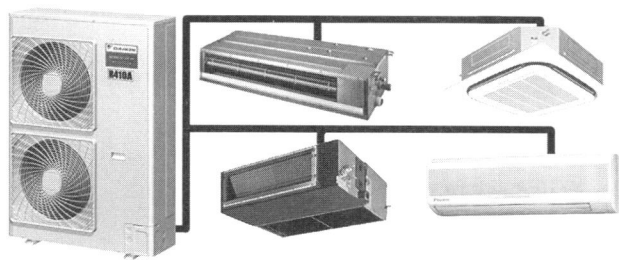

图9-24　VRV热泵系统
（图片来源：https://www.chinapp.com/baike/135560）

空气—水热泵机组产品目前有空气源热泵冷热水机组和空气源热泵热水器，国内的代表性产品是空气源热泵冷热水机组。空气源热泵热水器是一种利用空气作为低温热源来制取生活及采暖热水的热泵热水器，与空气源热泵冷热水机组制热工作原理相同（图 9-25）。

空气源热泵机组具有节能、环保、冷热兼供等优点。但在寒冷的冬季，当室外换热器表面温度低于周边空气的露点温度且低于 0℃时，换热器表面会出现结霜现象，影响换热器换热从而使机组供热能力下降，严重时机组需要停止供热，进行融霜。

9.4.2　地下水式水源热泵

水源热泵机组是以水（地下水、地表水、生活废水、工业废水等）为热源（或热汇），进行制冷或制热的热泵机组，通常有水 / 空气和水 / 水两种系统形式。通常水比

图9-25　空气源热泵冷热水机组
（图片来源：https://b2b.hc360.com/viewPics/supplyself_pics/681142439.html）

空气的比热容（单位质量物质的热容量）大，同时流动性、传热性以及温度的稳定性较好，在低位热源中占据一定优势。

地下水式水源热泵空调系统是一种利用地下水式水源热泵机组为空调系统制备冷／热水，再通过空调末端设备为房间提供空气调节的系统形式，工作原理详见图9-26。

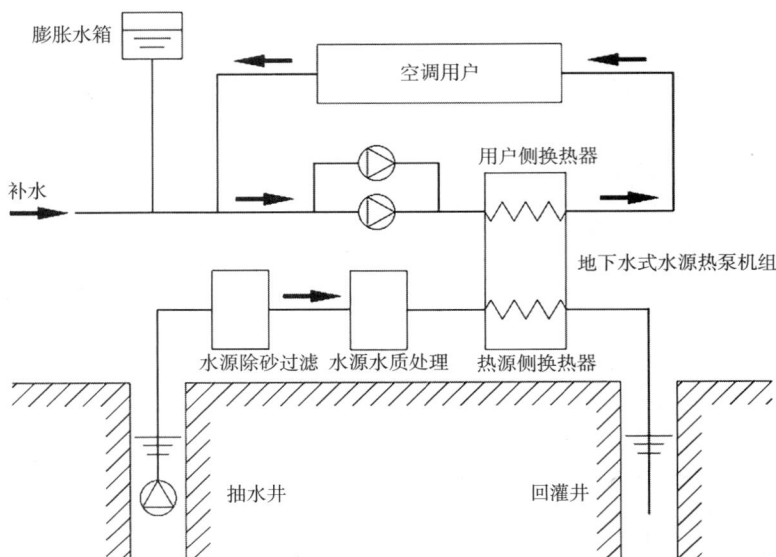

图9-26　地下水式水源热泵空调系统

（图片来源：陆耀庆. 实用供热空调设计手册（第二版）[M]. 北京：中国建筑工业出版社，2008.）

采用地下水式水源热泵空调系统时，注意事项如下：

（1）确保水量、水温、水质等条件满足热泵机组使用要求；

（2）权衡系统的投资和收益，确保空调系统的合理性；

（3）符合当地政策并经相关部门批准；

（4）严格按照水文地质勘察资料进行设计，确保地下水全部回灌，不对地下水资源造成浪费和污染；

（5）系统运行后，应对其进行有效监测。

9.4.3　土壤耦合热泵

土壤耦合热泵空调系统是地源热泵的一种形式，又称为地埋管地源热泵系统、土壤源热泵空调系统等，利用地层作为冷热源，夏季蓄热、冬季蓄冷，属于可再生能源。土壤耦合热泵空调系统通过中间传热介质（水或以水为主要成分的防冻液）在封闭的地下埋管中流动，实现系统与大地之间的传热。地埋管的埋管形式有水平和竖直两种，大多数考虑地表面积等因素会采用竖直埋管方式，系统示意图见图9-27。

图9-27 土壤源热泵空调系统

该系统一般由三个环路组成：①室外环路，主要是中间传热介质与土壤以及热泵机组之间的换热，冬季从土壤中吸收热量，夏季向土壤释放热量；②制冷剂环路，即热泵机组内部的循环环路；③室内环路，将热泵机组的制热（冷）量输送到建筑物，并分配给每个房间或区域。

在夏季，水泵把地埋管内的媒介（水或防冻液）送入冷凝器，将热泵机组排放的热量带走并释放到地层（向土壤中排热）；蒸发器中产生的冷凝水通过循环水泵送至各室内空调末端，对房间进行制冷。在特定的条件下，夏季也可停止热泵机组的运行，直接通过地埋管换热系统将地下土壤中储存的冷量直接送至用户端进行供冷，又称免费制冷。在冬季，热泵机组通过地下埋管吸收地层的热量（从土壤中吸热），冷凝器产生的热水通过循环水泵送至房间空调末端进行供暖。

土壤源热泵空调系统因其可再生性、高 COP、节能、环保、系统寿命长等一系列优势广受欢迎，但也存在系统占地面积大和初投资较高等一些弊端，用户需要根据自身需求，综合考虑系统实施的合理性。

9.4.4 太阳能热泵

太阳能热泵是将热泵与太阳能集热设备、蓄热结构连接的新型供暖系统，该系统可以有效解决太阳能不稳定的问题，从而达到节约能源和减少环境污染的目的，有较好的市场应用前景。

太阳能热泵系统在低温下利用集热设备进行集热，再由热泵系统进一步升温后供给用户使用。按照太阳能和热泵系统的连接方式可分为传统串联式太阳能热泵系统、直接膨胀式太阳能热泵系统、并联式太阳能热泵系统和混合式太阳能热泵系统，四种系统形式如图 9-28～图 9-31 所示。其中，混合式太阳能热泵系统根据不同的室外气象条件有三种工作模式：①太阳辐射强度较高时，直接利用太阳能制热；②太阳辐射强度较低时，以空气为热源利用热泵运行；③太阳辐射强度介于两者之间时，热泵以水箱中被太阳能加热的工质为热源进行工作。

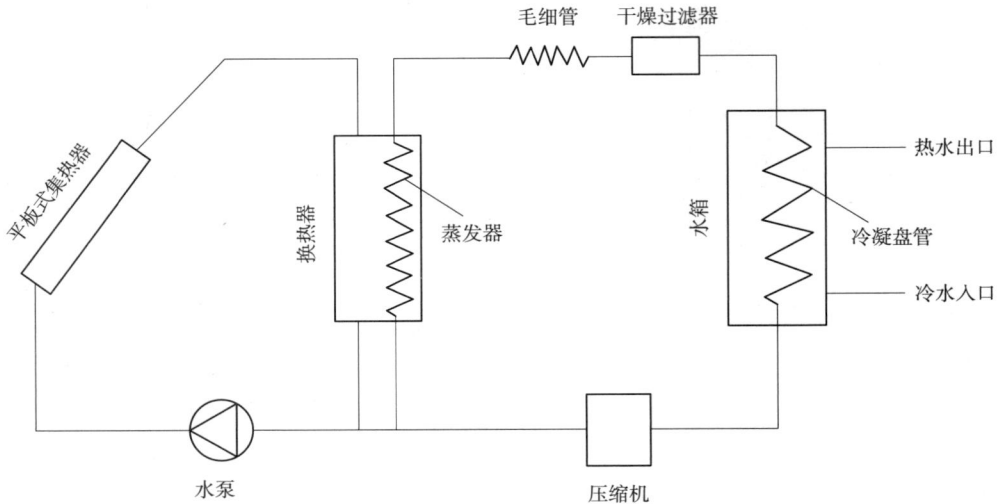

图9-28 串联式太阳能热泵系统

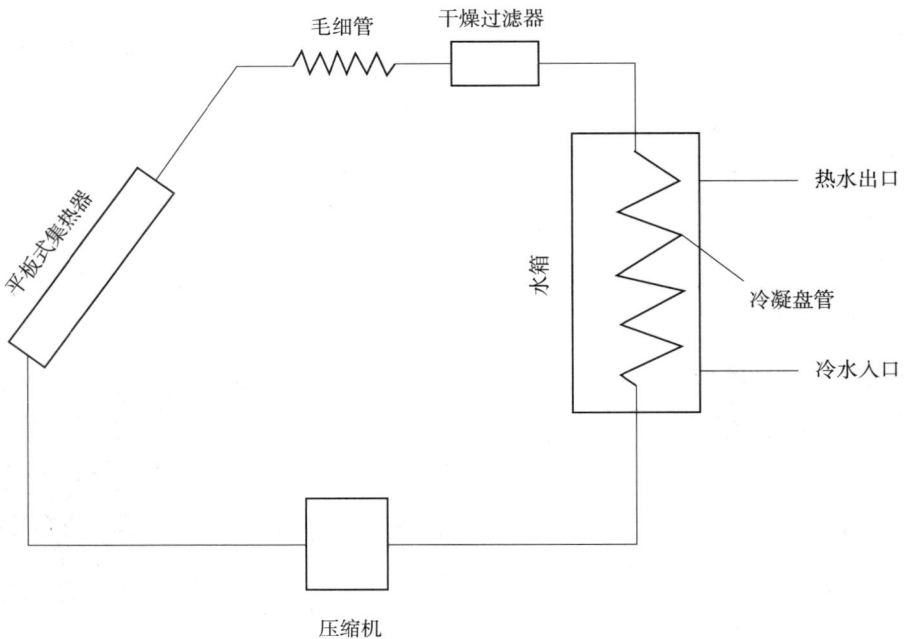

图9-29 直接膨胀式太阳能热泵系统

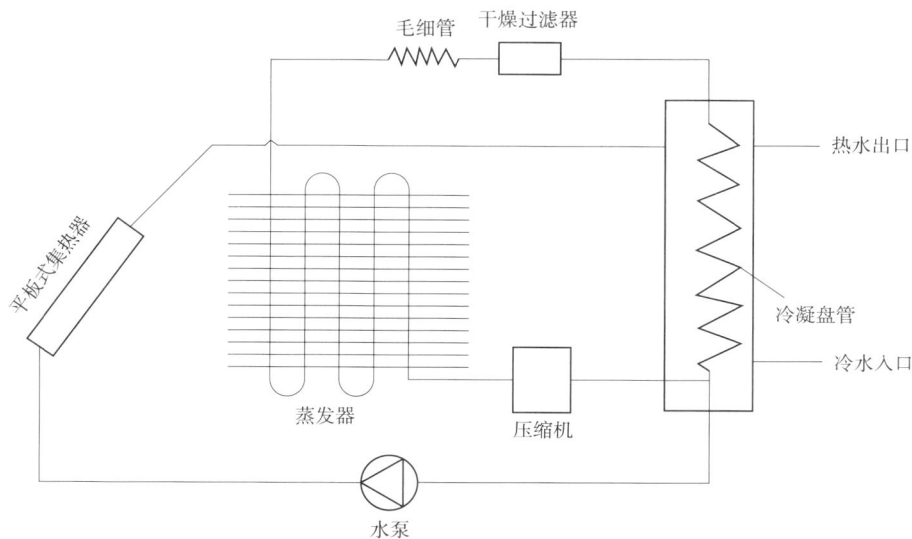

图9-30 并联式太阳能热泵系统

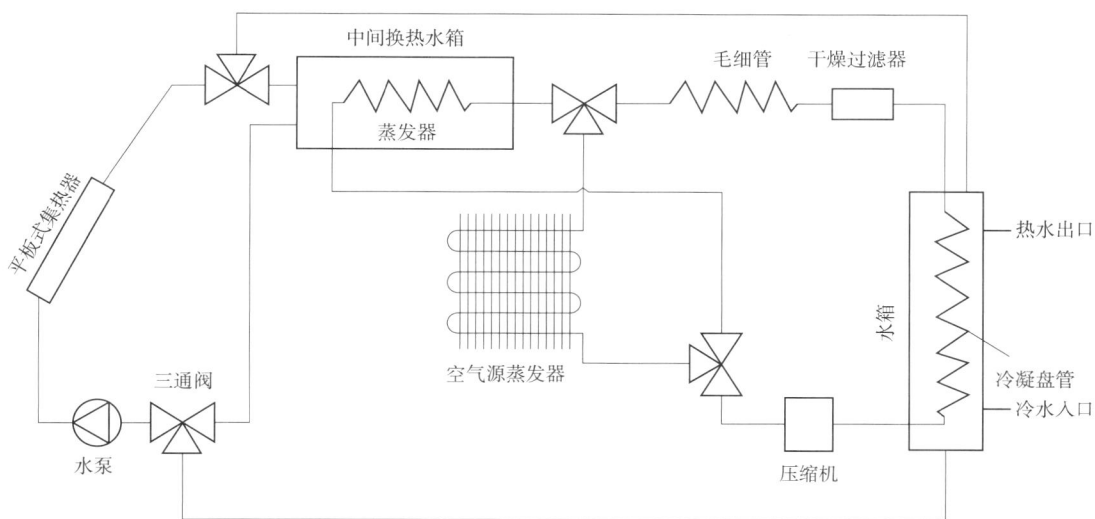

图9-31 混合式太阳能热泵系统

课后习题

1. 可再生能源的概述

1）可再生能源技术对供暖、制冷等机械设备系统的影响主要有哪两个方面?

2）我国《近零能耗建筑技术标准》GB/T 50350—2019中，不同能效标准对可再生能源的要求是怎样的?

3）可再生能源在超低能耗建筑中的主要应用形式有哪些？

4）可再生能源在超低能耗建筑应用中应考虑哪些具体因素？

2. 光伏发电

1）光伏发电系统组成及作用是什么？

2）光伏发电系统的分类、特点及适用范围是什么？

3）运用在建筑各部位的光伏组件的形式有哪些？试举例。

4）在超低能耗建筑中，光伏设计的主要步骤是什么？

5）光伏设计需要注意的问题有哪些？

10 被动房（超低能耗建筑）软件介绍

10.1 Design PH 介绍

Design PH 是 SketchUp 的插件，兼容 Windows 和 MAC 系统。在 SketchUp 内进行建筑模型的建立，并进行 Design PH 的参数输入以及门窗幕墙、外墙、屋面、地面等部位的设定，建成模型后可以生成一些数据，将这些数据导入 PHPP 中可以简化很多程序，减少许多繁琐的数据输入。

Design PH 为项目在 PHPP 中计算时对建筑的模型化或数量化，即整个建筑模型变成一个个参数输入到 PHPP 中。此部分亦是整个被动房设计的重点，参数数字化越精确，结果就越精确，相比手动计算更为精确，同时数据量也更大，可提高计算的正确率和效率。

10.2 PHPP 软件介绍

PHPP（被动房设计软件，本章以"被动房"代指超低能耗建筑）的德语全称是 Das Passivhaus Projektierungs Paket，一种节能计算软件，基于被动房规范要求和 Excel 表格进行计算，是被动房设计中的一个辅助计算软件。PHPP 是基于大量的计算结果进行测试和核准，利用这些计算结果给出建筑供暖、制冷、一次能源需求以及超温和超湿频率等数值。PHPP 不仅适用于新建的办公楼、住宅、学校等建筑，同样也适用于改造类项目。

PHPP 是一款由 PHI 开发的被动房计算软件，专门针对被动房供暖和制冷能源需求和负荷的计算。PHPP 与国内常用节能计算软件相比，输入更加细致，对建筑整体考虑更加完善，当然计算过程也更加繁琐，需要使用者认真仔细地输入，得出的计算结果与建筑实际能耗指标更加贴近。该软件在被动房的设计咨询阶段主要发挥两方面的作用：

一是在 PHPP 计算过程中，可以优化设备及建筑围护结构的各项参数，从而使被动房在技术和经济指标上都能达到最优化的水平。

二是它的计算结果将用于评判该建筑是否能达到德国被动房研究所的认证标准。PHPP 是被动房设计咨询过程中不可或缺的一种辅助工具（图 10-1）。

Specific building characteristics with reference to the treated floor area					Alternative		Fullfilled?[2]
				Criteria	criteria		
	Treated floor area m²	1364.8					
Space heating	Heating demand kWh/(m²a)	10.8	≤	15	-		yes
	Heating load W/m²	10.5	≤	-	10		
Space cooling	Cooling & dehum. demand kWh/(m²a)	14.9	≤	16	16		yes
	Cooling load W/m²	10.5	≤	-	11		
	Frequency of overheating (> 25 °C) %	-	≤	-			-
	Frequency of excessively high humidity (> 12 g/kg) %	0.0	≤	10			yes
Airtightness	Pressurization test result n₅₀ 1/h	0.2	≤	0.6			yes
Non-renewable Primary Energy (PE)	PE demand kWh/(m²a)	116.6	≤				-
Primary Energy Renewable (PER)	PER demand kWh/(m²a)	66.3	≤	60	66		yes
	Generation of renewable energy (in relation to pro-jected building footprint area) kWh/(m²a)	28.1	≥		11		

² Empty field: Data missing; '-': No requirement

图10-1　PHPP9计算结果页面

10.2.1　PHPP 包含的几个工具

能量平衡的计算（包括热传导系数的计算）:

（1）窗户部分的设计;

（2）围护结构设计;

（3）舒适通风的设计;

（4）热冷荷载的计算;

（5）夏季舒适性的预测;

（6）供暖和热水的设计;

（7）设备用电;

（8）可再生能源;

（9）可再生一次能源统计。

1. 使用 PHPP 能够成功有效地对被动房以及节能建筑进行规划设计

无论是新建建筑还是翻新改造项目，只要能够达到被动房标准或者被动房改造（EnerPHit）标准，都可以实现预期的高水平舒适度以及极低的能源需求。除了对被动房理念和被动房技术的利用之外，使用 PHPP 在一个节能设计规划中依然是实现可持续建筑理念的一项重要工具。

2. 实现被动房设计的一个理想工具

PHPP 是对节能项目进行设计与评估的一个可靠的办法，这使得此软件成为被动房以及其他节能建筑实施过程中的一个理想工具。此软件也针对低能耗建筑进行了优化改进，多年的成功使用案例已经证实了这一计算方法的可靠性，而这个应用于被动房的计算办法同样适用于超低能耗建筑的计算，超低能耗建筑是全世界都在致力于建造的建筑，就被动房理念的详细特征而言，它适用于全球所有的气候区，尽管不同国家对该理念的表述有所不同。PHPP不仅能够准确地进行能量需求计算，还可以在规划设计中将可再生能源整合进来，也可以对未来建筑的整体能效进行评估。因此，PHPP是被动房、近零能耗建筑以及其他节能建筑实施过程中的一个理想的设计工具。

3. 对不同的设计方案或节能改造方案进行计算

通过使用被动房技术来实现高水平节能并不局限于简单的新的住宅施工领域内的项目。一些大型公建项目、综合改造项目中使用这一技术时，要求、条件变得越发复杂。对节能理念的应用正变得越来越多样化，进而越来越需要对一个项目的不同设计方案或实施办法进行评估和对比——不仅涉及能效结果，也涉及经济性。PHPP9已经可以满足这一需求。PHPP9可以在一个单独的PHPP文档里输入完全不同的能效参数，对不同的设计方案同时计算，利用所得出的结果可以很容易地进行分析对比。可以在一个单独的工作表中对这些不同方案的经济性进行对比，也可以在一个单独的PHPP文档中将建筑改造过程中涉及的不同过程进行输入。这样可以对每一个改造过程所带来的改善情况进行描述，并且可以以一种更为简单的方式来对长期的现代化项目进行输入和评估。

4. 应用程序的输入辅助

使用新版PHPP9对被动房或者高节能的被动房改造项目进行计算时，要求软件的使用者按照统一的逻辑与步骤进行运算，图10-2所示为PHPP9的计算步骤。

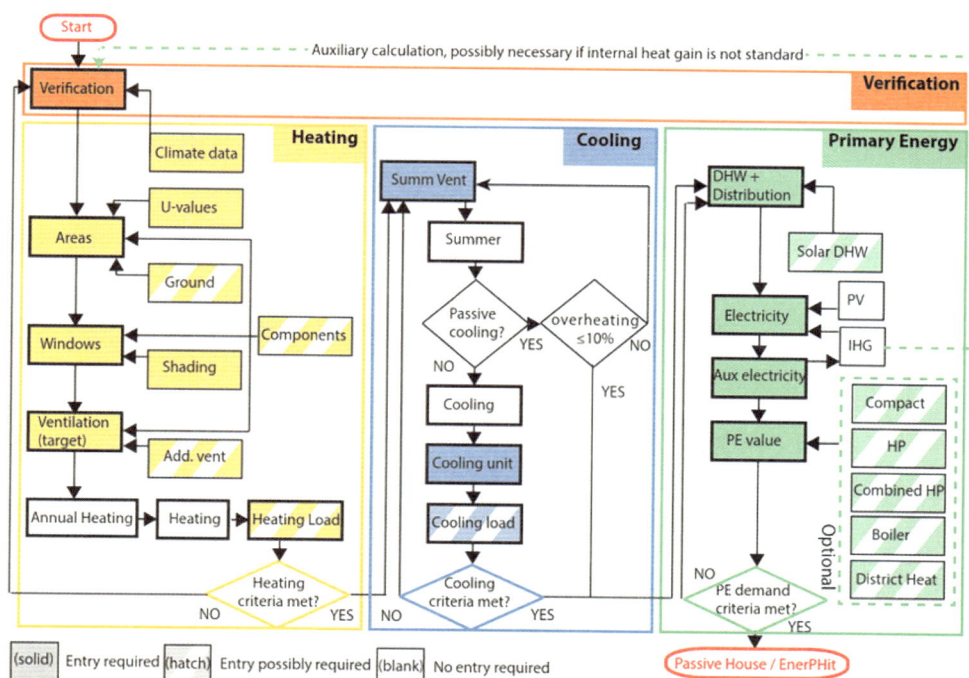

图10-2 PHPP9计算步骤

5. 基于可再生一次能源理念进行建筑评估

随着能源的持续供应，能源部门也正经历着世界范围内能源的快速变化。在此基础上，像 PHPP 这样的规划软件就必须具备评估功能，因为当可再生能源成为主流的时候，建筑的大部分能源需求要符合这一趋势。PHPP9 也会根据评估进行被动房等级划分，这使得建筑的能效评估可以在能效和可再生一次能源之间产生一种互动。

10.2.2 能量平衡计算介绍

被动房具有良好的围护结构性能和极佳的气密性，只需极少的能源消耗就可以满足全年的供暖与制冷需求。

被动房供暖负荷约为 10W/m² （取决于所需风量），年供暖需求为 15kW·h/（m²·a）（采用 TFA）。对于温暖的气候条件而言，室内制冷和除湿的工作原理与供暖类似：可以通过必要的通风来制冷，且这种方式每年的能源需求极低。

建造被动房对其所使用组件的性能要求很高。必须要根据相应的气候条件选择组件的质量标准。

下面的参考值适用于中欧气候条件。对于其他气候地区，需要作相应的调整，可以参考德国被动房研究所出版的《在中国各气候区建被动房》的报告：

（1）不透明围护结构的 U 值建议低于 0.15W/（m²·K）；

（2）建筑外围护结构为无热桥构造；

（3）建筑外围护结构的气密性应通过空气渗漏试验来进行验证，试验方法依据 DIN EN13829。所测换气次数在 50Pa 压差下不得超过 0.6 次 /h（无论正压还是负压）；

（4）为了在冬季获得净得热量，根据欧标 EN673 的要求，所有的玻璃 U 值小于 0.8W/（m²·K）；另外，根据 EN410 的要求，太阳得热系数 g 值不低于 50%（不同气候区要求不一样）。

（5）根据 DIN EN10077 的要求，安装前整窗 U 值低于 0.8W/（m²·K），安装后整窗 U 值低于 0.85W/（m²·K）；

（6）热回收新风系统的设计必须采用高能量回收效率（根据 PHI 认证的要求，$\eta_{HR} \geqslant 75\%$；若未取得 PHI 认证的小风量产品，其结果须折减 12%）；除此之外，系统耗电量须尽量低（$\leqslant 0.45$Wh/m³，体积为通风量）；

（7）生活热水供应及输送系统的热损失必须最小化；

（8）使用高能效的家用电器至关重要。

这里要强调，被动房不是复杂设备的简单堆砌，而是成熟系统的优化组合，这就需要通过全面规划来处理组件间的相互关系，以最经济和合理可靠的方式达到被动房标准。从建筑方案、节能技术设计、建筑施工、认证到运维管理等基本涵盖了建筑全生命周期。

原则上讲，除了居住建筑，其他类型建筑也可以利用 PHPP 设计成为被动房，但需明确适用的边界条件,例如其他类型建筑的内部得热与标准住宅相比有着明显的差异。对于疗养院、办公室、政府大楼和学校来说,PHPP 中已预设了标准值。当建筑物用途不符合其中任一类别时,内部得热必须经由内部得热工作表或非住宅内部得热工作表工作表来计算,在很多情况下会用到非住宅用途工作表。

10.2.3　Design PH、PHPP9 的输入（以五方科技馆为例）

1. 建筑模型

此处为项目进行被动房 PHPP 计算时对建筑的模型化或数字化,即整个建筑模型如何变成一个个参数输入 PHPP 中。此部分亦是整个被动房设计的重点,参数数字化越精确,结果就越精确。本项目采用 Design PH 进行建筑模型的搭建,相比手动计算更为精确,同时数据量也更大（图 10-3）。

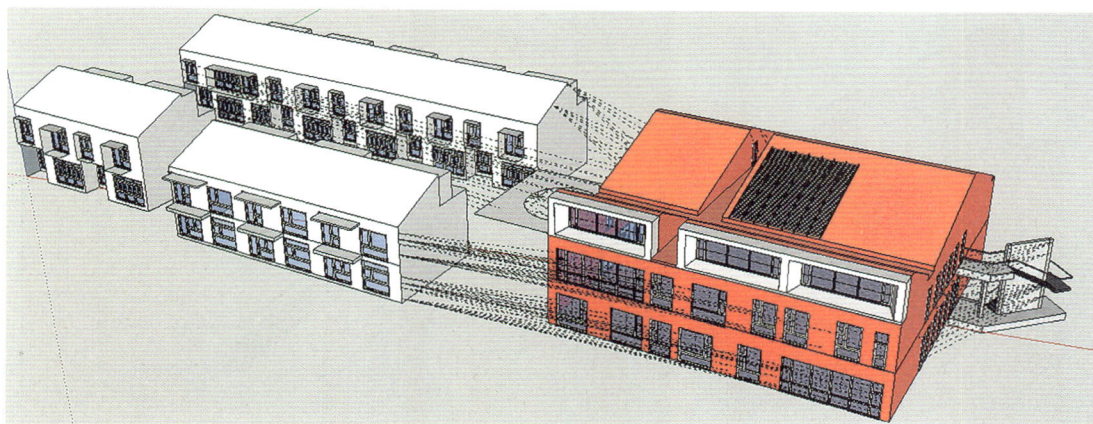

图10-3　五方科技馆被动房设计Design PH模型

其中红色部分为需要进行设计的被动房项目,白色部分为周围建筑,用于计算建筑遮阳,黑色线条为其他建筑对计算建筑窗户的遮阳影响线。图 10-4~ 图 10-7 是模型的立面图,其中窗户已根据厂家提供的最新的分格图进行调整。

2. 气候资料

PHPP 计算过程中所运用的数据必须是 PHI 提供的,本项目采用郑州的气候数据进行计算。PHPP 进行能耗计算的方法与国内惯用算法不同,其使用的气象参数为月平均参数,负荷计算使用的是最不利日平均参数,故能耗及负荷结果不同,PHI 只认可由 PHPP 计算的能耗及负荷值,国内算法得出的能耗值不能作为 PHI 认证的参考值。

PHI 通过全球各地的气候参数进行修正得出供 PHPP 使用的气候参数,非 PHI 提供的气候参数,不能用于认证。本项目采用的郑州气候资料为 PHI 提供的气候参数,可进行 PHPP 计

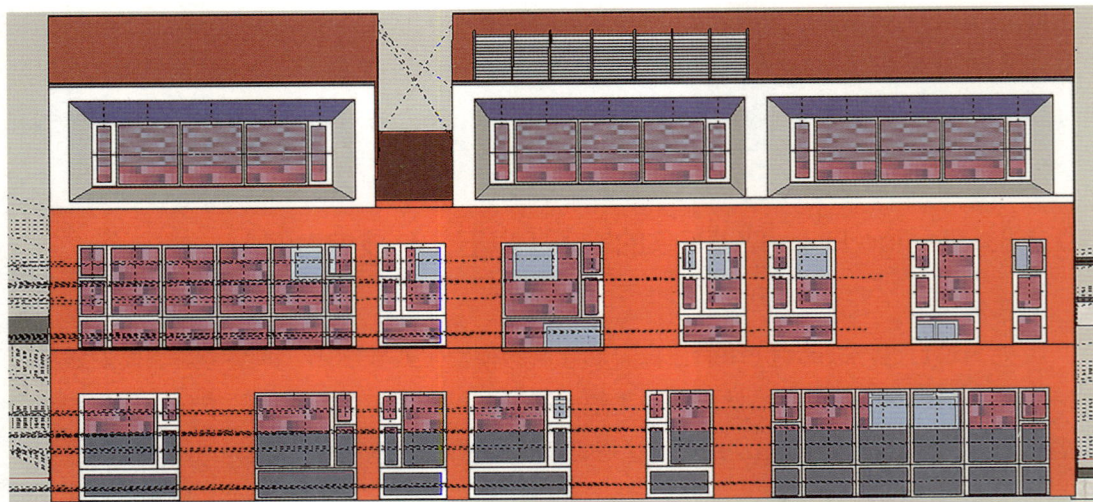

图10-4　Design PH模型南立面

图10-5　Design PH模型东立面

图10-6　Design PH模型西立面

图10-7　Design PH模型北立面

算及认证使用。PHI 气候数据由月平均温度、露点温度、天空温度、地面温度及各方向辐照量组成，同时以最不利日的平均参数作为供暖和制冷负荷计算的依据。

以下为本项目采用的气候参数（图 10-8~图 10-10）

3. 计算边界条件

计算边界条件对于建筑能耗的影响很重要，PHPP 在进行能耗计算时采用的边界条件与国

Month	1	2	3	4	5	6
Days	31	28	31	30	31	30
ud---01-CN0025a-Zhengzhou	Latitude °	34.7	Longitude °	113.7	Altitude [m]	111
Exterior temperature	0.4	3.4	8.5	15.4	20.8	25.4
Radiation North	26	31	39	48	57	59
Radiation East	43	48	60	75	89	86
Radiation South	80	84	82	80	73	65
Radiation West	41	51	64	79	85	80
Horizontal radiation	67	83	106	134	156	154
Dew point temperature	-8.0	-3.8	-0.1	6.5	12.2	17.4
Sky temperature	-17.2	-12.3	-5.9	1.5	8.0	13.7
Ground temperature	19.1	19.0	19.2	19.4	24.1	24.4

8	9	10	11	12	Heating load		Cooling load		fa
31	30	31	30	31	Weather 1	Weather 2	Weather 1	Weather 2	
temperature swing Summer [K]	8.7				Radiation: [W/m²]		Radiation: [W/m²]		
25.5	21.0	15.4	8.3	2.4	-4.0	-0.1	31.4	27.8	
50	41	37	27	24	30	20	100	75	
77	67	57	43	37	50	20	180	160	
75	78	85	81	79	100	25	135	190	
77	67	55	44	42	55	20	180	165	
140	115	95	70	61	80	35	325	265	
21.4	15.7	9.1	0.6	-5.7			26.6	25.0	
17.1	11.0	3.8	-6.2	-14.2			26.5	25.0	
24.6	24.5	19.7	19.5	19.2	19.0	19.0	24.6	24.6	

图10-8　郑州市PHI气候资料参数

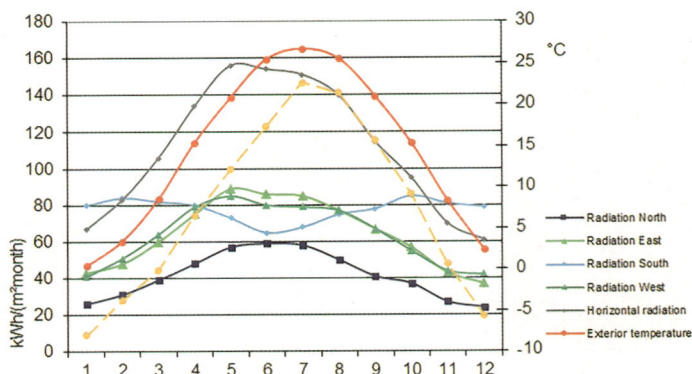

图10-9　月平均辐照折线图

	Data for heating	Data from monthly balance		
	Annual method	Heating	Cooling	
Heating / cooling period	159	181	153	d/a
Heating / cooling degree hours	58	62	-6	kKh/a
Radiation North	154	195	270	kWh/(m²a)
Radiation East	242	333	410	kWh/(m²a)
Radiation South	419	484	360	kWh/(m²a)
Radiation West	253	295	377	kWh/(m²a)
Horizontal radiation	405	607	730	kWh/(m²a)

图10-10　供暖和制冷天数、度时数及各方向总辐照量图

内常规计算不同。以下为 PHPP 计算的边界条件，即所有被动房计算都要参考的条件：

被动房围护结构的面积分为非透明和透明围护结构两部分。非透明围护结构指的是外墙、屋顶、地面、实心门等不透明的建筑外围护结构。透明围护结构主要指的是窗户，如果外门采用类似于窗户的形式，也需要在此范围内考虑。

总的围护结构面积统计如图 10-11 所示。

由于朝向、类型各不相同，design PH 将此项目共分割为 34 块不同的非透明围护结构区域进行输入，其中前 10 块非透明围护结构区域的参数输入如图 10-12 所示。

从上面的表格中可以看出建筑的 TFA 为 1 365m²，此面积可简单理解为围护结构内的可使用面积。这个面积越大，对于建筑来说，单位能耗就越低，PHI 鼓励建筑提高主要功能区的面积利用率。对于此建筑来说，南向封阳台可以提高 TFA 的大小，从而间接实现降低单位供暖需求的作用。

Temp.-zone	Area group	Group no.	Area / Length	Unit
	Treated floor area	1	1364.80	m²
A	North windows	2	31.62	m²
A	East windows	3	37.35	m²
A	South windows	4	121.50	m²
A	West windows	5	47.95	m²
A	Horizontal windows	6	76.09	m²
A	Exterior door	7	0.00	m²
A	External wall - Ambient	8	1046.25	m²
B	External wall - Ground	9	0.00	m²
A	Roof/Ceiling - Ambient	10	724.36	m²
B	Floor slab / Basement ceiling	11	756.21	m²
		12	0.00	m²
		13	0.00	m²
X		14	0.00	m²
A	Thermal bridges Ambient	15	1084.41	m
P	Perimeter thermal bridges	16	110.00	m
B	Thermal bridges FS/BC	17	0.00	m
I	Building element towards neig	18	0.00	m²
Total thermal envelope			2841.33	m²

图10-11　围护结构面积统计表

Area no.	Building assembly description	To group No.	Assigned to group	Quan-tity	x	a [m]	x	b [m]	+	User deter-mined [m²]	-	User sub-traction [m²]	-	Subtraction window areas [m²]	) =	Area [m²]
	Projected building footprint	0	Projected building footprint	1	x (	27.70	x	27.30	+		-		)		=	756.2
	Treated floor area	1	Treated floor area	1	x (		x		+	1364.80	-		)		=	1364.8
	Exterior door	7	Exterior door		x (		x		+		-		) -		=	
1	Wall_R_N	8	External wall - Ambient	1	x (	16.50	x	0.51	+		-		) -	0.0	=	8.5
2	Wall_R_1_N	8	External wall - Ambient	1	x (	8.70	x	0.51	+		-		) -	0.0	=	4.5
3	Wall_1F_N	8	External wall - Ambient	1	x (	27.30	x	4.10	+		-		) -	13.1	=	98.9
4	Wall_R_2_N	8	External wall - Ambient	1	x (	16.50	x	0.94	+		-		) -	0.0	=	15.6
5	Wall_GF_N	8	External wall - Ambient	1	x (	27.30	x	4.33	+		-		) -	18.6	=	99.6
6	Wall_R_3_N	8	External wall - Ambient	1	x (	8.70	x	0.94	+		-		) -	0.0	=	8.2
7	Wall_R_E	8	External wall - Ambient	1	x (		x		+	44.26	-		) -	0.0	=	44.3
8	Wall_R_1_E	8	External wall - Ambient	1	x (		x		+	12.59	-		) -	3.9	=	8.7
9	Wall_GF_E	8	External wall - Ambient	1	x (	27.70	x	4.33	+		-		) -	18.2	=	101.7
10	Wall_1F_E	8	External wall - Ambient	1	x (		x		+	170.43	-		) -	15.2	=	155.2

图10-12　部分非透明围护结构的参数输入（部分）

4. 非透明围护结构

对于被动式建筑外墙、屋顶、地面等非透明围护结构的输入虽然可以通过 Design PH 进行建立，但是对于整个 PHPP 计算来说，外围护结构仍需要大量的参数输入，PHI 对非透明围护结构的计算以块为基准，单块墙体或屋面对于 PHI 来说就是一个墙体，所以建筑的外立面分隔越多，越复杂，计算的量就越大。非透明围护结构这一块的输入情况如图 10-13~ 图 10-15 所示。

Assembly no.	Building assembly description						Interior insulation?
01ud	Wall						
		Heat transmission resistance [m²K/W]					
Orientation of building element	2-Wall	interior R$_{si}$	0.13				
Adjacent to	1-Outdoor air	exterior R$_{se}$	0.04				

Area section 1	λ [W/(mK)]	Area section 2 (optional)	λ [W/(mK)]	Area section 3 (optional)	λ [W/(mK)]	Thickness [mm]
ext plaster	0.800					10
SEPS	0.035					150
Concrete	2.300					300
plaster	0.800					20
Percentage of sec. 1		Percentage of sec. 2		Percentage of sec. 3		Total
100%						**48.0** cm
U-value supplement	0.012	W/(m²K)		U-value:	**0.229**	W/(m²K)

图10-13　围护结构外墙参数的输入

在围护结构参数输入的时候，PHI 对围护结构参数在不同气候区都有一定的传热系数的推荐值，一般建筑需要达到被动房标准围护结构传热系数的推荐值范围内，推荐值也可作为 PHPP 节能计算外围护构造参数输入的一个参考（图 10-16）。

Assembly no.								Interior insulation?
04ud	**Sloped roof**							
		Heat transmission resistance [m²K/W]						
Orientation of building element	1-Roof		interior R$_{si}$	0.13				
Adjacent to	1-Outdoor air		exterior R$_{se}$	0.04				
Area section 1	λ [W/(mK)]	Area section 2 (optional)	λ [W/(mK)]	Area section 3 (optional)		λ [W/(mK)]		Thickness [mm]
XPS	0.031							150
concrete	2.300							100
plaster	0.800							20
	Percentage of sec. 1		Percentage of sec. 2		Percentage of sec. 3		Total	
	100%						**27.0**	cm
U-value supplement		W/(m²K)				U-value:	**0.196**	W/(m²K)

图10-14　围护结构屋面参数的输入

Assembly no.								Interior insulation?
06ud	**Insulated floor**							
		Heat transmission resistance [m²K/W]						
Orientation of building element	3-Floor		interior R$_{si}$	0.13				
Adjacent to	2-Ground		exterior R$_{se}$	0.00				
Area section 1	λ [W/(mK)]	Area section 2 (optional)	λ [W/(mK)]	Area section 3 (optional)		λ [W/(mK)]		Thickness [mm]
tiles	1.300							10
screed	1.400							40
concrete	2.300							130
XPS	0.031							30
	Percentage of sec. 1		Percentage of sec. 2		Percentage of sec. 3		Total	
	100%						**21.0**	cm
U-value supplement		W/(m²K)				U-value:	**0.836**	W/(m²K)

图10-15　围护结构地面参数的输入

PHPP 定义的气候带	卫生[1]	舒适性[2]			
	最低温度系数	最大传热系数			
	f$_{Rsi=0,25}$ m²K/W	U 值			
	[]	[W/(m²K)]			
极地	0,80	0,45	0,50	0,50	0,35
寒冷	0,75	0,65	0,70	0,80	0,50
寒温	0,70	0,85	1,00	1,10	0,65
温和	0,60	1,10	1,15	1,25	0,85
温热	0,55	-	1,30	1,40	-
炎热	-	-	1,30	1,40	-
非常炎热	-	-	1,10	1,20	-

图10-16　围护结构传热系数的推荐值

5. 透明围护结构

对于 PHI 认证的建筑来说，窗户的输入异常复杂。尽管 Design PH 可以减少一部分工作量，但是对于整个 PHPP 计算来说，窗户仍然是工作量最大的参数输入部分。PHI 对窗户的计算是以玻璃的块数为基准，单块玻璃对于 PHI 来说就是一个窗户，所以建筑的分格越多，越复杂，计算的量就越大。由于每一块玻璃的遮阳状态均不相同，故对于被动房来说，基本上要实现每一块玻璃都需要单独进行参数输入。输入的参数为朝向、垂直度、宽、高、玻璃形式、窗框形式以及和墙体接触形式。这一块的输入情况如图 10-17、图 10-18 所示。

Win_C_1829_Top s_S	190.4	90	South	0.890	0.620	11-Wall_1F_S	01ud-PH Glazing	06ud-1.1_Top_side
Win_C_1829_Top s_1_S	190.4	90	South	0.890	2.090	11-Wall_1F_S	01ud-PH Glazing	06ud-1.1_Top_side
Win_C_1829_Op_S	190.4	90	South	0.800	1.440	11-Wall_1F_S	01ud-PH Glazing	09ud-2_Hung_Op_130C
Win_C_1829_Bot s_S	190.4	90	South	0.890	0.870	11-Wall_1F_S	01ud-PH Glazing	13ud-3.1_Bottom_side
Win_C_1829_Bot s_1_S	190.4	90	South	0.890	0.840	11-Wall_1F_S	01ud-PH Glazing	13ud-3.1_Bottom_side
Win_C_2729_Top s_S	190.4	90	South	0.890	0.620	11-Wall_1F_S	01ud-PH Glazing	06ud-1.1_Top_side
Win_C_2729_Top s_1_S	190.4	90	South	1.790	0.590	11-Wall_1F_S	01ud-PH Glazing	06ud-1.1_Top_side
Win_C_2729_Op_S	190.4	90	South	0.800	1.440	11-Wall_1F_S	01ud-PH Glazing	09ud-2_Hung_Op_130C
Win_C_2729_Middle s_S	190.4	90	South	1.820	1.500	11-Wall_1F_S	01ud-PH Glazing	02ud-0.1_Middle_side
Win_C_2729_Bot s_S	190.4	90	South	0.890	0.870	11-Wall_1F_S	01ud-PH Glazing	13ud-3.1_Bottom_side
Win_C_2729_Bot s_1_S	190.4	90	South	1.790	0.840	11-Wall_1F_S	01ud-PH Glazing	13ud-3.1_Bottom_side
Win_C_929_Top_W	190.4	90	South	0.880	0.620	11-Wall_1F_S	01ud-PH Glazing	07ud-1.2_Top
Win_C_929_Op_W	190.4	90	South	0.760	1.440	11-Wall_1F_S	01ud-PH Glazing	09ud-2_Hung_Op_130C
Win_C_929_Bot_W	190.4	90	South	0.880	0.870	11-Wall_1F_S	01ud-PH Glazing	14ud-3.2_Bottom

图 10-17　窗户参数的输入（部分）

Window area orientation	Global radiation (main orientations)	Shading	Dirt	Non-vertical radiation incidence	Glazing fraction	g-Value
Standard values →	kWh/(m²a)	0.75	0.95	0.85		
North	154	0.69	0.95	0.85	0.71	0.43
East	242	0.73	0.95	0.85	0.61	0.43
South	419	0.90	0.95	0.85	0.79	0.43
West	253	0.56	0.95	0.85	0.72	0.43
Horizontal	405	0.94	0.95	0.85	0.82	0.45
Total or average value for all windows.						0.43

Solar irradiation reduction factor	Window area	Window U-Value	Glazing area	Average global radiation
	m²	W/(m²K)	m²	kWh/(m²a)
0.40	31.62	0.88	22.48	154
0.36	37.35	0.93	22.68	267
0.57	121.50	0.83	95.80	417
0.33	47.95	0.85	34.67	230
0.62	76.09	1.77	62.30	486
0.50	314.51	1.08	237.93	

图 10-18　总的窗户输入参数的统计

6. 遮阳

和窗户数据同步输入的为建筑的遮阳情况，建筑的遮阳分为以下四个部分：

（1）水平方向遮挡；

（2）垂直方向遮挡；

（3）悬挑遮挡；

（4）其他遮挡。

为了方便理解，水平方向遮挡可近似理解为周围建筑物、山体对建筑的遮挡。垂直方向遮挡可近似理解为窗户侧窗墙对窗户的遮挡。悬挑遮挡指的是遮阳板或者阳台对建筑物的遮挡。其他遮挡可近似理解为活动外遮阳。从以上四个方面就可以对整个建筑的遮阳情况进行模拟从而计算建筑物的遮挡情况（图10-19、图10-20）。

Description	Deviation from North	Angle of inclination from the horizontal	Orientation	Glazing width	Glazing height	Glazing area	Height of the shading object	Horizontal distance	Window reveal depth	Distance from glazing edge to reveal	Overhang depth	Distance from upper glazing edge to overhang	Additional reduction factor winter shading	Additional reduction factor summer shading	Reduction factor z for temporary sun protection	Regulated / transparent
	[Degree]	[Degree]		w_G [m]	h_G [m]	A_G [m²]	h_{Hori} [m]	d_{Hori} [m]	o_{Reveal} [m]	d_{Reveal} [m]	o_{Over} [m]	d_{Over} [m]	$r_{other,W}$ [%]	$r_{other,S}$ [%]	z [%]	
MATRIX									0.21	0.056	0.18	0.038			10%	x
NORD																
GF Floor																
							Hill and trees									
							H_{Hori} obstacles 11 m	Average dist								
Win_C_1529_Top_N	10	90	North	1.38	0.48	3.3			0.21	0.09	0.18	0.09			10%	x
Win_C_1529_Op_N	10	90	North	1.10	0.29	1.7	6.75	28.00	0.21	0.50	0.18	0.72			10%	x
Win_C_1529'_Top Op_N	10	90	North	1.05	0.20	0.2	4.48	28.00	0.21	0.19	0.18	0.18			10%	x
Win_C_1529'_Fix_N	10	90	North	0.66	2.25	2.9	6.75	28.00	0.21	0.42	0.18	0.63			10%	x
1st Floor							Hill and trees									
							H_{Hori} obstacles 11 m	Average dist								
Win_C_2730_Top s_N	10	90	North	0.81	0.51	0.8	8.88	28.00	0.21	0.94	0.18	0.02			10%	x
Win_C_2730_Top s_1_N	10	90	North	1.71	0.48	1.6	8.88	28.00	0.21	0.49	0.18	0.02			10%	x
Win_C_2730_Op_N	10	90	North	0.49	1.13	1.1	10.08	28.00	0.21	1.06	0.18	0.71			10%	x
Win_C_2730_Middle s_N	10	90	North	1.71	1.44	4.9	10.08	28.00	0.21	0.49	0.18	0.58			10%	x
Win_C_2730_Bot s_N	10	90	North	0.81	1.86	1.4	10.95	28.00	0.21	0.94	0.18	2.08			10%	x

图10-19　窗户的遮阳参数输入（部分）

Orientation	Glazing area [m²]	Reduction factor winter r_v	Reduction factor cooling $r_{v,1}$	Reduction factor cooling load $r_{v,2}$	Solar load [kWh/(m²$_{Glazing}$a)]
North	22.48	69%	21%	14%	20
East	22.68	73%	37%	31%	55
South	95.80	90%	24%	16%	32
West	34.67	56%	38%	35%	52
Horizontal	62.30	94%	27%	18%	75

图10-20　各方向总的遮阳情况汇总

PHPP 在窗户和遮阳这部分参数的输入要远比其他能耗模拟软件复杂得多，同时也细致得多。这也是 PHI 只认可 PHPP 作为其能耗计算依据的原因之一，其他模拟软件的基本设置和PHPP 不同，PHPP 的参数输入更细致，从而在能耗方面更接近实际使用情况。

PHPP 软件其他参数输入可参考 PHPP 手册。

以上的参数输入为建筑的基本参数输入，即搭建整个建筑的能耗模型，在此基础上，我们对各部分的参数再进行优化，赋予参数基本的热工性能即可进行能耗计算。第二部分，我们将详细地从被动房的各个技术要点出发，对整个建筑进行优化，进而使建筑的能耗满足被动房的标准。

PHPP 计算结果如图 10-21 所示。

可以看出，PHPP 计算的结果和被动房的认证标准一一对应，如果对于所有的要求都是yes，则表明左右的指标都可以满足标准要求，右下角的 yes 表明，整个建筑达到了认证标准。

对于供暖，供暖需求和供暖负荷指标，满足其中一个即可。对于制冷，由于各地气候条件不同，其限值也不尽相同。除了气候条件，建筑的人数、内部湿源、换气次数等都会影响建筑的制冷和除湿。PHPP 会根据以上条件的改变对制冷和除湿能耗的限值进行修正。所以，对于制冷和除湿来说，没有确定的限值，对于可再生一次能源，其限值为 $60\mathrm{kW} \cdot \mathrm{h}/(\mathrm{m}^2 \cdot \mathrm{a})$。

Specific building characteristics with reference to the treated floor area							
					Alternative		
	Treated floor area m²	1364.8			Criteria	criteria	Fullfilled?[2]
Space heating	Heating demand kWh/(m²a)	10.8	≤		15	-	yes
	Heating load W/m²	10.5	≤		-	10	
Space cooling	Cooling & dehum. demand kWh/(m²a)	14.9	≤		16	16	yes
	Cooling load W/m²	10.5	≤		-	11	
	Frequency of overheating (> 25 °C) %	-	≤				-
	Frequency of excessively high humidity (> 12 g/kg) %	0.0	≤		10		yes
Airtightness	Pressurization test result n_{50} 1/h	0.2	≤		0.6		yes
Non-renewable Primary Energy (PE)	PE demand kWh/(m²a)	116.6	≤				-
Primary Energy Renewable (PER)	PER demand kWh/(m²a)	66.3	≤		60	66	yes
	Generation of renewable energy (in relation to pro- kWh/(m²a) jected building footprint area)	28.1	≥		-	11	

[2] Empty field: Data missing; '-': No requirement

图10-21 五方科技馆被动房项目PHPP计算结果

11 实例分析

11.1 项目整体概况

11.1.1 项目简介

　　五方科技馆项目位于河南省郑州市二七区西岗建筑艺术体验园北部。基地形状为近似东西向的矩形，东西长约 100m，南北宽约 45m，面积约 4 550m²。基地北面为园区内坡地景观，南面为园区中心景观。园区整体地势北高南低，有比较理想的南向日照条件，环境景观优越（图 11-1）。

图11-1　西岗建筑艺术体验园总体规划图

西岗建筑艺术体验园西南两面背靠郑州市万亩生态涵养林，北距中心城区 8km，所在区域交通便利，环境优美。总建设用地 80 亩，周边配套 400 亩林地，总体容积率低于 0.14。规划建设 9 处企业馆，主要展示企业在科技创新、产品研发等方面的成果，是企业展示实力和形象的重要窗口，分别由各企业自建，项目总投资约 6 亿元。建成后的西岗建筑艺术体验园，是一座以建筑艺术为主题，集文化展览、旅游观光、休闲游憩于一体的公共性、生态型专题公园，逐步打造成为河南省乃至全国建筑行业示范标杆的生态园区。

五方科技馆总建筑面积约 3 822m²，主体建筑地上 3 层，主要功能为超低能耗建筑技术以及其他建筑新技术的示范、展示、研发、体验和交流，具体的使用功能为办公、会议、展览、住宿和体验式公寓等。建成照片见图 11-2~图 11-4。

建筑从总平面上分为两大功能区：东侧为 A 馆，西侧为 B 馆。

A 馆——作为公共建筑，面积约 1 515m²，主要展示超低能耗建筑中公共建筑相关技术的运用、研究、探索和创新。内部功能主要有会议、办公、展览、住宿和餐饮等。重点是探讨目前各种技术的可实施性。

B 馆——作为体验式住宅建筑，分为三栋单体，面积约 2307m²，主要展示超低能耗建筑中居住建筑相关技术的运用、研究、探索和创新。重点探讨超低能耗建筑住宅的市场化落地。

项目主要创新及科研成果：

（1）中原地区首栋被动房示范项目，广受各界关注；

（2）被列入北方清洁取暖示范项目；

（3）国家"十三五"重点研发计划专项科技示范工程；

图11-2　五方科技馆整体俯视照片

图11-3 A馆南侧照片

图11-4 B馆中间通道照片

（4）该项目已经申报住建部 2018 年科技计划项目；

（5）A 馆取得中国被动式超低能耗建筑联盟认证；

（6）A 馆取得德国 PHI 认证；

（7）采用"建筑师负责制 +EPC 设计采购施工总承包 + 成品房交付"模式。

项目于 2018 年 1 月 1 日开工，2019 年 1 月 19 日竣工投入使用，至 2019 年 9 月 5 日，已接待全国各地 7 300 余人进行参观体验交流，举行各种会议、论坛活动 20 余场。项目已开展多项建筑前沿科学研究及市场化模式探索，成为中原地区超低能耗建筑的重要示范和研究平台。

11.1.2 项目全过程实施情况

建筑师作为整个项目的负责人，参与了五方科技馆从前期策划、规划设计到招标、施工及验收和后期运维的全过程。为使建筑整体效果最佳，室外景观和室内装修，建筑师都参与了决策实施过程。在项目的建设过程中探索实践了建筑师负责制，由建筑师在全过程提供咨询服务，建筑师对业主最终负责，对最终的能耗结果负责，对建筑造价负责。下面是建筑师对整个项目的全过程实践的总结：

1. 前期策划阶段

项目要达到的目标，超低能耗建筑的增量成本主要在哪方面，设计施工的难点和重点在哪里，必须在这个阶段有基本确定的结论。作为建筑师更要系统地了解关于超低能耗建筑的全面知识，参加相关的培训考试，了解其他示范项目的问题和效果，为做好超低能耗建筑作充分准备。不仅建筑师和相关专业的工程师，还有暖通工程师要一起了解超低能耗建筑相关知识，建设单位、施工单位和运营单位也都要做到事前了解。在五方科技馆建设前期，建筑师投入大量时间精力论证各种决策可行性，编写了全面详细的项目建议书，为项目最终决策提供依据。

2. 方案及初步设计阶段

这个阶段很关键，是权衡建筑各大因素的阶段，关系到后面所有的技术合理性、造价的控制、视觉效果的可实现性等。

首先是建筑方案比选，结合前期了解的超低能耗建筑知识，根据软件能耗模拟分析，进行方案比选。图 11-5~ 图 11-7 是多个方案的效果，最终选择能耗最有利方案（图 11-8），在此方案基础上，逐渐向能耗及效果综合最优方向发展。根据功能需求，把项目设计为一个小型的建筑群，由四栋单体建筑组成，沿东西向展开，最大限度地接受南向的阳光。东侧布置 A 馆公共建筑，西侧为 B 馆体验公寓，A 馆、B 馆之间布置主入口区，南北通透，B 馆南排建筑中间也留有开口，为夏季空气流动创造了条件。

方案一：架空层的存在明显对体形系数不利，南向格栅的存在使得南向得热也不利。

方案二：过多的内凹阳台，对能耗不利，立面灰砖效果也较难实现。

方案三：A 馆屋顶造型过于复杂，保温防水不容易处理，天窗面积过大，夏季得热过多。

在方案比选过程中，责任建筑师以丰富的实际项目经验和超低能耗建筑理论知识参与方案设计，提出合理建议，从源头上控制建筑的总图朝向，合理安排各功能空间，外观上不盲

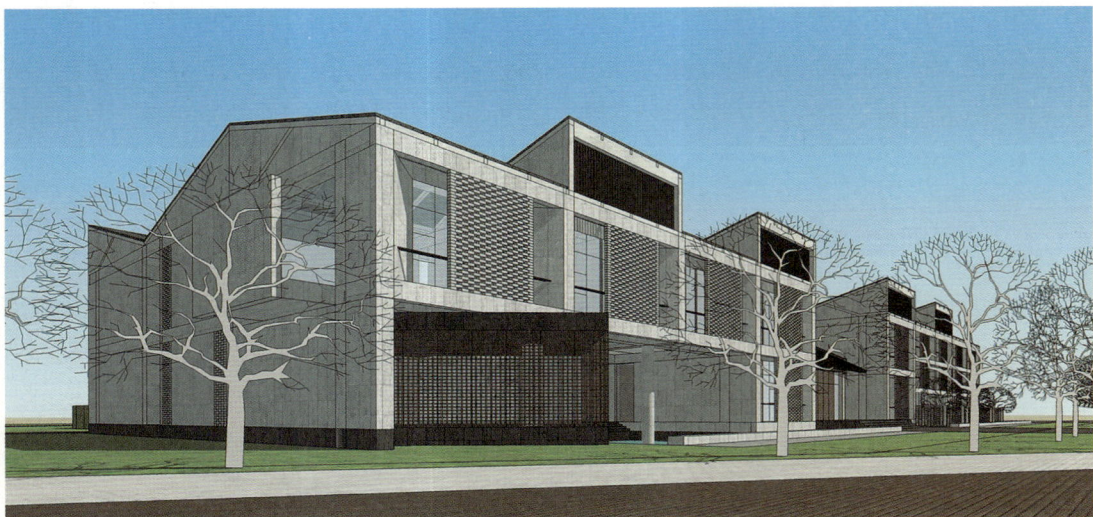

图11-5 方案一

图11-6 方案二

目追求过度装饰，控制体形系数，做到各方向窗墙比合理。建筑方案本身是个权衡的过程，一些特殊的设计要求是否合适，需通过能耗分析，再根据项目情况综合判断后，给出结论。比如方案最后阶段，南向本来没有特别大的窗，为了实现接待室和会议室更好的室内视觉效果，需要扩大开窗为整面大窗，尽管从能耗计算上是增加的，造价也有增加，但从整体上看对建筑使用更有价值，能耗和造价都在项目可接受的范围内，没有窗户的建筑应该最节能，但这样就不能满足建筑的功能需要了。

图11-7　方案三

图11-8　最终定稿方案

建筑方案确定后，基于建筑、机电、可再生能源应用、运行控制的方案进行优化提升，提出初步设计成果。

在建筑方案基本确定后，室内设计可以参与进来，建筑师负责提出设计任务书，提出设计要求，室内设计师向责任建筑师汇报设计成果，由建筑师判断整体设计是否与超低能耗建筑理念相符，建筑师要确认最终的室内设计成果。这样使建筑设计作品整体统一性更好。

室外景观设计也向责任建筑师汇报成果，由建筑师提出要求，成果由建筑师确认，使景观设计达到最大程度符合整体设计意图。

3. 施工图设计阶段

需要优化和实现方案阶段的各种设想，满足建筑方案的理念和要求，明确和控制各种材料，协调结构及设备各专业的内容。建筑师可以在其中发挥更大的作用。

施工图设计阶段，责任建筑师需要调整角色，从原来的施工图设计阶段的组织者变成全过程、全链条的控制者，建筑师要按常规设计模式组织设计工作，但所处的角度不同于原来，要站在后期需要对接施工的角度，优化了大量建筑设计细节，对各专业问题有较深入的了解和优化。不仅对业主的各种要求负责，也对整个项目的最后结果负责。

首先是常规设计：要满足常规设计的各种基本要求，建筑上各专业的各种规范要求必须满足，不能因为超低能耗建筑的能耗要求低而降低常规建筑的设计标准，可以根据超低能耗建筑的特殊要求优化局部方案。简单举几个例子：

比如项目上的金属窗套和遮阳的一体化设计，就是施工图阶段的优化产物。建筑本身是中国传统白墙灰瓦的民居意象，外窗需要一个深色的装饰框，同时我们的超低能耗建筑技术上要增加活动外遮阳，外遮阳做到保温层内，保温层厚度不够，不能隐藏遮阳盒，此项目中把两个结合到一起，统一挂到建筑外窗外侧，同时解决了两个问题，见图11-9。

另外还有项目的女儿墙顶的金属盖板，方案设计中将其作为建筑的装饰元素。超低能耗建筑需要在女儿墙顶做好水平防水，一般也采用金属女儿墙盖板。女儿墙盖板的主要作用是在墙体表面抹灰不可控龟裂情况下，防止雪雨水侵入的二次保护，可以有效地杜绝房屋内壁渗漏产生水印或者霉变现象。还有冬季白天雪水融化进入女儿墙顶部保温板缝隙，夜间冻水产生膨胀使保温外围护产生破坏性的剥离现象。二者的功能刚好重叠，做到了恰当的结合。

图11-9 金属窗套遮阳一体化设计

为了控制开窗面积又不减弱大

开窗室内效果，项目选择了加大层高处的梁。按平时需要，梁高700mm即可，本项目梁高1 200mm。这样既不影响室内采光，又减小了外窗面积。如果外窗顶高过高，室内做完吊顶，窗上部分面积会被吊顶遮挡，此时外窗仅仅起到了外立面装饰作用，没有起到采光作用，对能耗降低也没有作用。

专项设计：超低能耗建筑的节点设计，主要是超低能耗建筑的外围护结构的各种节点，如外窗节点，女儿墙节点，各种穿墙穿楼板洞口节点，基础保温节点，阳台保温节点等，根据项目情况绘制，原则是外保温要尽量全部包裹外墙，有热桥部分作特殊处理，将热桥效应降低到最小。

4. 招投标阶段

此阶段是落实施工图的可行性、经济性的最后阶段。施工图完成后，建筑师作为项目责任人参与各种厂家招标，特别是超低能耗建筑相关的专业厂家招标，代表业主提出招标建议及要求，把超低能耗建筑的特殊要求告知参与企业，对各种技术方案有建议权。在项目实施过程中，对各种技术方案签字确认，现场才可实施。

5. 施工及验收阶段

项目施工阶段，甲方工地代表向项目建筑师汇报，每项技术问题及变更都需建筑师签字确认，建筑师每周至少去两次施工现场，指导施工，查看现场效果，及时提出需整改问题及意见书。有些重要工序需在建筑师现场交代下施工，避免用错误做法做完了才发现问题，无法挽回，或代价很大。部分现场施工见图11-10。

图11-10 现场石墨聚苯板施工

施工完成后，建筑师基本参与了科技馆的所有子项的验收，门窗、保温、遮阳、气密性、空调、新风、装饰等，从建筑师的角度提出合理的整改意见。

6. 运维阶段

建筑师参与了科技馆的使用说明书的编制、室内环境监测、建筑能耗分析、空调调试运行等运维工作，从运维中验证原设计中的经验和不足，为以后的设计提供实际的参考依据。以室内环境监测为例，在开馆后的8个月里作了完整的监测，关于温度的监测，作了每个月的对比分析，见图11-11。

11.1.3 当地气候情况

郑州市是河南省省会，位于河南省中部偏北，东经112°42′~114°14′，北纬34°16′~34°58′。郑州地处暖温带南部，属于大陆性季风湿润气候，四季分明，气候温和，雨热同季。全年日

Month		1	2	3	4	5	6	7
Days		31	28	31	30	31	30	31
ud---01-CN0025(a)-Zhengzhou	Latitude °	34.7	Longitude °	113.7	Altitude [m]	111		Dailyte
Exterior temperature		1.1	4.1	9.2	16.1	21.5	26.1	27.4
Radiation North		26	31	39	48	57	59	58
Radiation East		43	48	60	75	89	86	85
Radiation South		80	84	82	80	73	65	68
Radiation West		41	51	64	79	85	80	79
Horizontal radiation		67	83	106	134	156	154	151
Dew point temperature		-8.0	-3.8	-0.1	6.5	12.2	17.4	22.6
Sky temperature		-17.2	-12.3	-5.9	1.5	8.0	13.7	18.3
Ground temperature		14.6	13.8	14.1	17.6	19.5	21.6	23.3

8	9	10	11	12	Heating load		Cooling load		PER
31	30	31	30	31	Weather 1	Weather 2	Weather 1	Weather 2	factors
mperature swing Summer [K]	8.7				Radiation: [W/m²]		Radiation: [W/m²]		
26.2	21.7	16.1	9.0	3.1	-3.3	0.6	32.1	28.5	1.30
50	41	37	27	24	30	20	100	75	1.25
77	67	57	43	37	50	20	180	160	1.85
75	78	85	81	79	100	25	135	190	1.70
77	67	55	44	42	55	20	180	165	2.05
140	115	95	70	61	80	35	325	265	
21.4	15.7	9.1	0.6	-5.7			26.6	25.0	
17.1	11.0	3.8	-6.2	-14.2			26.5	25.0	
24.0	23.7	22.4	18.3	16.2	13.8	13.8	24.0	24.0	

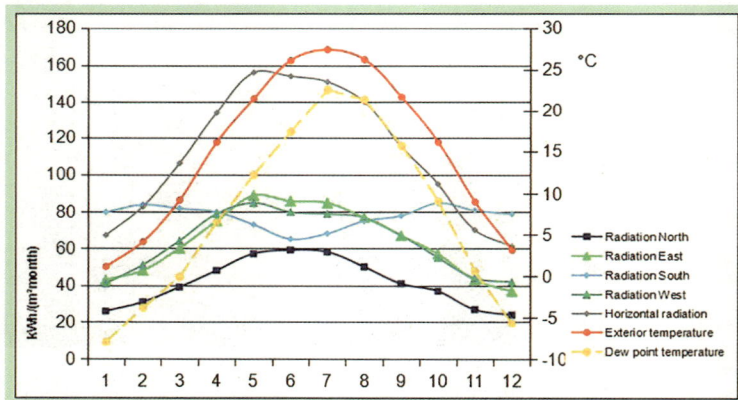

图11-11　郑州市气象数据

照时间约 2 400 小时。郑州地区年平均气温为 14.3~14.8℃，郑州市区为 14.3℃，无霜期 220 天。7 月份最热，月平均气温 27.3℃。1 月份最冷，月平均气温为 -0.2℃。郑州地区年降水量为 586.9~668.9mm，其中郑州市区 623.3mm，降水主要集中在每年 6 月至 9 月，约占全年降水量的 70%。处于本气候区的建筑既要考虑冬季保温也要考虑夏季防热。建筑冬季和夏季均需要一定的能耗维持室内温度和湿度，通常夏季空调能耗比冬季能耗还要高很多，这种能耗模式跟欧洲中部的德国有很大的不同。

以下为本项目在 PHPP 软件中采用的气候参数：

主要包括当地的经纬度，海拔，每个月的平均温度，每个月东、西、南、北四个方向的太阳辐照强度，月极端最低气温，室外露点温度等。

11.2　五方科技馆单体

11.2.1　项目图纸

1. A 馆图纸（图 11-12~ 图 11-14）

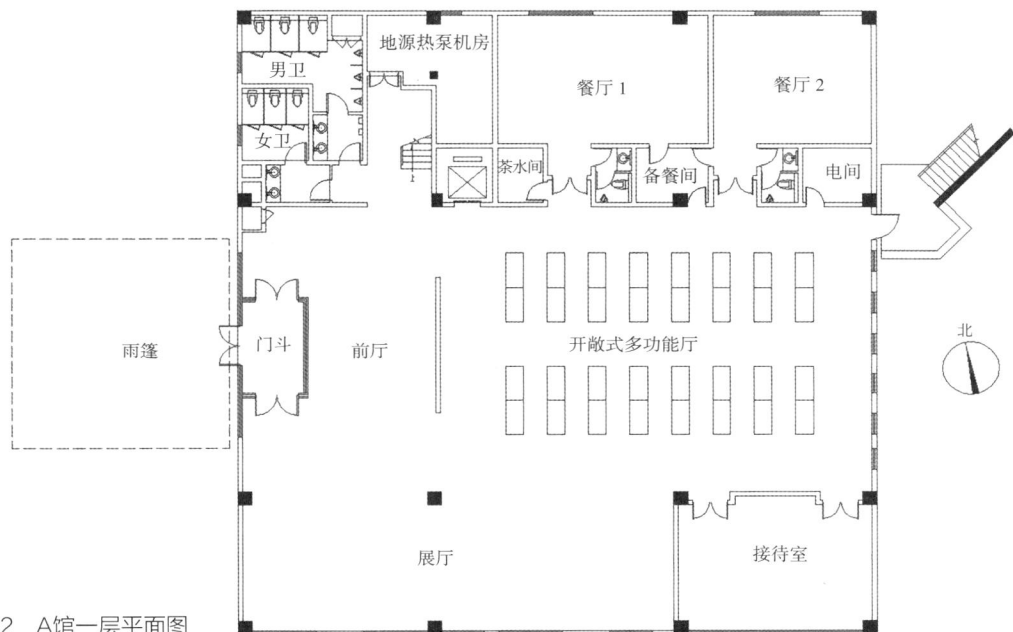

图11-12　A馆一层平面图

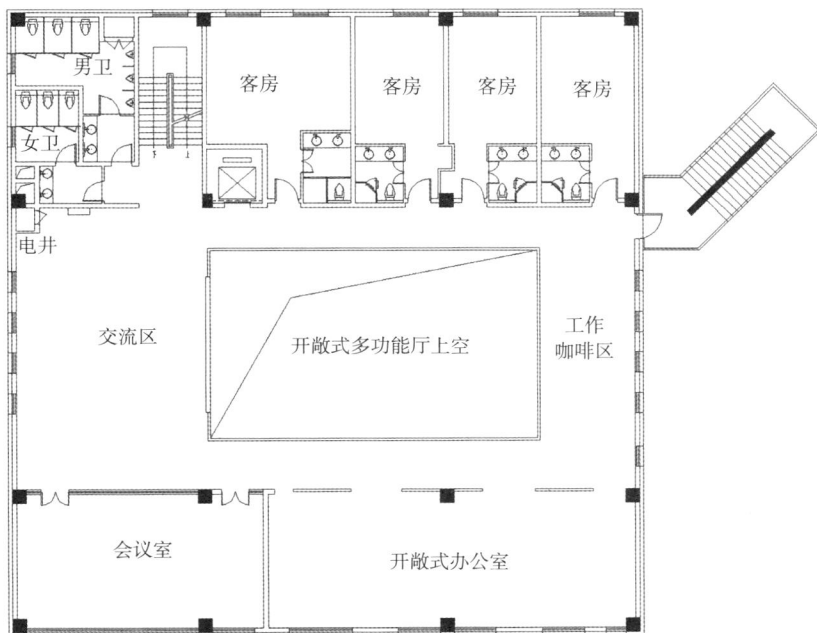

图11-13　A馆二层平面图

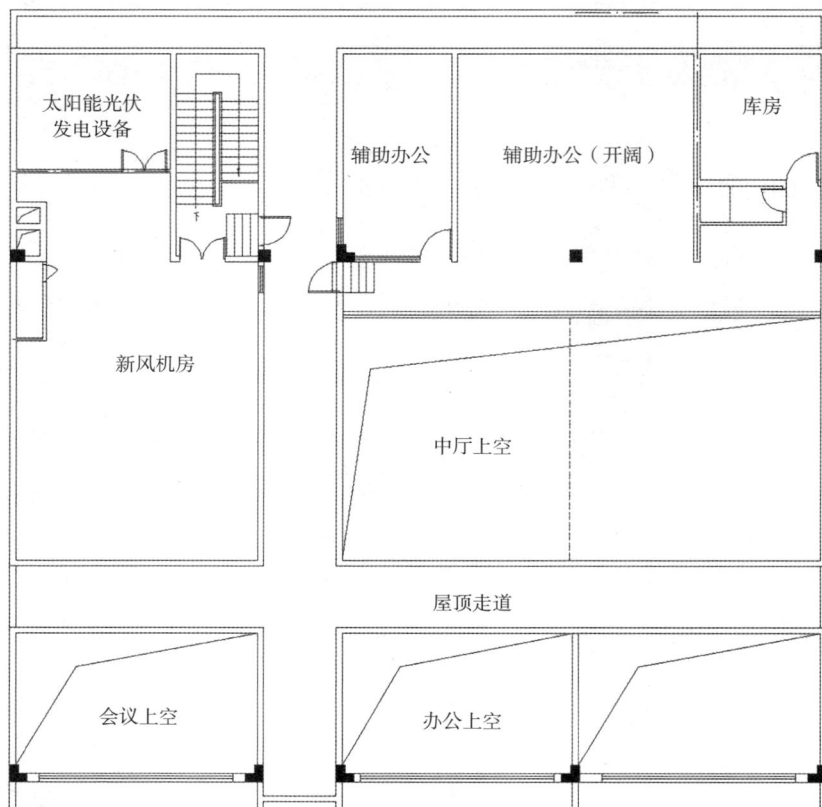

图11-14　A馆三层平面图

2. B1 馆图纸（图 11-15~图 11-17）

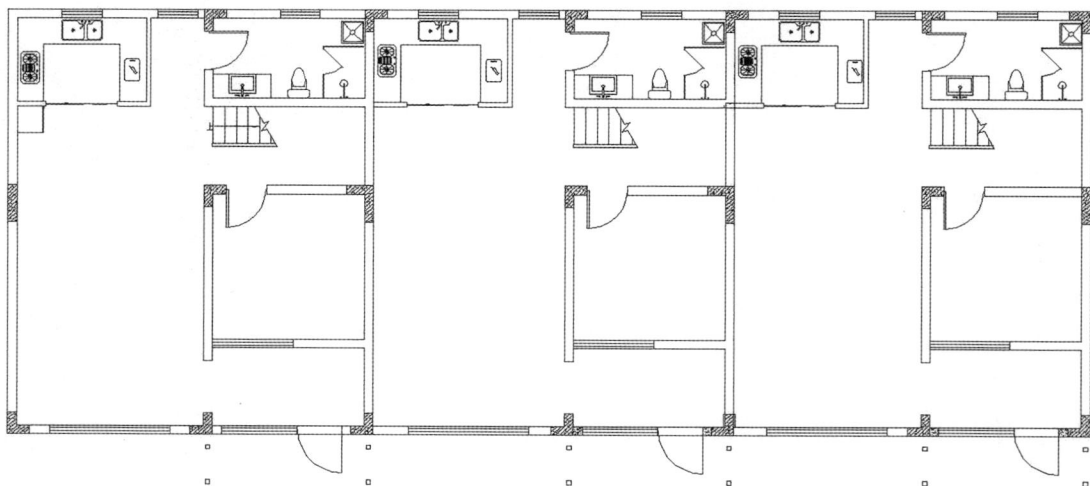

图11-15　B1馆一层平面图

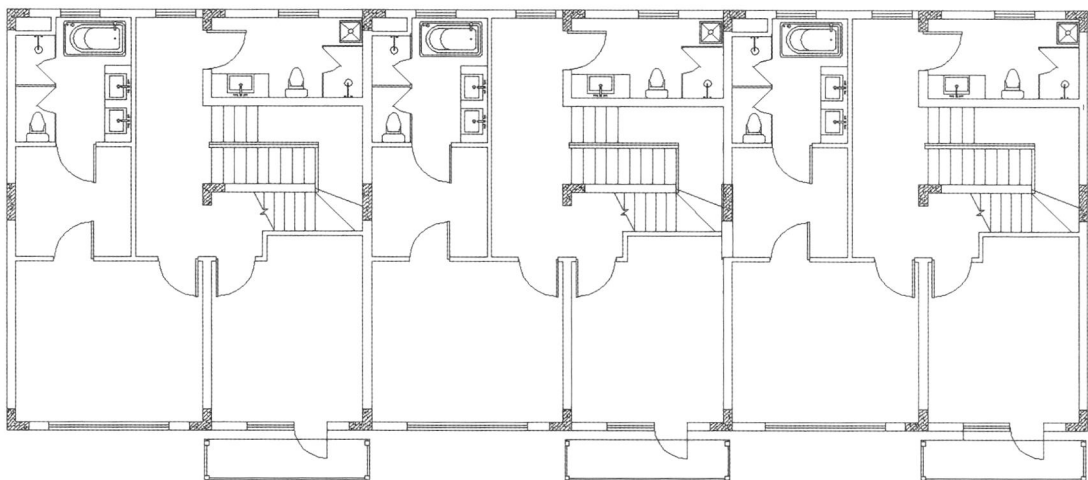

图11-16　B1馆二层平面图

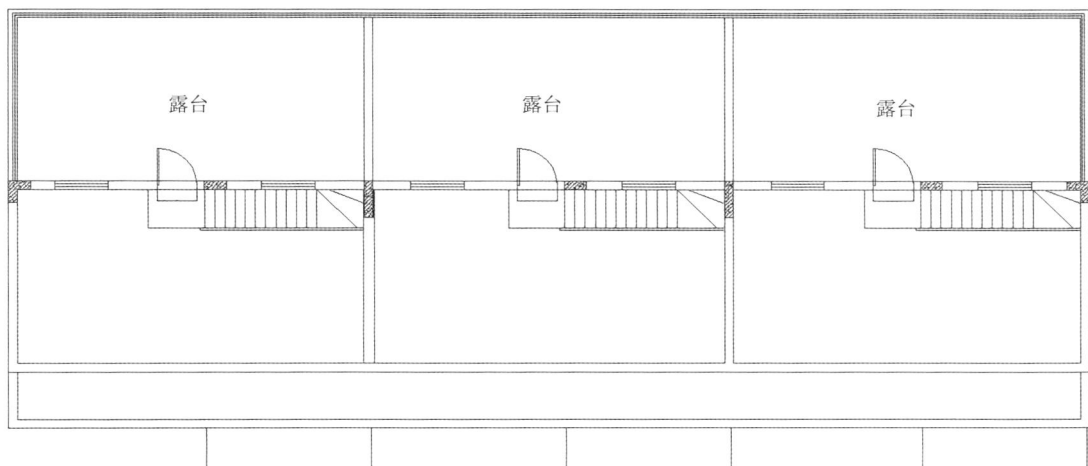

图11-17　B1馆三层平面图

11.2.2　室内环境参数及能效指标

五方科技馆室内温湿度设计指标，夏季设计温度25℃，相对湿度小于60%，冬季设计温度20℃，相对湿度大于40%。

通过 PHPP 软件计算，最终能效指标为：A 馆全年供暖需求为 10.8kW·h/（m²·a），被动房指标限值为 15kW·h/（m²·a）。供暖负荷为 10.5W/m²，被动房指标限值为 10W/m²。全年制冷＋除湿需求为 14.9kW·h/（m²·a），被动房指标限值为 16W·h/（m²·a）。制冷负荷为 10.5W/m²，被动房指标限值为 11W/m²。一次可再生能源消耗为 66.3kW·h/（m²·a），包括供暖、制冷、除湿、热水、照明、电梯及其他电器用电，可再生能源产量为 28.1kW·h/（m²·a），对一次可再生能源消耗的限制为 60kW·h/（m²·a），因项目可再生能源产量满足 PHI 认证要求，故整体满足 PHI 认证要求。

A 馆在 PHPP 软件中的计算结果如图 11-18 所示。

Specific building characteristics with reference to the treated floor area							
					Alternative		
	Treated floor area m²	1364.8		Criteria	criteria		Fullfilled?²
Space heating	Heating demand kWh/(m²a)	10.8	≤	15	-		yes
	Heating load W/m²	10.5	≤	-	10		
Space cooling	Cooling & dehum. demand kWh/(m²a)	14.9	≤	16	16		yes
	Cooling load W/m²	10.5	≤		11		
	Frequency of overheating (> 25 °C) %	-	≤				-
	Frequency of excessively high humidity (> 12 g/kg) %	0.0	≤	10			yes
Airtightness	Pressurization test result n₅₀ 1/h	0.2	≤	0.6			yes
Non-renewable Primary Energy (PE)	PE demand kWh/(m²a)	116.6	≤				-
Primary Energy Renewable (PER)	PER demand kWh/(m²a)	66.3	≤	60	66		yes
	Generation of renewable energy (in relation to pro- jected building footprint area) kWh/(m²a)	28.1	≥	-	11		

² Empty field: Data missing; '-': No requirement

图11-18　A馆计算结果

通过 PHPP 软件计算，B1 栋最终能效指标为：

全年供暖需求为 10kW·h/（m²·a），被动房指标限值为 15kW·h/（m²·a）。全年制冷+除湿需求为 20kW·h/（m²·a），被动房指标限值为 21W·h/（m²·a）。一次可再生能源消耗为 55kW·h/（m²·a），包括供暖、制冷、除湿、热水、照明、电梯及其他电器用电，可再生能源产量为 3kW·h/（m²·a），对一次可再生能源消耗的限制为 60kW·h/（m²·a），所有能耗指标也满足 PHI 认证要求（图 11-19）。

Specific building characteristics with reference to the treated floor area							
					Alternative		
	Treated floor area m²	412.3		Criteria	criteria		Fullfilled?²
Space heating	Heating demand kWh/(m²a)	10	≤	15	-		yes
	Heating load W/m²	11	≤	-	10		
Space cooling	Cooling & dehum. demand kWh/(m²a)	20	≤	21	21		yes
	Cooling load W/m²	10	≤		10		
	Frequency of overheating (> 25 °C) %	-	≤	-	-		-
	Frequency of excessively high humidity (> 12 g/kg) %	8	≤	10			yes
Airtightness	Pressurization test result n₅₀ 1/h	0.6	≤	0.6			yes
Non-renewable Primary Energy (PE)	PE demand kWh/(m²a)	102	≤				-
Primary Energy Renewable (PER)	PER demand kWh/(m²a)	55	≤	60	60		yes
	Generation of renewable energy (in relation to pro- jected building footprint area) kWh/(m²a)	3	≥	-	-		

² Empty field: Data missing; '-': No requirement

图11-19　B1馆计算结果

11.2.3 外围护系统

A 馆外墙保温采用 150mm 的石墨聚苯板，屋顶采用 150mm 的挤塑聚苯板，外墙传热系数为 0.229W/（m^2·K），屋顶传热系数为 0.195W/（m^2·K），地面无保温措施，传热系数为 4.489W/（m^2·K）。外窗采用铝包木三玻窗，U_f=0.91W/（m^2·K），U_g=0.61W/（m^2·K），g=0.43。天窗采用复合聚氨酯三玻窗，U_f=1.36W/（m^2·K），U_g=0.93W/（m^2·K），g=0.45。外墙采用高反射涂料，太阳反射比为 0.62，近红外反射比为 0.792。

A 馆中庭上空为一个 7.8m×8.5m 的天窗，是目前已知的国内 PHI 认证的被动房中幅度最大的天窗，很好地解决了气密性、水密性及可开启的问题。天窗角度为南向斜 18°，可解决中庭的自然采光问题，使冬季进入室内的太阳光能最大化，减少供暖能耗，见图 11-20。

B 馆外墙采用 200mm 的石墨聚苯板，屋顶采用 200mm 的挤塑聚苯板，外墙传热系数为 0.136W/（m^2·K），屋顶传热系数为 0.133W/（m^2·K），地面保温采用 50mm 的挤塑聚苯板，传热系数为 0.507W/（m^2·K），外窗采用塑钢窗三玻窗，U_f=0.75W/（m^2·K），U_g=0.57W/（m^2·K），g=0.48。外墙采用高反射涂料，太阳反射比为 0.62，近红外反射比为 0.792。

图 11-20 天窗内外侧及遮阳

11.2.4 遮阳系统

A 馆在南侧及东西两侧外窗设置外遮阳，外遮阳采用自动控制活动外遮阳百叶，可以根据夏季太阳光照情况自动落下或打开，见图 11-20。为解决夏季太阳光进入室内引起温度升高的问题，在天窗上部设计了智能遮阳系统，遮阳也采用光追踪系统，能够遮挡夏季 80% 以上的阳光进入室内。遮阳系统收起时不遮挡室内采光，整个机械系统为干式免维护系统，金属构件具有很好的耐候性，能够最大幅度地减少维护费用。同时，遮阳构件的机翼板造型形成的韵律丰富了中庭的空间感，见图 11-20。在 PHPP 软件中，各方向遮阳系数及对制冷负荷的影响见图 11-21。

Orientation	Glazing area [m²]	Reduction factor winter r_v	Reduction factor cooling $r_{v,1}$	Reduction factor cooling load $r_{v,2}$	Solar load [kWh/(m²$_{Glazing}$a)]
North	22.48	69%	21%	14%	20
East	22.68	73%	37%	31%	55
South	95.80	90%	24%	16%	32
West	34.67	56%	38%	35%	52
Horizontal	62.30	94%	27%	18%	75

图11-21　外侧遮阳计算结果

B1 馆只在南侧设置遮阳,南侧卧室外窗采用独立阳台遮阳,客厅位置采用电动卷闸式遮阳,见图 11-22。

图11-22　B馆南侧实景图

11.2.5　无热桥处理

超低能耗建筑热桥处理原则是"无热桥设计"。具体设计中应尽可能避免热桥,或至少将其限制到可以忽略的程度。这样可以大大简化热桥计算和输入。本项目绝大部分热桥在进行专项设计后可满足无热桥要求。如超出无热桥限值要求,则需按照热桥值进行能耗计算,并确保不发生结露。本项目中一处典型热桥,通过 Flixo 软件计算结果如图 11-23 所示,在 PHPP 软件中此热桥输入见图 11-24。

本项目中采用的热桥处理措施有:屋顶太阳能发电板支架断热桥,外遮阳及金属窗套挂件断热桥,见图 11-25。外墙保温下延至基础,阳台及室外楼梯独立结构支撑见图 11-26。

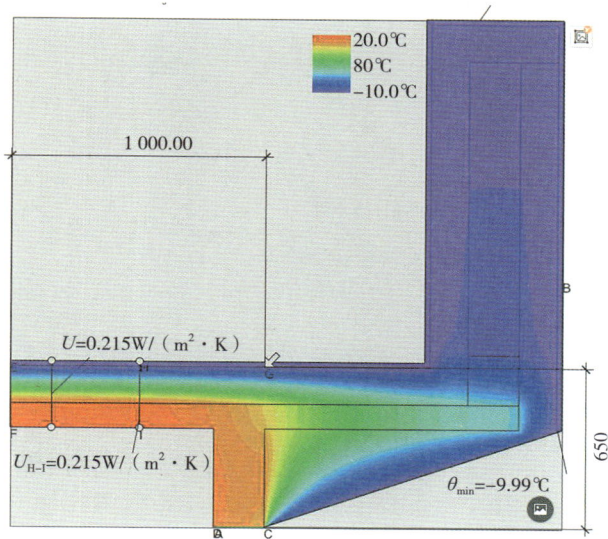

$$\Psi_{\text{C-G-E}}=\frac{\Phi}{\Delta T}-U_1\times b_1-U_2\times b_2=\frac{16.462\text{W/m}}{30.000\text{K}}-0.215\text{W/}\,(\text{m}^2\cdot\text{K})\times0.650\text{m}-0.215\text{W/}\,(\text{m}^2\cdot\text{K})\times1.000\text{m}=0.194\text{W/}\,(\text{m}\cdot\text{K})$$

图11-23 A馆南侧屋顶外挑遮阳构件的热桥计算

图11-24 A馆南侧屋顶外挑遮阳构件的热桥计算

图11-25 A馆屋顶太阳能发电板支架及外遮阳与金属窗套的断热垫片处理

图11-26　基础保温处理及独立阳台结构以及独立支撑室外楼梯结构

11.2.6　气密性处理

对于本项目的气密性处理，做法原则如下：

气密层在外围护结构内侧且要连续，不能中断，见图 11-27；窗户和门需要额外注意本身的气密性，所有外窗、外门与结构连接处需要用气密胶带连接，见图 11-28；尽量不要在外围护结构的墙体中打孔，对于必须要打孔的地方，做好密封处理，在项目施工过程中进行风门测试，同时进行气密性检测，发现问题及时补救。

由于建筑设计的不断优化以及施工的精细化，建筑最终的气密性取得了很好的结果 $0.17h^{-1}$，远远小于 $1.0h^{-1}$，这在超低能耗建筑中位居前列（图 11-29）。

高气密性是超低能耗建筑建设的五大措施之一，气密性测试是保证气密性的最重要措施。一般建筑要经过多次测试，在测试过程中，采用风速仪、烟雾及红外成像等多种方法，才能保证最终的气密性测试效果。

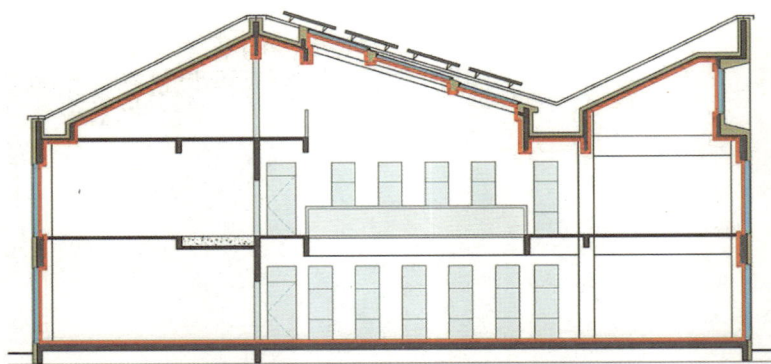

图11-27　A馆气密层位置及关键部位

图11-28　A馆外窗内侧
防水蒸气密膜的粘贴

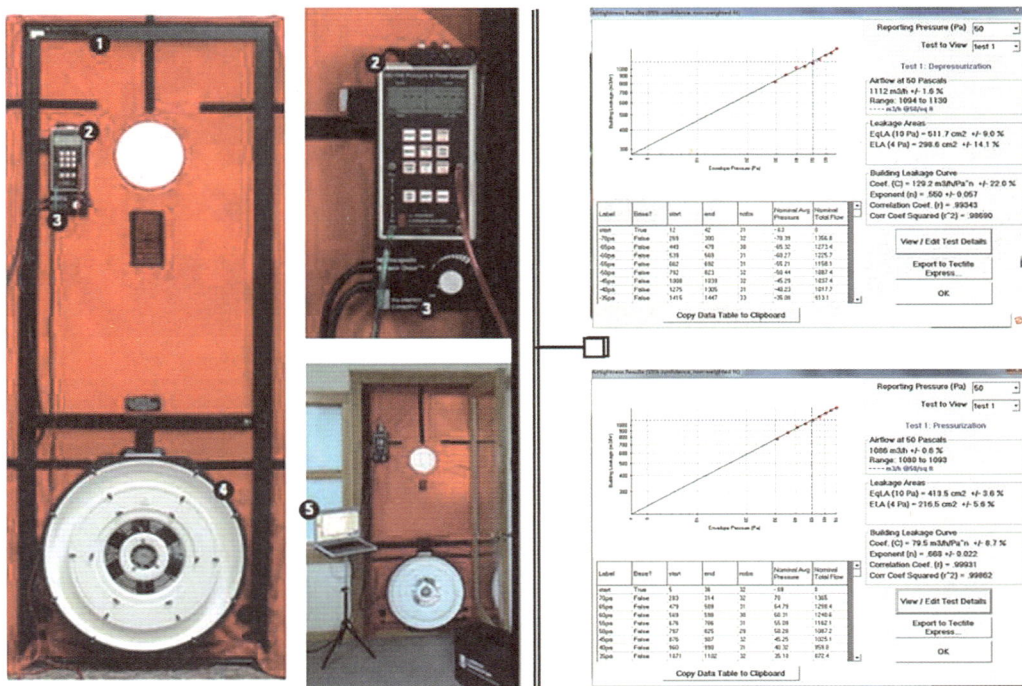

图11-29　测试现场及结果

11.2.7　新风及空调系统

1. A 馆

A 馆新风采用高效独立全热回收新风机组，设计新风量为 3 000m³/h，30m³/h 每人，固定人员不超过 100 人，显热回收效率为 77.3%，大于 75%。机组有防霜冻措施，设备在组合式新风机组进风口处加装 4 000W PTC 电辅助加热系统，对新风进行预热处理。机组含空气过滤段，G4 初效 +F9 中高效可有效去除室外空气中的污染颗粒。

组合式新风机组出风、回风处均设消声器，风管为低噪声风管，保证室内环境噪声昼间小于 40dB（A），夜间小于 30dB（A）。新风机组见图 11-30。

A 馆空调冷热源为一台地源热泵机组，见图 11-31。自带冷冻水循环水力模块，制冷量 58.5kW，制热量 62.5kW，能效比 COP=4.37。设计工况：夏季冷冻水侧：7/12℃，冷却水侧：30/25℃。冬季热水温度为 40/45℃，土壤侧进出水温度为 8/3℃。室内空调终端为风机盘管。

空调系统运行方式为：冬季或夏季极端天气时开启地源热泵作为冷热源，使室内环境达到设计指标，过渡季节鼓励开窗通过自然通风带走室内余热余湿，保证室内环境的舒适度。

A 馆新风空调系统安装了自动化控制监测系统。空调压缩机可根据冷热需求进行变频控制，新风机可根据室内二氧化碳浓度自动调节新风量，同时都可进行一键启停以及温度设定等，详细控制内容如下。

图11-30　A馆新风机组

图11-31　A馆地源热泵示意图

（1）监测空调和新风机组等设备的风机状态、空气的温湿度、CO_2 浓度等。控制空调和新风机组等设备的启停、变新风比焓值控制和变风量时的变速控制。

（2）空调新风系统风量电动调节阀、温控器、传感器等均接入楼宇自控系统（BA）。新风机组回水管设动态压力平衡阀及电动调节阀，通过温控阀自动调节流量，并自动平衡环路压力，控制新风送风温度。冬季，高压微雾加湿管道设电动调节阀，通过湿度传感器，控制冬季新风加湿量。

（3）自动运行模式：根据回风口监测到的 PM2.5、CO_2 数值进行判断，控制风量的大小。根据室内温度及设定温度判断开启或关闭冷热源。温度设定为 20~26℃。温度平衡在设定值 ±1℃范围内。风机选用 DC 变频风机，根据主板信号进行转速调节。电加热具有温度保护功能，当其本身温度超过一定值后，自动切断电源。

（4）CO_2 传感器采用红外式，PM2.5 传感器采用激光式，温湿度传感器采用数字集成传感器，温度保护单元采用热电耦式。

（5）采用能耗分析软件，对各空调机组、新风系统、电气照明等参数的能耗情况进行检测和分析。

2. B 馆

B3 馆采用空调新风一体机，含空气过滤段，有效除雾、PM2.5 和 VOC，保证室内良好的空气质量。空调新风一体机，机组本身噪声小于 45dB（A），吊顶内部采用吸声材料对机组进行围护，机组风管采用低噪声风管，机组送风、回风接管均设风管消声器。室内环境噪声昼间小于 40dB（A），夜间小于 30dB（A）。

（1）空调新风一体机，室外机为空气源热泵室外机，室内机功能包括：新风空气净化（新风经初、中、亚高效三级净化过滤，过滤效率在 95% 以上），新风量每人不小于 30m³；新风全热回收（显热效率大于 75%，焓交换效率大于 70%）。

（2）控制方案

回风口集中回风，温湿度、PM2.5、CO_2 传感器监测室内空气质量以及进风温湿度、

PM2.5、出风温度。

防冻保护：室外温度过低状况下，开启电预热系统，提升新风温度，避免因新风温度过低造成的热交换芯结霜等损坏热交换芯现象。

断电重启功能：设备在突然断电情况下，可保存当前的工作状态，恢复供电后设备不需操作便可进入断电前的工作状态。

手动模式：检测到的实际室内温度与设定温度作对比，判断开启或关闭冷热源。

自动运行模式：根据回风口监测到的 PM2.5、CO_2 数值进行判断，控制风量的大小。根据室内温度及设定温度判断开启或关闭冷热源。

温度设定：冬季 20℃，夏季 25℃。温度平衡在设定值 ±1℃范围内。

风机选用 DC 变频风机，根据主板信号进行转速调节。

电加热具有温度保护功能，当其本身温度超过一定值后自动切断电源。

CO_2 传感器采用红外式，PM2.5 传感器采用激光式，温湿度传感器采用数字集成传感器，温度保护单元采用热电偶式。

11.2.8　可再生能源利用

1. 太阳能利用

A 馆、B 馆屋顶遵循建筑光伏一体化的设计理念采用薄膜发电产品。A 馆屋面装机量 11.70kW，首年可实现发电量 1.35 万 kW·h，25 年可实现发电量 30.50 万 kW·h。每年节约标准煤约 4.0t，每年可实现碳减排约 11.32t（图 11-30）。

B 馆屋面装机量 19.45kW，首年可实现发电量 2.21 万 kW·h，25 年可实现发电量 49.91 万 kW·h。每年节约标准煤约 7.03t，每年可实现碳减排约 18.50t。

景观亭和大门屋顶遵循景观光伏一体化的设计理念，采用碲化镉薄膜太阳能产品。碲化镉（CdTe）薄膜太阳能电池是一种新型的绿色太阳能发电组件。碲化镉薄膜太阳能电池是经过欧盟全面认证的光伏产品，具有高效的转化率、较好的透光性等优势。亭子顶面装机量 13.38kW，首年可实现发电量 1.04 万 kW·h，25 年可实现发电量 23.36 万 kW·h。每年节约标准煤约 3.06t，每年可实现碳减排约 8.68t。

B3 馆屋顶采用了部分太阳能光热设备，主要有太阳能热水系统和太阳能直接供热系统（图 11-32）。

2. 地源热泵

地源热泵是以岩土体、地层土壤、地下水或地表水为低温热源，由水（地）源热泵机组、地热能交换系统、建筑物内系统组成的供热中央空调系统。地源热泵是陆地浅层能源通过输入少量的高品位能源（如电能等）实现由低品位热能向高品位热能转移的装置。通常地源热泵消耗 1kW·h 的能量，用户可以得到 4kW·h 以上的热量或冷量。五方科技馆 A 馆采用了地

图11-32　A馆、B馆屋顶采用薄膜发电太阳能板，景观亭采用碲化镉薄膜发电玻璃

源热泵技术，能效比 COP=4.37，属于可再生能源，降低了化石能源的使用强度。

3. 空气源热泵

空气源热泵（ASHP）作为国际公认的高效节能技术，已在全球范围内广泛应用，欧盟各国、日本和我国相继将其列入可再生能源技术范畴。五方科技馆 B 馆采用了空气源热泵技术，以解决冬季供暖，夏季制冷、除湿，全年热水制备等需求。

太阳能发电系统与建筑本身用电系统联网，发电首先满足建筑自用，然后才给外部反向送电。夏季白天发电高峰期所发电量大部分为热泵使用，用来给建筑降温和除湿。冬季白天天气晴好时，所发电量主要为热泵给建筑加热所用。

11.2.9　环境与能耗监测

1. 环境监测

环境监测系统包括室外环境参数采集、室内环境参数采集，采集的参数包括室内外环境温度、湿度、CO_2 浓度、PM2.5 浓度、PM10 浓度、风速、风向、噪声等。监测系统还包括对外墙内表面、地面、屋顶内表面温度的采集。监测系统是通过可编程逻辑控制器，采集各传感器信息，编码上传到上位机的数据库内记录、分析，便于导出及分析。

以 2 月、3 月的监测为例，供暖季一般是测试的关键阶段之一，五方科技馆由带高效热回收的新风系统、地源热泵系统进行极端天气下的辅助制热。由图 11-33、图 11-35 所示供暖季的监测结果可知，2 月份室外日均温度基本在 10℃以下且温度的波动很大，3 月份的温度相比 2 月份的温度有所提升，但依旧波动很大，而科技馆室内温度和围护结构内表面温度却始终维持在某一温度值，各个温度随时间的变化很小。室内温度与围护结构内表面温度趋同，室内温度通过相对较低的围护结构内表面温度向室外传热。另外，由图 11-33 可知，室内温度和围护结构内表面的温度相差 2~3℃，而理论计算的温差一般为 1.3℃左右，主要原因是：在供暖季 2 月份，五方科技馆处于刚开馆的状态，围护结构中蓄存的热量很少，温度相对较低，所以存在两者温差较大的情况。由图 11-34、图 11-36 可知，室内相对湿度保持在比较稳定的舒适区间，CO_2 浓度不超过 500ppm，室内空气清新。

2. 能耗监测

能耗监测结果以 4 月、5 月耗电量为例，如图 11-37 所示，4 月用电总量为 1 418kW·h，平均日用电量为 47.25kW·h。当月一层插座月耗电量为 540.7kW·h，占当月用电比例为 38.14%，一层照明月耗电量为 178kW·h，占比 12.56%。由于该月场馆在一层大厅举行了多次会议及接待，其中中庭大屏电功率为 8kW，属于大功率用电设备，并且场馆管理人员较多在一层进行操作，造成一层插座及照明耗电量较大。新风机组耗电量为 193.3kW·h，当月耗电量占比 13.63%。

5 月份总耗电量为 1440kW·h，平均日用电量为 46.44kW·h，如图 11-38 所示。5 月份用电情况与 4 月类似，其中 5 月 6 号、11 号、16 号、25 号、26 号为用电高峰日，这些日期中，耗电量最大的为一层插座，其次为照明及新风机组。

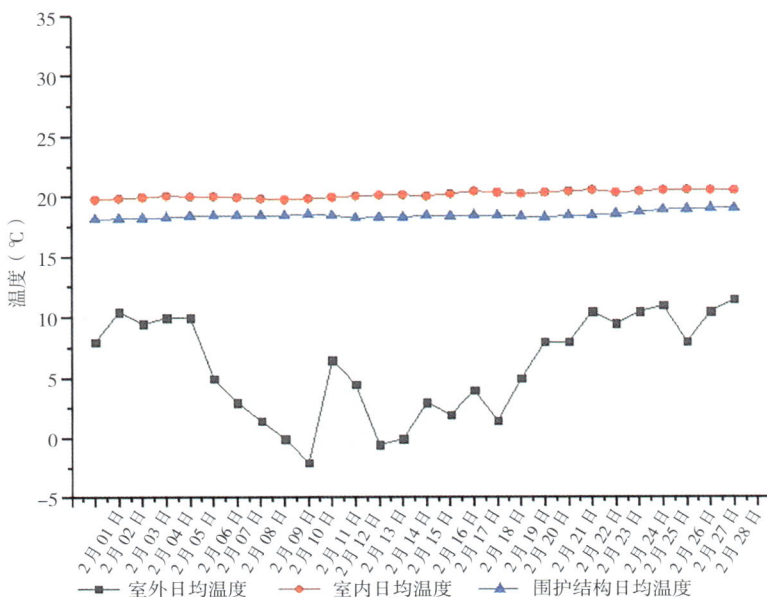

图11-33 2月份围护结构内表面温度与室内外日均温度对比曲线

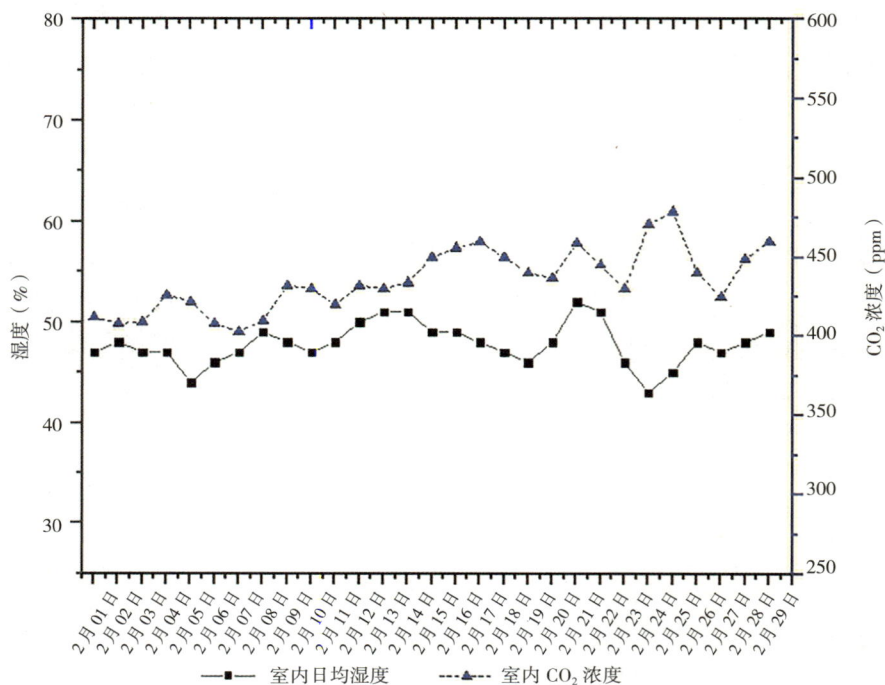

图11-34　2月份室内相对湿度及CO_2浓度变化曲线

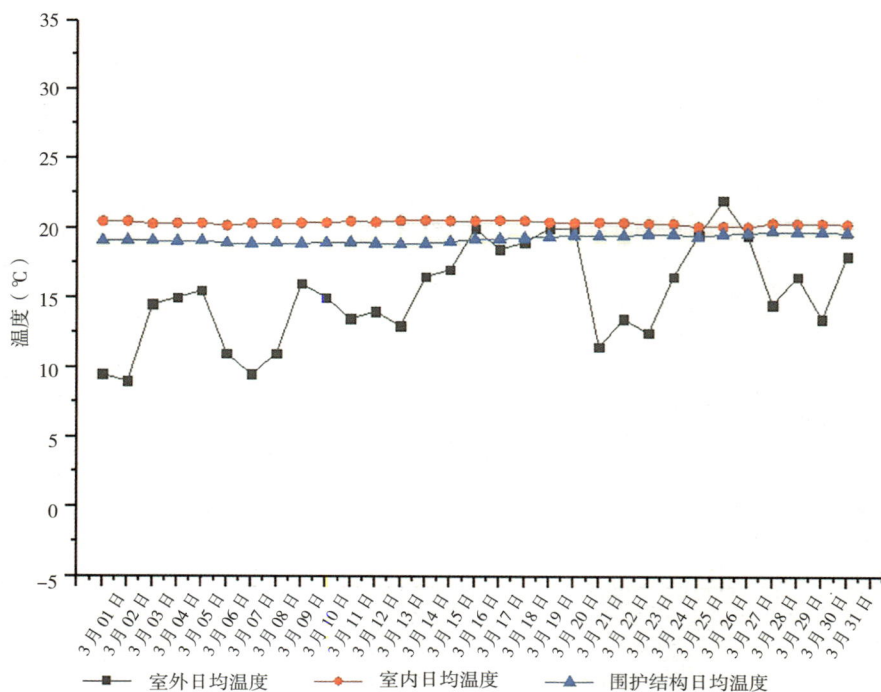

图11-35　3月份围护结构内表面温度与室内外日均温度对比曲线

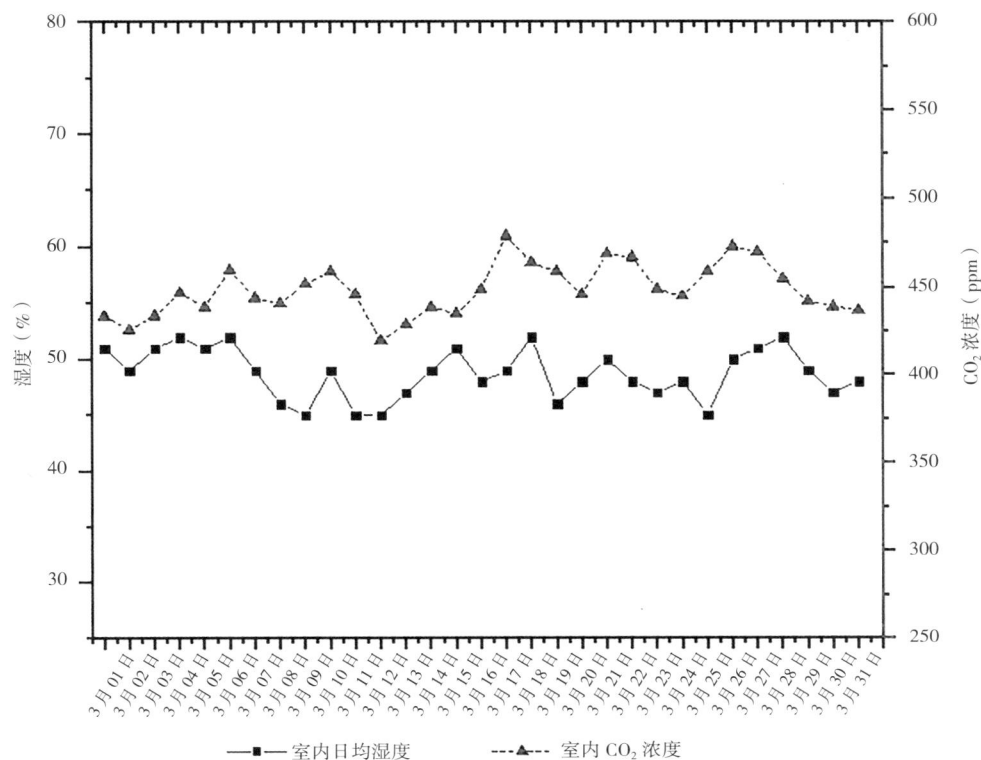

图11-36 3月份室内相对湿度及CO_2浓度变化曲线

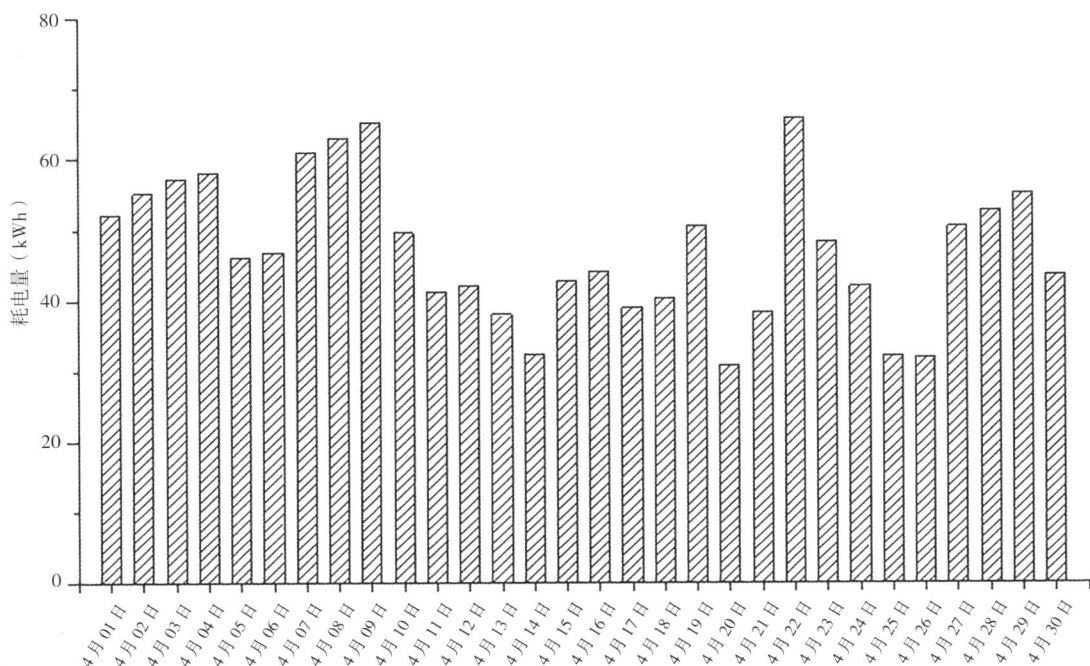

图11-37 4月份耗电量日统计

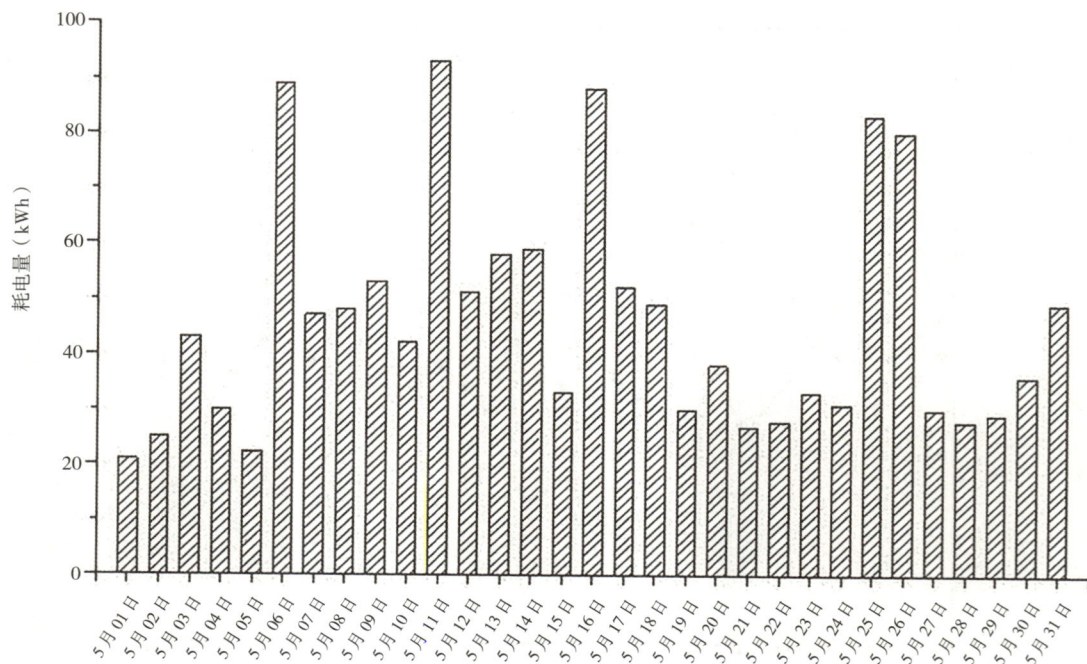

图11-38　5月份耗电量日统计

　　室内环境、空调、新风机组、空调主机、建筑能耗等系统通过统一电脑界面，实时监控、记录数据，见图 11-39、图 11-40。

图11-39　A区环境与能耗监测系统界面

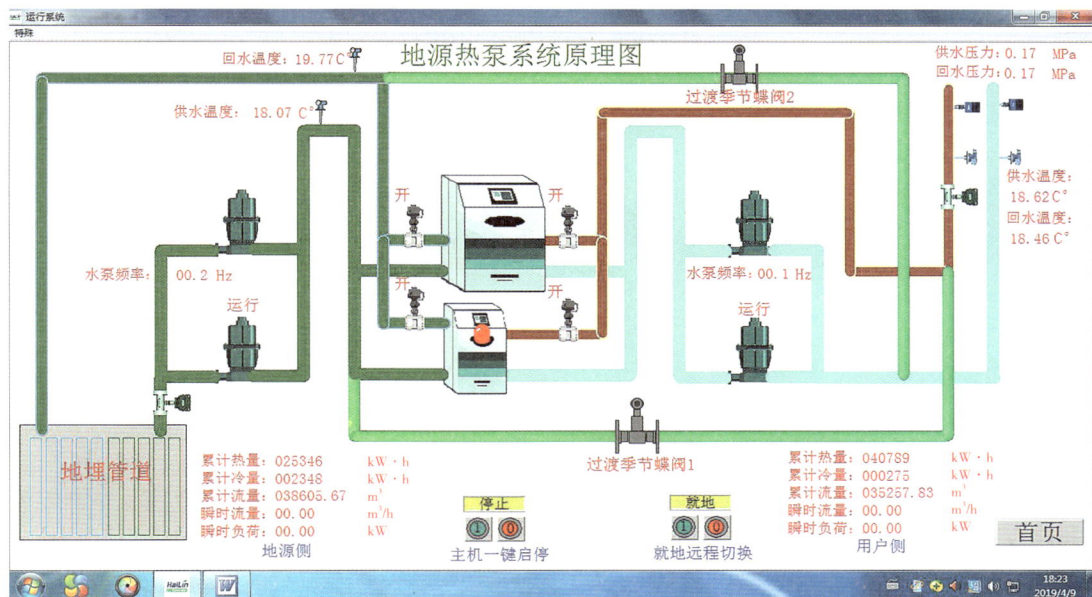

图11-40 A区空调监控系统

参考文献

[1]（德）贝特霍尔德·考夫曼，（德）沃尔夫冈·费斯特.德国被动房设计和施工指南 [M].徐智勇，译.北京：中国建筑工业出版社，2015.

[2]（德）沃尔夫冈·费斯特.在中国各气候区建被动房 [M].陈守恭，译.北京：中国建筑工业出版社，2018.

[3]（德）PHI.PHPP9 手册 [Z].2015.

[4]（德）PHI.被动房设计师培训教材 [Z].2015.

[5] Pfluger R，Schnieders J，Kaufmann B，Feist W. Hochwärmedämmende Fenstersysteme: Untersuchung und Optimierung im eingebauten Zustand（Anhang zu Teilbericht A）[Z]. 2003.

[6] 中华人民共和国住房和城乡建设部.民用建筑热工设计规范：GB 50176—2016[S].北京：中国建筑工业出版社，2016.

[7] 中华人民共和国住房和城乡建设部.公共建筑节能设计标准：GB 50189—2015[S].北京：中国建筑工业出版社，2015.

[8] 中华人民共和国住房和城乡建设部.近零能耗建筑技术标准：GB/T 51350—2019[S].北京：中国建筑工业出版社，2019.

[9] 北京住总集团有限责任公司.被动式超低能耗绿色建筑节能工程施工技术规程：QB/BUCC/005—2016[S].北京，2016.

[10] 柳孝图.建筑物理（第三版）[M].北京：中国建筑工业出版社，2010.

[11] 徐伟，孙德宇，路菲，余镇雨，王佳.近零能耗建筑定义及指标体系研究进展 [J].建筑科学，2018，34（4）：1-9.

[12] 彭梦月.欧洲超低能耗建筑和被动房的标准、技术及实践 [J].建设科技，2011（5）：41-47+49.

[13] 张小玲.我国被动式房屋的发展现状 [J].建设科技，2015（15）：16-23+27.

[14] 崔国游，淡雅莉.被动式建筑的建设实施方式研究 [J].工程管理学报，2017，31（5）：30-34.

[15] 汪靖.史上最全的外保温材料大全介绍 [Z].上海，2013.

[16] 宋硕 . 被动房在多层办公建筑上的可行性设计研究——以大连生态科技创新城为例 [D]. 辽宁 : 大连理工大学，2017.

[17] 韩莹 . 围护结构的保温与隔热 [J]. 城市建设理论研究（电子版），2014（5）：1-4.

[18] 韩影 . 被动房建筑中窗用玻璃的选择 [J]. 玻璃，2018，45（11）：50-52.

[19] 中华人民共和国住房和城乡建设部 . 民用建筑供暖通风与空气调节设计规范：GB 50736—2012[S]. 北京：中国建筑工业出版社，2012.

[20] 中华人民共和国住房和城乡建设部 . 被动式超低能耗绿色建筑技术导则（试行）（居住建筑）[Z]. 2015.

[21] 黄翔 . 空调工程（第三版）[M]. 北京：机械工业出版社，2017.

[22] 中华人民共和国住房和城乡建设部 . 建筑给水排水设计标准：GB 50015—2019[S]. 北京 : 中国计划出版社，2019.

[23] 中华人民共和国公安部 . 建筑设计防火规范：GB 50016—2014[S]. 北京：中国计划出版社，2018.

[24] 仇保兴 . 北方地区绿色建筑行动纲要 [J]. 城市发展研究，2012，19（12）：1-10.

[25] 张晓明，路世翔，高姗，等 . 可再生能源在节能建筑中的应用 [J]. 可再生能源，2015，33（8）：1209-1213.

[26] 刘秦见，王军，高原，等 . 可再生能源在被动式超低能耗建筑中的应用分析 [J]. 建筑科学，2016，32（4）：25-29.

[27] 许建玲 . 可再生能源在建筑设计中的利用研究 [J]. 中国房地产业，2017（11）.

[28] 王崇杰，薛一冰，等 . 太阳能建筑设计 [M]. 北京：中国建筑工业出版社，2007.

[29] 鲁永飞，鞠晓磊，张磊 . 设计前期建筑光伏系统安装面积快速估算方法 [J]. 建设科技，2019（2）：58-62.

[30] 吴越 . 碲化镉薄膜太阳能组件与光伏建筑一体化——龙焱能源光电建筑的新尝试 [J]. 建筑学报，2019（8）：123-124.

[31] 徐燊，李保峰 . 光伏建筑的整体造型和细部设计 [J]. 建筑学报，2010（1）：60-63.

[32] 姚杨，姜益强 . 暖通空调热泵技术（第二版）[M]. 北京：中国建筑工业出版社，2019.

[33] 陆耀庆 . 实用供热空调设计手册（第二版）（下册）[M]. 北京：中国建筑工业出版社，2008.